索·恩
THORN BIRD

忘 掉 地 平 线

U0206882

时 / 空 / 的 / 奥 / 秘 / 三 / 部 / 曲

Title of the original edition:

Author: Thomas de Padova

Title: Leibniz, Newton und die Erfindung der Zeit

Copyright ©2013 Piper Verlag GmbH, München/Berlin

Chinese language editon arrought throught HERCULES Business & Culture GmbH, Germany

索·恩
THORN BIRD

时 / 空 / 的 / 奥 / 秘 / 三 / 部 / 曲

Leibniz Newton und die Erfindung der Zeit

莱布尼茨 | 牛顿 | 与发明时间

Leibniz
Newton
und
die
Erfindung
der
Zeit

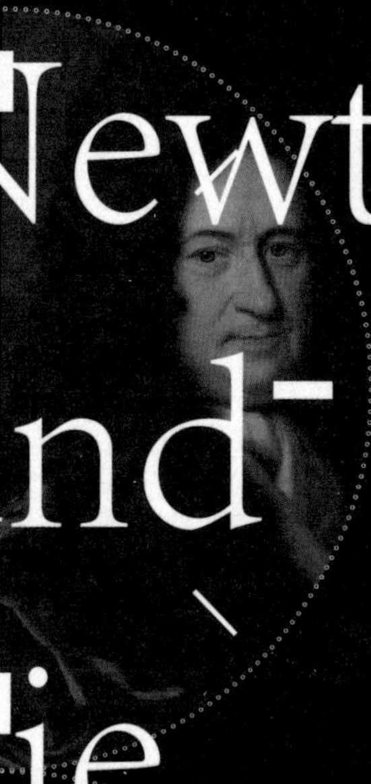

〔德〕托马斯·德·帕多瓦
Thomas de Padova
—— 著

盛世同 —— 译

社会科学文献出版社
SOCIAL SCIENCES ACADEMIC PRESS (CHINA)

Leibniz

Newton

und

莱布尼茨、

die

牛顿与

Erfindung

发明时间

der

Zeit

〔德〕
托马斯·德·帕多瓦＿＿著
Thomas de Padova

盛世同＿＿译

社会科学文献出版社
SOCIAL SCIENCES ACADEMIC PRESS (CHINA)

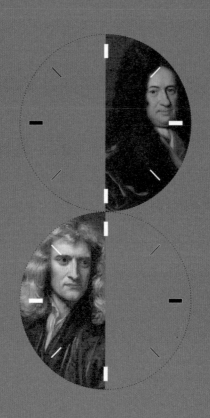

本书获誉

请您花点时间读一读这部非虚构作品中的明珠。您将不再会这么简单地看待钟表了。

——德国西南广播电台（SWR）

德·帕多瓦扣人心弦地刻画了两位天才，有如一部侦探小说……此外，享受这部写得生动、轻松的非虚构作品不需要专门的数学或物理学知识，而只需花点时间。

——《斯图加特报》（*Stuttgarter Zeitung*）

一部奇妙的作品，它将读者置于另一个时间，并对科学的起源提供了有趣的认识。

——德国广播电台（Deutschlandfunk）

德·帕多瓦用哲学、文化史和物理学编排了一出知识丰富的大戏；诙谐幽默和贴近日常使得他的时间研究从来不是无本之木。

——《哲学杂志》（*Philososphie Magazin*）

一部写得很棒的双重传记……对发现爱好者来说，这是进入新年的理想消遣。

——《明镜周刊》（文化版）（*Kultur SPIEGEL*）

自由撰稿人托马斯·德·帕多瓦就此写了一本睿智和非常激动人心的书。

——《晨报》（周日版）（*Morgenpost am Sonntag*）

德·帕多瓦的长处是将科学发展呈现于彼时的事件背景之下，将哲学与时代精神、历史与当前的自然科学置于上下文语境中……这部非虚构作品完全没有沦为随笔杂谈，而是保有紧凑和有序的架构——恰似一部钟表机械。

——《标准报》（Der Standard）

科学史和技术史可以如此引人入胜。

——《时代周报》（知识版）（ZEIT Magazin Wissen）

读起来特别轻松愉快。

——《新德意志报》（Neues Deutschland）

德·帕多瓦凭借平凡、日常的事物让人感到惊奇……德·帕多瓦将自己的学识恰如其分地运用于一部大众非虚构作品之中。

——《巴登报》（Badische Zeitung）

作者描绘了一幅时间环境的多彩全景，在此背景下进行着关于时间的本质及其可测的越来越细微的区别的讨论。托马斯·德·帕多瓦懂得如何把故事讲得变化多样和紧张刺激。很久没有非虚构作品让我们这般享受教益和愉悦了。

——多彩科学杂志社网站（Spektrum.de）

作者示范性地选择了牛顿和莱布尼茨的生平故事，这被证明是幸运的决定……读者自始至终兴致盎然。

——《马克斯普朗克研究所所刊》（*Magazin des Max-Planck-Instituts*）

托马斯·德·帕多瓦的写作围绕时间的发明，同时完成了关于两位非凡学者——艾萨克·牛顿和戈特弗里德·威廉·莱布尼茨——的扣人心弦的双重传记。

——《书籍文化》（知识特别版）（*Buchkultur Wissen Spezial*）

对于我们这些笃信物理学的人来说，过去、现在和未来的分野只是一种幻象，尽管是很顽固的幻象。

——阿尔伯特·爱因斯坦

现代时间的"发明"及结果（译者序）

1

在瑞士的时候，我偶尔会前往离家不远的玫瑰园，眺望对岸的伯尔尼旧城。300年来，除去几座高楼和桥梁，这里的景观基本没有变化：太阳照耀着雪山，划过天际；阿勒河流经深谷，清澈见底；半岛上灰墙红瓦，鳞次栉比。有时，钟声从四面八方涌来，它们此起彼伏，充盈山谷，欲打破天地的沉寂——殊不知，1905年，就在这片钟声里，有一位青年公务员架起提琴，演奏出震惊世界的时空序曲。

太阳、流水、钟声都是时间的象征，那么，我们所说的"时间"到底是什么？它是实在的，还是虚幻的？物质的，还是精神的？绝对的，还是相对的？有限的，还是无限的？换言之，我们的时间观念是如何形成的，以及，我们能否认识时间的本质？

人类对时间的认识来源于对自然的观察。一方面，天体运动造就了昼夜、月相和季节等有着近似固定的周期，生物体在进化过程中也形成了与之和谐的节律。为了使这些周期相互匹配，把握农业、祭祀、军事等社会活动的"时机"——"时"的本义就是"时机"（"敬授民时"），古人设置复杂的历法规则，创造了以年、月、日（以及后来无关天象的时、分、秒）为标度的时间体系。当这些标度被数学化后，自然的时间就成为测度的时间。因此，亚里士多德认为"时间是运动的数目"。

另一方面，能够感知"自我"和"现在"的生命，都难逃生老病死的命运。古人先验地意识到自己"向死而生"，联想到现在进入过去，未来进入现在，人死不能复生，覆水不能再收——"时间之矢"仿佛是一条线性、均匀、"逝者如斯"的河流。

上述两种经验——标度/测度时间经验和

时间之流经验[1]——奠定了数学化、空间化的时间观的基础。它们对应不同的世界观和历史观，启发了人类对时间本质的思考。古印度和古希腊人觉得时间是循环的：毕达哥拉斯学派认为时间就是恒星天球，柏拉图将时间视为天球的永恒转动；犹太教和基督教则基于上帝和创世的观念，主张有始有终的线性时间。到了中世纪后期，线性时间观已经深入欧洲社会，尽管循环时间观在民间依然盛行。

14世纪，使用擒纵机制、以重力为动力的原始机械钟出现在西欧的教堂和钟楼，成为最早不间断运行的计时工具。重力钟起初只是报时钟，后来才增加了时针和分针。但是，它的走时极不准确，每天的误差多达十几分钟，与日晷、沙漏和刻漏相比并无突出优势。

直到1583年，伽利略发现了摆的等时性——摆的周期与摆长的平方根成正比。利用该原理，惠更斯于1657年制作了摆钟，又于1675年发明了摆轮游丝。这不仅使机械钟的误差减少至每天1分钟以内，也为便携式钟表的

---

① 见吴国盛著《时间的观念》，北京大学出版社，2006。

诞生铺平了道路。

新式钟表结合了两种时间观念：指针的运动既模拟循环，也呈现流逝，时间单位从一刻钟精确到分，然后到秒。此后数十年间，它开启了一场影响深远的时间革命：钟表时间进入城市生活的每一个角落，激发了科学的火花，改变了社会的面貌，重构了人与时间的关系，推动了关于时间本质的思考。德国科普作家和科学史家托马斯·德·帕多瓦认为，这是现代时间及其观念被"发明"的年代，甚至是"近现代/新时代"的开端。他以 2 位著名见证者和参与者——牛顿（1643~1727）和莱布尼茨（1646~1716）——的生平为线索，讲述了人类科技史、社会史和观念史上的一个精彩篇章。

2

牛顿、莱布尼茨以及两人之间的恩怨纠葛早已老生常谈。不过，莱布尼茨为后世留下了多达 20 万张草稿和 1.5 万封信的庞大遗产，其整理和分析工作至今仍在进行。德·帕多瓦根据最新研究成果，运用多线叙事手法，将两人的经历与重大历史事件相交织，让读者跟随300多年前西欧社会的动荡、变革与发展，逐渐走近2位令我们感到熟悉而又陌生的主人公。

不难发现，牛顿和莱布尼茨有不少共同点：他们都出身平民，父亲很早去世，牛顿甚至是遗腹子，但家境都还算殷实；两人都是超越时代的天才和百科全书式的通才，年纪轻轻就在学界崭露头角；他们都怀着建立统一、自洽的世界知识体系的雄心，并矢志不渝；两人都过着孤独、勤奋而严格的生活，终身未婚，也没有子女。

他们的差异同样明显：牛顿生长在农村，他首先通过观察自然来认识世界，而莱布尼茨成长于大学，书本是其学问的主要来源——这将为双方不同的哲学主张埋下伏笔；牛顿的生活洋溢着古典主义的节制和简朴，莱布尼茨则多了一丝巴洛克式的张扬与浮夸；牛顿性格孤僻，其专断、粗暴、刻薄的行事风格让人难以接受，而莱布尼茨不惧怕社交，说起话来更是滔滔不绝；牛顿长期担任数学教授，对一官半职兴趣不大，莱布尼茨则汲汲于公共事务，对政治问题有着宏大而独到的见解。

令人意外的是，无论在学界还是仕途，牛顿都更加符合"成功"的标准。他不但提出了革命性的力学和光学理论，成为近代自然科学的集大成者，而且做事严谨周全，为英国皇家铸币厂的整合立下了汗马功劳，被封为低阶贵族；莱布尼茨则有些三心二意，虽辗转于美因茨、巴黎、汉诺威、维也纳和柏林，却未能实现自己的政治抱负。相应的，两人迎来了迥异的结局——一位享受国葬待遇，备极荣哀，另一位去世后却无人问津。

究其客观原因，我们在新式钟表的普及过程中可见一斑：英格兰历经波折完成了资产阶级革命，确立了君主立宪制，工商业蓬勃发展——伦敦成为领先的钟表业中心（直到100年后被瑞士的日内瓦和汝拉山区取代），平民获得了更多的上升机会；反观德意志，它惨遭三十年战争的蹂躏，政治支离破碎，各邦固步自封，工商业明显衰落。当牛顿能够长期与各界精英为伍并"站在巨人的肩膀上"时，莱布尼茨只能依靠通信与各国学者保持联络，他的进步思想也不为贵族阶层所重视。

两个未能殊途同归的伟大灵魂从未谋面。牛顿一生没有离开过英伦，莱布尼茨虽两次到访伦敦，却与前者擦肩而过。两人的接触仅限于几番学术通信。没想到，这也埋下了误会的种子。结果，牛顿和莱布尼茨之所以被后世相提并论，竟然是因为一桩著名的公案。

牛顿早在 1665 年就发明了流数术，却由于谦虚或固执而没有将成果公之于众——他宁愿在与莱布尼茨的通信中"捉迷藏"。10 年后，莱布尼茨率先发表了更加简洁实用的微积分体系。后人研究表明，虽然莱布尼茨可能对牛顿的思想片段略知一二，但他的发明足以被视为独立完成。

然而，这无法阻止优先权之争演变成一场国际闹剧：它的起因并非 2 名当事人的冲突，而是牛顿支持者们煽风点火；争吵发生后，皇家学会会长牛顿躲在幕后，指使学会针对莱布尼茨开展调查，却没有给后者辩解的机会；深感委屈的莱布尼茨不愿妥协退让，甚至引导舆论发动反击。英伦和欧陆学者分成两个阵营，双方从学术讨论滑向人身攻击，最终也未能达成和解。

从历史上看，这场风波只是不列颠与欧陆之间绵延至今的无数龃龉之一。就在同一时期，笛卡尔提出的旋涡理论阻碍了经典力学在大陆获得接受，牛顿坚持的流数术也使英国数学发展延误达数十年之久。事实上，近代以来的任何重大科学成果都不是某人被苹果砸中后的灵光乍现，而是历代知识的积累、传承和发展，是跨国交流与合作的结晶——开放带来进步，封闭必然落后。在全球联动日益紧密而科技壁垒可能被重新筑起的今天，这样的信念尤为珍贵。

3

科学在成为我们所熟悉的模样之前，走过了曲折的历程。有意思的是，德·帕多瓦揭露的近代学术圈内的争名夺利、拉帮结派和数据造假现象——它们至今非常普遍，实际上也反映着西欧科学事业的蓬勃发展。17世纪后期，在培根、伽利略、开普勒、哈维和笛卡尔身后，对世界奥秘的探索仍局限于一个由大多担任公职或教职的博学之士——冯·格里克、帕斯卡、波义耳、斯宾诺莎、惠更斯、胡克、列文虎克、牛顿、莱布尼茨、雷恩、佛兰斯蒂德、哈雷等——所组成的小圈子。此后数十年间，这个群体在伦敦、巴黎和柏林建立了科学院和天文台，发行了最早的科学期刊，开始了最早的同行评审活动，简言之——推动了现代自然科学的诞生。在此过程中，钟表扮演了不容忽视的角色。

第一，钟表推动科学成为独立的观念体系。随着新式钟表的诞生，标度时间彻底让位于测度时间。时间独立于自然现象，成为可被准确计量的物理参数，这强化了对世界的客观性及其数学本质的信念。"如果这些计时器没有被预先发明，牛顿在17世纪末创立普遍的运动和引力理论就是不可想象的。"

第二，钟表提供了科学实验的核心装备。新式钟表的精度大为提高，使进行更加复杂的物理实验成为可能。而且，钟表是一切精密机械的鼻祖，它的制造技术和经验适用于众多科学仪器，正是后者决定了未来科研发展的方向。

第三，钟表建立了学术界、手工业和政府的

新型合作关系。钟表匠是天然的高级技师，他们帮助惠更斯、胡克、莱布尼茨等学者把构想变成实物——用今天的话说，就是科研成果转化。为了解决"经度难题"，英国政府设立专门委员会并对航海钟表的设计者赐予重金——这可谓最早的科技政策之一。在这两个案例中，我们可以看到各部门协同参与的现代创新体系的雏形。

也许，钟表还可以部分解释"大分流"为何发生。在1697年出版的《中国近事》里，莱布尼茨依然相信："中国和欧洲代表了人类文化的两座高峰，如果中西加强合作与文化交流，便可以达成完美和谐的世界。"可是，当利玛窦以来的传教士一次次将彼时最先进的机械钟表呈献给中国皇帝，它们却只是被视为"奇巧淫技"。即使是爱好西方科学技术的康熙帝，也从未认识到这些器物的潜在价值，更不愿臣民接触外夷的技术知识。于是，这些当权者的私人玩物被封藏在禁宫深处达几个世纪，直到成为故宫博物院的展品。

结果呢？由于缺乏精密计时技术，中国在被迫打开国门之前始终没有出现发达的测度时间，这在观念和技术上阻碍了科学的进步。更重要的是，钟表未能在东亚催生出有序、高效的近代社会。在西方征服世界的过程中，新式钟表提供的强大组织能力甚至发挥了比计时功能更关键的作用。

4

德·帕多瓦认为："从我们的时间文化来看，17世纪可谓设置了全新的标准。"客观、数学的钟表时间不仅改变了日常生活，也冲击着原有的社会结构，打破了君主和教会对时间制度的垄断。随着私人钟表的普及，时间成为公共品，进而推动了个体意识的觉醒。

以新式时间为参照，所有社会活动，无论是经济、宗教、军事还是交通，无论是宫廷仪式还是私人约会，突然都变得可预期、可规划、可协调，使百万人口的大都市也能够像钟表机械那样运转有序。在克劳利的工场，数学时间开始扮演组织者和控制者，成为机械化大生产的前提。因此，刘易斯·芒福德在20世纪总结道："当今工业时代的核心技术是钟表，而不是蒸汽机。"

新式时间将效率置于了前所未有的重要地位——效率（也就是速度）本身就是由测度时间所定义。时间如影随形——效率无处不在；时间愈发精确——效率更加珍贵。当效率成为市场竞争的决定性因素和技术装置的基本参数，时间也被赋予价值——马克思指出，商品价值决定于社会必要劳动时间。"时间就是金钱"的观念，成为资本主义精神的座右铭，并随着西方的扩张被传播到世界市场的各个角落。

不断扩大的市场要求统一的时间。于是，地方时间被官方认定的标准时间取代，首先是城市，然后是国家，最后是全球——在铁路和电报问世之后。1847年，英国主要铁路公司决定统一火车时刻表，以格林尼治时间取代地方时间；1880和1884年，格林尼治时间又先后被英国政府和国际社会确定为全国标准时间和世界标准时间。如今，我们早已对"天涯共此时"习以为常。当北京站奏起《东方红》的时候，伯尔尼钟楼内的机械装置将同时敲响。

可是，当数学的社会时间统一了世界，它也切断了人（首先是城市居民）与自然的联系。个体的行为必须与集体确立的时间相协调，"守时"成为人们不得不遵守的美德。时间成了个人生活的指挥棒，让整个社会围绕它运转——就像凡尔赛的路易十四，但就算是太阳王也离不开钟表。于是，时间取代了传统权威，却建立了自己的暴政：没有钟表，个人无法生活，社会立刻瘫痪。人类试图通过置闰、均时差和夏令时成为时间的主人，实际上却成了时间的奴仆。

因此，尽管效率越来越高，分工越来越细，时间始终属于稀缺资源。甚至，人们在相互竞争之外，还要与时间竞争，如同赛场上的跑者。在越收越紧的时间之网里，"人们对过去充满了悔恨，对未来充满了恐惧，试图拼命地抓住现在"，甚至需要刻意打发富余的时间。就在这忙忙碌碌、熙熙攘攘之中，世人陷入一种集体焦虑，在抱怨"时间都去哪儿了"的同时，只好绝望地怀念过去："从前的日色变得慢，车、马、邮件都慢……"

时至今日，我们的时间经验依然受到钟表的主导。由于启蒙运动和进化论的胜利，我们或许会把时间描述成螺旋发展的——线性为主，循环为辅。就像在《历史研究》中，汤因比用车轮比喻历史的进程："这两种相异运动的相互协调——一种主要的不可逆的运动产生于次要的重复性运动——可能就是我们所说的节律的本质。"

但是，这并不是时间的本质。与太阳、流水和钟声一样，钟表时间只是时间的具象。想要探索真正的时间，我们必须追根溯源，寻找那个独立于物质、运动和观察者的时间本身。在《自然哲学的数学原理》开头，牛顿区分了相对的、表观的、通常的时间与绝对的、真实的、数学的时间。1715~1716 年，他与莱布尼茨将就此展开一场影响深远的论战，进而将两人的对立推向高潮。

5

关于时间的论战是微积分发明优先权之争的副产品，或者说，是英国王太子夫人威尔士亲王妃卡罗琳（后成为乔治二世的王后）试图调解纠纷的意外收获。它比优先权之争更具学术价值，并且与前者一样，不是发生在 2 位主角之间，而是由莱布尼茨与牛顿的代理人萨缪尔·克拉克展开的。

牛顿继承了盎格鲁—撒克逊的经验主义传统。在他看来，获取真知的唯一方法是对现象进行数学描述。同时，他深受当时流行的机械论的影响，后者以"钟表宇宙"为理想模型。为了构建经典力学体系，牛顿沿着老师艾萨克·巴罗的思路，将均匀、线性的数学时间（类似一条数轴）作为计算物体运动、速度和加速度的前提。这种"绝对时间"是空间化的测度时间，可以追溯到亚里士多德。"绝对时间"与"绝对空间"都具有实在性，它们"共同构成了一种让所有事件发生于其中的容器"。

牛顿是虔诚的新教徒（尽管是反三一论者），他"相信《圣经》中的每一个字，包括《启示录》预见的世界终结。他认为，自然秩序不能仅用自然法则加以解释，而是上帝意志的一番宣示"。他反对假说，将时间称为"神的感知"，并试图用水桶实验证明"绝对空间"的存在，以间接推断出"绝对时间"。

相反，莱布尼茨作为欧陆理性主义的代表，认为上帝创造的世界为"所有可能世界中之最佳者"，已经具有完美、前定的和谐。这种观点接近自然神论，实际上已经排除了上帝。他的世界是由能动的、不可分割的精神实体"单子"和充足理由原则构成的，是抽象和因果的。"上帝并没有创造任何单个粒子、空间或时间，而是一举创造出了整个世界。"

因此，莱布尼茨试图超越机械论，拒绝将时间与具体物质相关联。他继承和发展了奥古斯丁、贝克莱和笛卡尔的主张，认为时间与空间只不过是人们从运动轨迹中产生的想象，是"与外物关联并能为我们的知觉所察觉的纯粹理性的观念"。"绝对空间"或"绝对时间"无法被观察和证明，存在的只有我们在物体及其变化状态之间建立的、用以描述它们的关系，比如"先"、"后"与"同时"。他总结道："空间是共时存在物的秩序，时间是非共时存在物的秩序。"

关于实在论和关系论的争论只是这场论战的边缘话题之一。双方你来我往，互设圈套，抨击对方为无神论者。直到不久之后，莱布尼茨在贫病交加中辞世，通信戛然而止，这场辩论也没有得出任何结论。但是，随着经典力学在此后两个世纪内被奉为真理，具有实在性的绝对空间和绝对时间获得了普遍接受。相反，莱布尼茨的时空理论既无法量化，也没有形成体系，很快就被后人遗忘。

直到 19 世纪末，人类全面突破自身经验的维度，哲学和科学界才重新发现关系主义的价值。柏格森拒绝了时间的实体化和空间化，取消了过去、现在和未来的藩篱，将时间统一到绵延。在科学领域，恩斯特·马赫率先批判了水桶实验，否定了相对于绝对空间的绝对运动的存在。接着，爱因斯坦基于光速不变原理提出了狭义相对论，致使时间和空间不再相互独立，而是被统一为"四维时空"。1915 年，爱因斯坦又在广义相对论中进一步指出，运动的同时性是相对的，每个观察者都能测得特殊的"原时"。不存在绝对的参考系，"空间和时间只是我们进行思考的方式"。可是，相对论把"绝对时空"请下了神坛，却未能取得这场革命的彻底胜利。现代物理学的另一块基石——量子力学尽管同样刷新了人们对宇宙的认知，却始终未能超越"绝对时空"的框架。

莱布尼茨·牛顿与发明时间

随着科学的发展，我们得以从更多的角度认识时间：它或许是破解物质运动或能量传递的方式——根据热力学第二定律，时间在大爆炸之前或热寂之后都不存在；又或许是生命意识的反映——心理学认为，我们所感受的"现在"不过是一段最多两三秒的时长。今天，虽然世人在日常生活中仍无法摆脱对绝对时间的想象，但已经倾向于认为，关系主义更接近时间的本质。然而，只要大统一理论尚未建立，物理世界的终极图景没有展开，关于时间的讨论就不会结束——也许永远都不会结束。

至少，在此之前，托马斯·德·帕多瓦讲述的故事可以让我们重新审视自己的时间经验、时间工具（特别是钟表——科学革命的活化石）和时间观念，分辨自然 / 天文时间、人造 / 数学时间和时间本身，思考现代时间的"发明"及结果。如此，置身于躁动的时间之网，我们就能少一点无措和迷茫，多一分自信与坚强。

2019 年 6 月于北京

伦敦宫廷画家戈弗雷·内勒为47岁的物理学家和议会议员艾萨克·牛顿所作的肖像（1690）。

绝对的、真实的和数学的时间自身流逝，它的本质均匀，不与外界事物发生任何联系。

——艾萨克·牛顿

匿名画家为65岁的博学家和廷臣戈特弗里德·威廉·莱布尼茨所作的肖像（1711）。

我已经说了不止一次，我把空间和时间都看作某种纯粹的相对物……时间是非同时存在者的秩序。因此，它是变化的普遍秩序。

——戈特弗里德·威廉·莱布尼茨

前　言

小时候，我有时会去工地上找我的父亲。他是个泥瓦匠，从 12 岁起开始学习他父亲的手艺，并把 40 厘米 × 20 厘米 × 25 厘米大小、在意大利南部叫作"tufi"的凝灰岩石块搬上梯子。我的父亲在 18 岁时来到德国。

在沙堆中玩着抹刀的时候，我会在安全距离之外望着他如何将一块块石头叠起并垒出墙体。尽管他的工具功能简单，但他建好的房屋都拥有完美竖直的墙面。最重要的是铅垂线：一根悬着金属柱块或普通石块的细线。悬垂重物有着特殊的指向。任凭莱茵河谷的地表高低起伏，山坡陡峭，那块铅锤总能使屋内的垂直方向清晰可见。

为了回归静止，那一小块金属柱体总需要些时间。它不像造桥或采矿时使用的重物那样沉。有时，我耐心地与之玩耍，先使它恢复平衡，再有意地推动，看看它将摆动多久。

很久之后我才得知，科学家也做过同样的事。他们被规律摆动的重物所吸引，计算其摇摆的次数，制作出人类自古以来最精准的计时器。随着摆钟的出现，时间在 17 世纪首次被划分为分和秒。它们周期性的嘀嗒声标志着机械钟的准确性更进一步，使科学的精密测量成为可能。摆钟的发明和迅速普及正是探究加速度和力的新型物理学的前提。

可是，这些钟表在测量什么？我们所称的"时间"到底指什么，我们在诸事变化之中又通过什么判断方位？

本书将再次回拨时钟，从两位迥异的大科学家的视角出发来观察时间这一现象：艾萨克·牛顿，他是英格兰东部的伍尔斯索普（Woolsthorpe）的一位牧羊人之子，从小观察星辰并自己制作了太阳钟；以及戈特弗里德·威廉·莱布尼茨，他是莱比锡的一位教授之子，伴随着教案和课程表成长于大学的高墙之内。

当牛顿和莱布尼茨在 1640 年代出生时，钟表的面盘上既没有秒针，也没有分针。最普遍的计时工具是日晷和沙钟 ①。它们可以显示依赖于光照条件的本地时间，或者像沙钟那样测量一段固定的时长。虽然机械钟也早已有之，比如教堂塔楼上的齿轮钟或者装饰奢华的桌钟，但它们都是按照客户个人要求定做的昂贵单件。这些令人惊叹的自动装置能够一边整点报时，一边做出五花八门的动作：有些是狮子在转动眼珠，有些是行刑者欲鞭打耶稣。至于所显示的时间是否准确，则通常是次要的。

但是，新式钟表有所不同：在制作摆钟时，精通数学的自然科学家与钟表匠——精密机械的先驱合作。1670 年代，莱布尼茨在巴黎和伦敦近距离体验到，钟表发展是如何与一项实验性研究携手并进的。在摆钟发明近 20 年后，拥

---

① 俗称沙漏。（本书脚注分为两种，* 为原书页下注，① 等圈码为译者注，后不再说明。）

有"摆轮"①这个美妙德文名称的新发现在 1675 年引起广泛关注。它是一个由盘绕的弹簧（即游丝）带动振荡的小齿轮，这个细小装置至今是机械怀表的核心部件。

游丝的出现使时间运动起来。新式钟表首先在伦敦得到迅速推广。在这个欧洲最大都会和世界贸易枢纽，每一天都已离不开缜密规划，以至于在 18 世纪来临之际，拥有钟表对市民来说已是司空见惯。闹铃装置格外受欢迎，人们开始谈论"守时"，首次有运动员与时间赛跑，按日计酬的工人仿佛在按照考勤钟上班。英格兰正在迈向资本主义的时间经济。

如果没有新式钟表，牛顿的《自然哲学的数学原理》（*Philosophiae Naturalis Principia Mathematica*，简称《原理》）几乎是不可想象的。他在其中提出了革命性的运动学说和以加速度为核心的重力理论，后者需要精准的时间测量才能获得实验证明。在他之

---

① 德文"Unruh"，本意为"不安、骚动"。

前，英国皇家学会①实验室主任罗伯特·胡克（Robert Hooke）已经用一个圆锥摆模拟了行星运动，并首次正确地指出了它们的正圆和椭圆轨道。牛顿认为，胡克在重力理论方面提供了关键性的启发。

没有哪位科学家像牛顿那样深刻地影响了对时间的思考。按照他的说法，所有行星、卫星和其他天体都在一个万有时间的背景下运转。"绝对的、真实的和数学的时间自身流逝，它的本质均匀，不与外界事物发生任何联系。"

相反，对莱布尼茨来说，时间并非简单地存在。它不是所有事物在其中发生的某种真实，而首先是一种意识现象。不过，我们主观的时间体验不只包括内心过程。时间是一种"纯粹理性的观念"，它也与外部事物相关，使我们能够获得感知。

---

① 考虑到在英格兰与苏格兰（1707）、爱尔兰（1800）合并之前不存在现代语境下的"英国"，以及英格兰君主在维多利亚 1876 年加冕印度女皇之前没有皇帝头衔，故"Royal Society"应译为"英格兰王家学会"，但鉴于约定俗成而不作修改；同理，法兰西君主在拿破仑 1804 年称帝之前没有皇帝头衔，但本书中的相关名称也均作"皇家"处理。

世界的多样性和复杂性令莱布尼茨着迷。他的形而上学追踪存在的丰富多彩，直入最微小个体的表现形式。这位哲学家架设了一座从主观的时间知觉到社会的、可计量的时间的桥梁。

因为自动装置内部存在一个以固定方式作用的因果机制，所以我们通过查看钟表，能够可靠地区分此前和此后发生的事情。但即使没有钟表，我们也能与他人就某件事发生得较早或较晚达成一致。按照莱布尼茨的说法，我们不断认识事物及其变化状态之间的因果关系，并以此为基础，才建立起一个时间秩序。

莱布尼茨不只是位抽象的思想者，他自己设计了钟表模型，发明了一个不计数任何时间单位却掌握全部四则运算的自动装置。通过与钟表匠合作，他想出了用以代表自然数的新式机械部件，设计了输入和结果机关，并向他的"活计算机"投入了一大笔经费。此外，设计二进制计算器的念头似乎也在 1679 年闪现。您无法想象，莱布尼茨为您的电子计算机耗费了多少心血！

这位德国人留下约 1.5 万封学者通信，今天已是世界文化遗产的一部分。他多次试图联系英国数学界的领军人物（指牛顿）。得益于微积分①，牛顿成功地掌握了行星和其他天体在每个时刻 / 时间点②的运动。不过，这位独来独往的剑桥学者没有公开他的演算，而是继续保密。

在他之后接触到相同计算方法的莱布尼茨收获了声誉。莱布尼茨把微分和积分加以包装，成为使用至今的符号语言，并自 1684 年起在欧洲大陆公布。在那个时代的两位卓越数学家之间的少数信件往来中，开始了一场狡猾的捉迷藏游戏。两人起初对彼此的敬意很快被竞争思维所掩盖。结果，他们点燃了一场数学史上最激烈的优先权之争。当莱布尼茨所效力的汉诺威选帝侯格奥尔格·路德维希（乔治·路德维格）③在 1714 年加冕为英国国王乔治一世时，它

---

① 德文 "Infinitesimalrechnung" 或 "Infinitesimalkalkül"，字面意思为 "无穷小计算"。

② 二者为同义词，均可对应德文 "Zeitpunkt" 或英文 "time point"。

③ Georg Ludwig von Braunschweig-Lüneburg, 1660~1727，来自韦尔夫家族，由于斯图亚特王朝绝嗣，以詹姆斯一世外曾孙的身份入主英国，开创汉诺威王朝。

进一步升级为国家事件。直到莱布尼茨离世前不久，这场争执才在威尔士亲王妃（勃兰登堡－安斯巴赫的卡罗琳，英王乔治二世之妻）的干预下以一场关于空间与时间的重要辩论结束。

*

我们的时间意识和在西方社会中经常感到的时间匮乏体现了一种文明进程，其中有越来越多的活动在边际狭窄的时间网格背景下进行。本书再次铺陈时间的历史。它回望新式时间计量在欧洲出现的时代。那时，对于时间的理解还没有受到无处不在的钟表的影响，哲学也还没有扩展成它后来的众多科目。

本书各章节将往来于英格兰和大陆之间。它们将讲述欧洲贵族宫廷和大都会是如何引入马车运输和夜间路灯的，报纸和杂志行业是如何扩大传播的，大城市里对持续测定时间的需求是如何增长的，以及配有分针和秒针的钟表是在何种社会情景下出现的。

与此同时，时间也成为自然科学的研究对

象。牛顿创造了成为物理学标准的时间概念。他的"绝对时间"是一个坚实的参照系，所有天体都在其中运动。与标准化的钟表时间能够协调大城市里各人的活动类似，"绝对时间"降低了物理学客体相互作用的复杂程度。

这样固然便于理解，我们为什么谈论"时间"。但莱布尼茨恰恰强烈反对时间被如此物化。对他来说，"时间本身"并不存在，存在的只有事件之间的时间关系。这位哲学家建立了一个关系的时间理论，但后者处在牛顿物理学的阴影之下，因而很快被遗忘。

直到 20 和 21 世纪，在恩斯特·马赫①在科学哲学领域、阿尔伯特·爱因斯坦在物理学领域、诺贝特·埃利亚斯②在社会学领域分别代表了一种莱布尼茨意义上的关系主义之后，它才重新获得支持。特别是统一广义相对论和量子力学的尝试遇到困难，使得当今人们对莱布

① Ernst Mach，1838~1916，生于摩拉维亚的奥地利物理学家、心理学家和哲学家，主张实证主义和相对主义，其思想对 20 世纪初的科学发展影响巨大。

② Norbert Elias，1897~1990，德裔犹太社会学家，后加入英籍，过程社会学和构形社会学的代表人物。

尼茨时间观念的兴趣升温。从中可见，现代物理学的重要理论对于其背后的时间的理解存在显著分歧，犹如莱布尼茨和牛顿的观点的差异。他们关于空间和时间的争论至今没有得到足够的审视。

这两位非凡人物的对立占据本书的中心。本书将展示，精准到分的钟表是如何在17世纪末首次进入市民家庭并给人类背上包袱的，速度是如何降临世间的，精确的钟表时间是如何击败本地太阳时的，以及最后，时间标准是如何从可知的天象中获得独立的，简而言之：为什么近现代是名副其实的。这场发现之旅将从人物传记出发，带领我们沿着时间计量和人类时间经验的轨迹，走向不断加速的现代世界——一个躁动的世界。

第一部　　**阴影的时间**

小地主

　　当艾萨克·牛顿在林肯郡的牧羊人陪伴下成长的时候，英格兰国王的人头在伦敦落地。

　　伦敦，1649 年 1 月 30 日。人潮不绝，纷纷涌向怀特霍尔宫^①。数千人拥挤着穿过街道，争先恐后地来到国宴厅^②，那里已经搭起了脚手架。军士把守着进入市中心的所有通道，封锁了断

---

　　① 　Whitehall，又译"白厅宫"，位于威斯敏斯特，从1530 年起是英格兰国王的主要居所，曾是欧洲最大宫殿之一，1698 年毁于火灾。

　　② 　Banqueting House，建于 1622 年，是怀特霍尔宫唯一保存至今的部分，也是英国最早的新古典主义建筑。

头台附近的整片区域。

为避免在这个冬日里冻僵，查理一世（Charles I）包裹着较平日两倍厚的衣服，他哆哆嗦嗦地出现在众人面前。[1]这位在三天前被判处死刑的国王表现镇静。他再一次声明，他始终重视其人民的自由，但这自由只能通过一个合法的，也就是居于神圣王权之下的政府实现。他将作为殉道者死去，从暂时的王国进入永恒的王国。人们听不清这些劝诫。只有主教罗伯特·杰克森（Robert Jaxon）和热心的记事官注意到国王的遗言，他反复抱怨说，那块木头①对于行刑来说位置太低了。[2]最后，他向蒙面的刽子手示意，自己已经准备好了。

"当看到那颗头颅被砍落时，他们不由自主地迸发出一阵惊呼，罪过、晕厥的感觉在其中与恐惧相互交织。"历史学家利奥波德·冯·兰克②如此描述。[3]纪念品猎人试图用他们的手帕浸染国王的鲜血。

---

① 在断头台于法国大革命期间获得大规模使用之前，被斩首者通常将头部放置在一块木板上。
② Leopold von Ranke，1795~1886，德国历史学家，近代客观主义历史学派之父。

国王被斩首的消息如野火般迅速传遍了不列颠岛和整个欧洲。在三十年战争的笼罩下，只有公开处决才能使英格兰的政治剧变引发关注。一个弑君者的共和国出现在欧罗巴！

在查理一世的统治下，英格兰在外交上被边缘化。这个国家早就已经不被视为可靠的盟友，而是个虚弱、受议会摆布并屡陷宪法危机的君主国。[4] 难以想象，在接下来的几十年间，这个备受关注的政治另类将发展出法兰西式的绝对主义。几乎同样难以想象的是，这个人口稀少的不列颠岛国有朝一日将崛起为世界强权。

*

17 世纪上半叶，英格兰的经济支柱是农业和羊毛产业。羊群随处可见，纺织品是最重要的出口商品。起初受欢迎的是较重的羊毛织物，近来则是更加轻盈和便宜的"新式布料"，它们被售往地中海诸国，有些甚至远销美洲。[5]

纺织品贸易有利于那些为市场生产的大农场主和自耕农。他们的土地到处扩展，超过了久居本地的封建主。牛顿家在林肯郡的地产没有那么多，但是其家庭的生活水平得到明显提高。近来，他们住在一栋配有三拱大窗的两层小楼里。罗伯特·牛顿（Robert Newton）在1623年将它买下，并把此宅和"庄园主"称号一起留给了儿子艾萨克。

艾萨克·牛顿在婚后几个月就去世了，未能等到他唯一的孩子——与其同名的艾萨克出生。他留下的遗产确保其子能够终生享有一定的经济安全性和独立性。家庭财产包括那栋庄园主住宅、耕地、丰盈的粮仓和42头牛。[6] 在英格兰，自古用于衡量家庭财富的通货是绵羊。拥有234头绵羊意味着在林肯郡已是个人物！

按规矩，农民的遗产需要分配给多个儿子。艾萨克·牛顿的先人巧妙地通过婚姻政策弥补了遗产分割造成的损失，并获得了新的土地。他的父母在1642年结婚，这是许多自耕农提升社会地位的典型事例。

新娘带来的嫁妆不只是一块土地。依靠乡绅詹姆斯·艾斯库（James Ayscough）的女儿汉娜·艾斯库(Hannah Ayscough)，牛顿家族首次与上流社会建立了紧密联系。艾萨克的父亲和祖父连自己的名字都不会写，而汉娜的兄弟威廉则毕业于剑桥大学。后来，她也将自己的儿子送往剑桥求学，有时还会寄去几行书信。

旧式与新式的时间计量

艾萨克·牛顿生于 1642 年 12 月 25 日，也就是圣诞节那天早上。但在意大利或法国，新年早就开始了。按照当时适用于天主教国家、如今已获得普遍接受的格里高利历，那天应该是 1643 年 1 月 4 日。不过，不列颠岛民仍然以古老的儒略历为准。这场历法分歧贯穿整个 17 世纪，它将关于计量时间的争论提升至政治和宗教层面。这十天的差别也给书写历史出了道难题。

我们睡与醒的节奏、潮汐、气象循环和收获周期受制于宇宙的周期，即昼夜、月相和季节的周而复始。这些周期构成了推演历法的基础。通过将日、月、年排列在一起，我们想要说明，我们所经历的变化不是简单地依次发生。确切地说，我们是在神圣关系、月相和天气的循环往复的背景下观察所有事件的。可是，为了实现通用的时间计量，必须使不同的周期遵循相同的标准。这正是几千年来的历法困境之所在。

我们今天的历法有着漫长的发展史。在欧洲，约从公元前 4900 年起大规模出现的新石器时代环沟状设施 ① 已经证明了太阳年被赋予的重要意义。太阳在地平线上升起的位置并非恒久不变。当人们在不同的日子里观察日出，便可知这一现象的发生地点始终朝着相同方向推移——直到夏至或冬至，然后便会折返。年复一年，日出的位置往返于两个端点之间，呈现着美妙的周期性。

因此，地平线上的坐标或专门为之建造的

---

① 新石器时代的人造建筑，大多建于公元前 5500～前 3500 年，主要分布在中欧，可能是聚落中心、防御设施或畜栏。

大型工程可以作为时间标记。在新石器时代，它们使向农民的生活方式过渡变得更加简单。科学史家格尔德·格拉斯霍夫[①]解释说，对于早期文化而言，通行的历法还没有那么重要。但是知道春天何时开始、气温何时回暖，或许决定着作物的收成和集体的命运。

经过数千年，太阳的往复轨迹才被打上越来越精确的时间标记。其间，在我们的纬度上，月球逐渐失去了它作为节拍提供者的角色。某些早期文化还使用阴历，因为两次新月之间只经过约29个夜晚，月相变化也比较容易观测。在我们今天的历法里，月份的长度只是近似一个月相周期，而不再与具体的天象相关。只有复活节、耶稣升天节和圣灵降临节的日期仍取决于满月的时刻。这些像鬼火一般四处飘忽的节日说明，月球、太阳和地球的周期很难被统一起来。

牛顿所处的时代将成为建立具有普遍约束力的时间标准的一个重要过渡阶段。天文台在伦敦和巴黎落成，使已问世的计时装置能够更好地与天空时钟保持同步。尽管在不列颠岛和

---

① Gerd Graßhoff，生于1957年，柏林洪堡大学教授。

大陆进行着相同的科研项目，欧洲还是保持新教计时和天主教计时的分裂局面。

儒略历包含 365 天。太阳年要长四分之一天。因此，假如人们没有在儒略·恺撒的时代 [①] 就每四年置一闰日（2 月 29 日）的话，该历法在一百年后就会偏差近一个月。但是问题并没有就此解决。尽管 365.25 天已经相当接近太阳年的长度，可还是存在 11 分钟的误差，它在多个世纪后就会变得显著。就连英格兰天文学家也得出结论，认为历法必须进行相应的调整。在他们中的很多人看来，一场与天主教国家根据教皇格里高利十三世（Gregor XIII）1582 年诏令所推行者（即至今通用的格里高利历）相似的历法改革已经不可避免。毕竟，自耶稣降世以来，历书已经落后了 11 天。不过，与德意志 [②]

①　儒略历是人类最早的太阳历之一，由罗马共和国末期的政治家和军事家儒略·恺撒在改进古埃及历法之后颁行于公元前 45 年。

②　在牛顿和莱布尼茨所生活的年代，虽然文化意义上的"德意志"已经比较清晰，但政治意义上的"德意志国"仍不存在，冠名"德意志民族"的"神圣罗马帝国"也处于四分五裂的状态，故本书在相应位置均称"德意志"而不称"德国"。

新教徒一样，英格兰教会①的主教们反对这一建议。宁可比太阳走得慢点，也不能听从教皇。[7]

内战中的童年

对于清教徒②，也就是岛上"更激进的新教徒"而言，圣诞节如同眼中钉。布道者骂道，男人和女人在这12个日夜里③对他们名誉的玷污比全年其余时间还要多。人们在庆祝三王节时表现得格外欢乐。伴随着漂浮着干瘪苹果皮的加糖啤酒，众人载歌载舞，直至深夜。

牛顿的家中却弥漫着忧愁：艾萨克出生后，他的母亲立刻派两名女仆前往北威瑟姆（North Witham），让她们从派肯汉姆夫人（Lady Packenham）那里取得建议和药品。新生男孩的体重不足，显然命悬一线。[8]他是那么弱小，仿

---

① Church of England，即英国国教会，其发展出的圣公会／安立甘教会是新教的主要派别之一。

② 在新教诸派中，英国国教保留了较多的天主教教义和礼仪。要求清除天主教残余的改革派被称为"清教徒"，其信奉加尔文主义，遵守清规戒律，由于遭受迫害而流亡欧陆和美洲。

③ 部分基督教国家传统上庆祝圣诞节的主要时段，从12月25日持续至1月5日，即主显节或三王节的前一天。

佛可以装进一夸脱的罐子里。[9]

他的幼年留下的可靠资料不多，其中有一份破损的洗礼证明。据此，他的寡母汉娜在其出生一周后才让他受洗。在这一年中最喜悦的时节，即使平日里舍不得使用油脂蜡烛和纸草灯的最穷困的农民也会将夜晚装扮得如同白昼，而汉娜自己却身着丧服。

1,642年冬天，英格兰国王没有什么理由过节。为了获准提高征税，查理一世多次解散议会，而后重新召集，但是未能如愿。最后，当他下令逮捕部分抗拒的议员，却不料掀起一波暴动的浪潮。

宪法冲突在升级。在伦敦这座全岛无可争议的最大城市和经济中心，紧张状态演变为抗议和骚乱，以至于国王认为自己不得不撤离都城。由于新闻管制已经失效，议员们现在可以公开宣传他们的纲领。据估计，超过半数的男性市民具备阅读能力。[10]仅在牛顿出生当年，就有几十种新的政治报刊发行。人们抨击查理一世非法增税、支持垄断以及对英格兰商船队保护不力。

很快，议员们就在清教徒奥利弗·克伦威尔（Oliver Cromwell）的领导下组建起一支国民军。其士兵被称为"圆颅党"①，不同于国王军队的"骑士党"。当宫廷人士仍戴着垂挂至肩的鬈曲假发，从圣公宗高派教会分离出的清教徒已将头发剪短。1645 年，他们的军队在英格兰中部的决定性战役②中获胜，随后夺取保王党在牛津的大本营。查理一世逃往苏格兰。[11]

内战过程中，不断有士卒从伍尔斯索普经过。这个地方靠近从伦敦出发、经过格兰瑟姆（Grantham）前往苏格兰的重要行军和邮政路线。尽管林肯郡受到议会军队的充分保护，这里有时还是会发生劫掠。不过，英格兰军队的规模很小，肯定不能与同时期在三十年战争中蹂躏中欧的庞大武装相提并论。艾萨克·牛顿在其中成长的庄园没有受到破坏。

---

① 因头发剪短、头颅显得较圆而得名。

② 指纳斯比战役，进行于 6 月 14 日。

艾萨克·牛顿出生的房屋"伍尔斯索普庄园",位于林肯郡的格兰瑟姆附近（木版画，1890）。

在人生的最初几年中，这个男孩得到母亲汉娜全心全意的呵护。这在他的第三个生日之后突然改变，因为她接受了一位富有教士巴拿巴·史密斯（Barnabas Smith）的求婚。[12] 后者63 岁，在前一年失去了妻子。现在，比他年轻30 多岁的寡妇搬进了他在邻近的北威瑟姆的牧师住宅——她的儿子没有同往。艾萨克被留给外祖母照看，而且不是暂时如此。直到巴拿巴·史密斯七年后去世为止，他都没有将继子接入家中。

这种被抛弃的感觉将困扰艾萨克·牛顿一生。在大学时代，他将列出并承认一系列少时的罪过，包括威胁要将他的母亲和继父连同整个房子烧成灰烬。他的拘谨、忧郁、怀疑他人，或许还有后来的严重抑郁，都可以与这早先的迷失经历以及相关的恐惧结合起来考察。

当内战结束时，艾萨克年满 6 岁。查理一世召集了一支新的军队，却再次被克伦威尔的部队打败，他自己也沦为俘虏。不过在此期间，议会阵营内部也争吵到了剑拔弩张的地步。比如，平等派①主张维护小农权益，要求实行普遍的选举权并在国会设置除了上议院（代表上层贵族和教士）和下议院（代表乡村贵族和其他富人）之外的第三议院。比平等派更加激进的团体则拒绝接受私有制。

这些观点中的一部分将在启蒙时代重获生机。但是，全力掌控局势的克伦威尔从这时起既对抗保王党，也打击平等派。他下令占领伦敦，废除上议院，永不开设第三议院。至于国王，他干脆将其送上法庭。在公开审判中，查理一世被定罪，并于 1649 年 1 月 30 日在他的宫殿门前授首。

令君主们颤抖的一刀

一声惊呼响彻欧洲。大陆居民还从未经历过如此恐怖的事情。讨论英国国王被杀的文章多达成百上千。德意志报纸对革命的报道如此详实和持久，几乎超过了以往的任何话题。[13] 国王可以成为阴谋或行刺的牺牲品，正如 1610 年

---

① Levellers，也称"平均派"，1649 年被以克伦威尔为首的独立派镇压。

的法国国王亨利四世 ①。他们也可以战死沙场，正如 1632 年三十年战争中的瑞典国王古斯塔夫·阿道夫 ②。但"权力神授的"统治者被革命者公开处决，这在欧洲是史无前例的。

法兰西女摄政 ③ 在得知伦敦的消息后吓得发抖。在她的国家，贵族和议会也已经揭竿而起。趁着雾夜，这位太后带着年仅 10 岁的国王路易逃出巴黎。接着，她命令军队包围都城。¹⁴ 不同于英格兰，法国的君主制在经受内战洗礼后变得更加强大。"太阳王"路易十四攫取了近乎不受限制的权力。还要再经过 140 个年头，才能等到法国大革命时期的巴黎再次上演与伦敦相似的一幕。

德意志作家安德烈·格吕菲乌斯 ④ 将查理一世的最后几个小时创作成一部悲剧。他在得知处决后几天就完成了初稿。在这篇反复改写的

---

① Heinrich IV, 1553~1610, 原名纳瓦拉的亨利，波旁王朝的缔造者，领导法国结束内战走向复兴。

② Gustav Adolf, 1594~1632, 指古斯塔夫二世，卓越的军事家，被誉为"北方雄狮"。

③ 指奥地利的安娜，1601~1666，来自哈布斯堡家族，西班牙国王费利佩三世之女，法国国王路易十三之妻，路易十四之母，1643~1651 年执掌法国政务。

④ Andreas Gryphius, 1616~1664, 德意志巴洛克时期最重要的诗人和剧作家之一。

《查理·斯图亚特》（*Carolus Stuardus*）里，国王庄严地等候行刑，而革命领袖奥利弗·克伦威尔和费尔法克斯爵士[①]则表现得针锋相对：

费尔法克斯　拳头要沾上王侯的血，这看上去真可怕。

克伦威尔　　暴君的鲜血不会干涸。军队统帅，你为何如此恐惧？

费尔法克斯　各民族的法律都禁止杀戮世袭君主。

克伦威尔　　在战争的鼓号声中不必服从法律。

费尔法克斯　人们发誓过：至少别伤害他的灵与肉。

克伦威尔　　人们习惯于这样随意糊弄小孩子。[15]

　　剧作家将激进无畏的克伦威尔与温和的费尔法克斯对比，后者会在晚些时候对自己的举

[①]　Thomas Fairfax，1612~1671，英国内战期间的著名将领，在议会军中享有极高威望，赞成王权复辟，反对克伦威尔的独裁专断。

动表示懊悔并转变立场。多数英格兰人民从未想要这样一场处决。特别是对敬畏上帝的乡村居民来说，克伦威尔从此变成了弑君者。尽管当时有些作家以除暴之名为其辩护并试图减轻新政府的压力，但成为畅销书的却是一部作者不详的国王日记，它将查理一世塑造成了殉道者。格吕菲乌斯引用该书，艾萨克·牛顿年少时也读过它。[16] 这位学生被血腥的行径震动了。他画了一幅查理的肖像，并为国王的处决作了首诗。[17]

一切和约之和约

> 欧洲列强结束了三十年战争，戈特弗
> 里德·威廉·莱布尼茨在被占领的城市莱
> 比锡降临人世。

安德烈·格吕菲乌斯被认为是三十年战争时期[①]的德意志诗人。战争打响的时候，他才2岁。他在4岁时失去了父亲，11岁时失去了母亲。首先是反宗教改革运动席卷了他的故乡西里西亚的格洛高[②]，然后是瘟疫。20岁

[①]　1618~1648年的三十年战争是欧洲近代史上规模最大的武装冲突之一，以德意志为主要战场。战争的导火索是神圣罗马帝国内部的政治和宗教矛盾，后演变为列强争夺欧陆霸权的混战。

[②]　Glogau，今波兰格洛古夫。

时，他写下了诗歌《祖国之泪》（*Tränen des Vaterlandes*）：

> 我们如今被完全、彻底地毁掉！
> 各族放肆的行伍，凌厉的军号，
> 饱尝热血的刀剑，轰隆的重炮，
> 吞噬了所有贮藏、汗水和辛劳！

> 塔楼正在燃烧，教堂已经翻倒。
> 市政厅在飘摇。壮汉也遭砍削。
> 少女们被玷污。我们目光所到，
> 火燹、瘟疫和死亡将心灵缠绕。

> 鲜血流淌不已，漫过城镇堑壕。
> 滔滔河川放缓，六年已有三遭，
> 只因尸横遍野，几乎阻断水道。
> 可我尚未提及那比死亡更凶暴，
> 比瘟疫、炽焰和饥荒更可畏者：
> 无数人也被迫抛弃了灵魂瑰宝。[18]

这是一场毁灭性的战争。萨克森的人口数

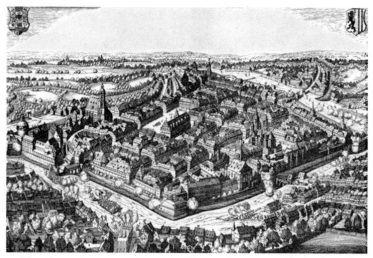

　　莱比锡在三十年战争期间多次沦为战场，这幅铜版画取自马特乌斯·梅里安（Matthäus Merian）的《欧罗巴剧场》（*Theatrum Europaeum*），描绘了1632年帝国军队对城市的围攻。

量减少了近一半。农民目睹他们的庄园被烧成灰烬，村庄和城市先后被皇帝的军队和瑞典士兵焚烧劫掠。整整一代人在废墟中与战争技艺相伴成长。[19] 三十年战争升级的方式与英国内战不同。查理一世低估了公众对他实施侵略性政策的愤懑程度。反对他的强大联盟由此产生，它以都城为中心，以克伦威尔为领袖。相反，外部多面受敌、内部四分五裂的德意志民族的神圣罗马帝国[①]不是革命和弑君的正确地点。这里没有像伦敦一样能够对本国其他地区的力量施加影响的政治中心。最终引发全欧范围的宗教战争的是一系列环环相扣的国际冲突。[20]

这场战争持续的时间越长，不同信仰之间的裂痕就越深。饥饿而贪婪的雇佣军到处打劫，民众对野蛮、暴力、饥馑和疫病的恐惧不断增加。1631 年 5 月，新教城市马格德堡的大半居民在一场旷世屠杀中沦为牺牲品。帝国[②]将领戈

---

①　修饰语"德意志民族"出现于 15 世纪，最后一位由教皇在罗马加冕的皇帝是哈布斯堡家族的腓特烈三世（1452）。到了 17 世纪，神圣罗马帝国已基本丧失了对意大利的影响，故名实不符。

②　如无特别说明，本书中的"帝国"均指"神圣罗马帝国"。

特弗里德·海因里希·冯·帕本海姆伯爵①得意地吹嘘说，他手下的兵痞在数小时之内就让这座城市连同它的所有财富化为灰烬。"不管人们把东西藏在地窖里还是地面上，现在都已被烧个干净。我认为有超过两万条灵魂归天，而自从耶路撒冷毁灭以来，肯定还没有出现过更加严酷的神罚。我们的每个士兵都满载而归。"21

对秩序的呼唤

当戈特弗里德·威廉·莱布尼茨在 1646 年夏天出生的时候，全世界②都把目光投向明斯特和奥斯纳布吕克。那里云集了 150 位使节，目的是制定一个全欧洲的条约体系，梳理出纷繁的领土和宗教争端的头绪。唯有深陷内政危机的英格兰缺席了谈判。

大大小小的会议和宴席持续了超过 4 年。各色人物来来去去，换了几茬：有外交官，有带着

---

① Gottfried Heinrich Graf von Pappenheim，1594~1632，他以大胆、忠诚和坚韧闻名，据说是齿轮泵的发明者。

② 作者显然在指西方世界，或许还包括其海外殖民地和西亚地区。

仆从和家当来到威斯特法伦 ① 的贵族，还有不像统治阶层那么讲究，而是奋笔疾书、穿梭于宫廷之间并密切关注国际局势的法律学者。[22] "所有德意志人都是博士先生"，法国公使克劳德·德·麦斯莫 ② 指出。和谈期间，他与 200 名随行人员在明斯特大教堂广场周围下榻。[23]

终于，1648 年 10 月 24 日，德意志民族的神圣罗马帝国、法国和瑞典缔结了多项条约：帝国把重要的波罗的海通道——前波美拉尼亚割让给瑞典，并将长期失去被法国人夺走的阿尔萨斯。皇帝的权力被削弱了，因为从这时起，只要"不是旨在反对皇帝、帝国及其土地和平法令 ③，侯国、伯国和帝国直辖城市就有权自主

① Westfalen，英文作"威斯特伐利亚（Westfalia）"，是明斯特和奥斯纳布吕克所在的德意志西部地区，得名于古代萨克森部落。终结三十年战争的和约被称为《威斯特伐利亚和约》，所形成的国际关系格局被称为"威斯特伐利亚体系"。

② Claude de Mesmes，1595~1650，出身贵族，职业外交家，官至财政总管（相当于财政大臣）。

③ Landfrieden，传统的日耳曼习惯法允许以私斗的方式解决争端，例如血亲复仇。为维护和平与稳定，神圣罗马帝国皇帝自 11 世纪起多次颁布法令，禁止当事人在帝国境内诉诸暴力并要求服从更高的司法权威。从 13 世纪起，许多诸侯和城市也自主缔结具有约束力的"土地和平协议"，承诺在特定地区共同放弃使用暴力。

结盟"。[24]

但是，这样一个由 300 个小邦国组成的混合物是否还能继续存在下去？当时的学者对此表示怀疑。在战乱中度过大半辈子的人受到了太深的精神创伤。与格吕菲乌斯一样，他们认为，统治者今后最紧迫的任务就是阻止战争。因此，保证安宁不再只是公民的首要义务，也是当局的最高职责。

对政治新闻的关注度在整个欧洲都有所增加。有证据表明，创建报刊的第一波浪潮就发生在全欧混战（即三十年战争）时期。定期出版物可以更加直观地表现大陆的情况。它的基础是一项新的基础设施——公共邮政业务，比如在帝国有皇家帝国邮政[①]，后来又发展出各邦的邮政。[25]

"经济、政治和科学都依靠这一前现代社会的新循环系统，"沃尔夫冈·贝林格[②]在其关于近代通信革命的权威研究中指出。"邮件收发日把它的节奏传递给情侣、外交官和商

---

① Kaiserliche Reichspost，存在于 1495~1806 年，由皇帝授权私人经营。
② Wolfgang Behringer，生于 1956 年，德国历史学家。

人的信件往来。它塑造了邦国相府和交易所的时间周期，决定了期刊这一新式媒体的发行日，影响了 17~18 世纪的科学家之间的通信交流。"26

城镇中的"邮件收发日"越频繁，新闻传播的速度就越快。战争结束后不久，萨克森选帝侯就批准发行"全世界第一份日报"。尽管这份每周出版六期、由莱比锡一位教授负责审查的《最新消息》（*Einkommende Zeitungen*，发行于 1650~1652 年）不久就停刊了，然而到了 17 世纪末，有四分之三的报刊每周能发行 2~3 期，甚至更多。27

莱布尼茨在读书

戈特弗里德·威廉·莱布尼茨是在莱比锡大学高墙之后那半暗的讲堂和图书馆里长大的。家族编年史记载："1646 年 6 月 21 日星期天，在晚上 6 点至 7 点的最后一刻钟内，我的儿子戈特弗里德·威廉降生，属水瓶宫。"28 当时，对时间的描述不能缺少有关占星术的信息。时间可以精确到一刻钟，与教堂塔钟报时情况一致。在那个年代，将时间划分为分钟的做法还不为人知。

父母让他们的男孩在莱比锡的尼古拉教堂[①]接受了洗礼，这座教堂最近出名是因为民主德国末年的星期一游行。他的洗礼教父是萨克森宫廷教士马丁·盖尔（Martin Geier）和法律学者约翰·弗里施（Johann Frisch）。"信仰与学问的统一"将成为戈特弗里德·威廉毕生的座右铭。它也是那座即将把他纳入怀抱的高等学府的口号。

在他出生之际，他的家庭可能住在后来的骑士街（Ritterstraße）的一座大学建筑中。这座有着雄伟山墙的晚期哥特式房屋今已不存，它与新楼[②]和大楼[③]共同容纳了学校的大部分教授和学生。紧挨着的是女子楼和其他设施，讲

[①] Nikolaikirche，始建于 1165 年，是莱比锡目前最大的教堂，规模甚至大于因为巴赫而更加著名的托马斯教堂。从 1982 年开始，当地民众每个星期一会在教堂内举行和平祈祷，该活动从 1988 年起具有政治色彩，并在 1989 年秋季演变成声势浩大的示威，对东德解体、两德统一的进程产生了重要影响。

[②] Neues Kolleg，今称"红楼（Rotes Kolleg）"，建于 16 世纪。

[③] Großes Kolleg，建于 15 世纪，今已不存。

师和学生在那里遵照严格的规定共同生活。

父亲弗里德里希·莱布尼茨（Friedrich Leibnütz）① 是法学家和伦理学教授。两年前，他与另一位有名望的莱比锡法学教授之女——比自己年轻 24 岁的卡塔琳娜·施穆克（Catharina Schmuck）结婚。让他们的儿子也走上法学道路，这符合家族背景，也符合当时盼望和平、为近乎绝望的冲突各方定纷止争的时代需要。

弗里德里希·莱布尼茨在开战前逃到了这座当时约有 1.8 万人的交易会之城 ②。莱比锡大学每年招收 750 名学生。他此时已经失去双亲，但在叔父的照料下得以进入大学就读，并在 1624 年被聘为公证员。[29] 他的首任妻子安娜·弗里茨希（Anna Fritzsche）在为其生下长子约

---

① 姓氏莱布尼茨原本常作 "Leibnütz" 或 "Leibnitz"，戈特弗里德·威廉·莱布尼茨从 1671 年起固定使用 "Leibniz" 的写法。

② 莱比锡位于中世纪的两条重要商路——东西向的"国王之路（Via Regia）"和南北向的"帝国之路（Via Imperii）"——的交点，因此发展为国际贸易枢纽，其年度集市可以追溯到 1165 年前后，是已知最古老的交易会之一。

翰·弗里德里希（Johann Friedrich）后不久去世。他的第二任配偶是莱比锡的一位书商之女，但后者也不幸离世。死亡伴随着他的一生，特别是因为莱比锡多次沦为战场并遭受瘟疫侵袭，最后甚至被占领。

瑞典占领者为撤军开出了高价。1650 年 7 月 22 日——戈特弗里德·威廉刚满 4 岁，妹妹安娜·卡塔琳娜（Anna Catharina）也将在几天后庆祝 2 岁生日——莱比锡的人们终于可以为达成和约而欢呼。这一天在钟声中开启，紧接着是礼拜和祈祷活动。这不是纽伦堡所举行的华丽庆典，更不是民俗节日。萨克森选帝侯告诫市民，休想在公共礼拜结束后的"当天其余时间里暴殄天物或穷奢极欲而不受严惩，相反应该继续在家里赞美、荣耀、崇敬和颂扬他的上帝"。[30] 大学师生，比如被儿子形容为"娇气"和"易怒"的弗里德里希·莱布尼茨及其有虔诚之名的妻子卡塔琳娜，无疑将以这样的方式度过一天。

莱布尼茨后来写到，父亲望子成龙，为此不时受到他朋友的嘲讽。早在学龄前，莱布尼茨就已经被父亲领进书的世界，以至于他在少年时期就能从故事书中获得比做游戏更多的乐趣。[31]

可是，在他还未满 6 岁时，父亲便去世了。按照儿子自己的说法，他对父亲只有"依稀的记忆"，而且其中越来越多地混入了他人的描述。父亲留下的图书馆很快成为戈特弗里德·威廉的庇护所。8 岁时，他已经整日待在这座书堆里，阅读历史文献和教父们[①]的著作。

宗教战争已经过去，神学家们争吵继续

莱比锡大学是路德宗的中心。约翰·许泽曼[②]等保守派神学家在这里讲道，宣传尘世间的一切都是徒劳。[32]人会在其人生巅峰受到上帝一击，"使他像莙荙菜或向日葵那样栽倒，并被带走以至砍落在干草堆中；一切都散落在那里，二三十年的艰苦努力将化为乌有"。[33]

莱布尼茨从小就面对着如此深沉的悲观主

---

① 指教会之父（基督教早期贤哲），勿与通常意义上的"教父"（受洗者的男性宗教保护人）混淆。

② Johann Hülsemann，1602~1661，当时正统路德宗的代表人物。

义。多次担任大学校长的许泽曼和其他神学家利用经院哲学的概念体系，将他们的正统教义扩展到细枝末节，并与其他教派处于不可调和的对立状态。相反，莱布尼茨在路德的作品之外也参考了加尔文宗、耶稣会和阿明尼乌派①的论战文章。后来，他接触到超越信仰的改革理念，并在面对许泽曼描绘的较晦暗的上帝形象时认为，真正的虔诚在于热爱上帝，而不是畏惧他。

与此同时，各教派在 17 世纪延续了分裂局面。主要是新教徒在教会机构及其吹毛求疵的经典解释之外寻求宗教经验。在德意志诸邦，虔敬主义②以其新颖的内向属性逐步发展为最重要的改革运动；在英格兰，国教会与新的信仰团体之间的鸿沟已越来越深。

这听起来像是一段历史的讽刺：很快就要在剑桥大学三一学院任教的牛顿将成为否认三

① 由荷兰神学家雅各布·阿明尼乌（Jacobus Arminius）的追随者组成的新教派别，反对加尔文提出的"预定论"，亦称"抗辩派"。

② 从路德宗衍生出的新教运动，主张思想虔诚和行为圣洁，兴盛于 17~18 世纪。

位一体①和道成肉身②的反三一论者。在他与莱布尼茨的辩论中，双方心中不同的上帝形象也将发挥作用。在双方争相使自己的自然哲学与神学兼容的同时，他们也将以敌视宗教和唯物主义为由抨击对方。

---

① 由《尼西亚信经》确立的基督教基本教义之一，认为圣父、圣子和圣灵三者为同一本体、不同位格。

② 与"三位一体"密切相关的基督教基本教义，即圣子是圣父的圣道，圣子通过圣灵感孕取得肉身而降世为人。

艾萨克的钟面

> 牛顿通过观察阴影的移动读取时间，
> 还是学生的他已经凭借自制的太阳钟为人
> 所知。

在伍尔斯索普，艾萨克·牛顿完全依照其祖上的农民传统成长。一年是由大自然的节律确定的：从播种到收获，从羔羊出生到剪去羊毛，从万籁俱寂的冬季到万物复苏的春季，如此更替，周而复始。

1653 年夏季，他的母亲回到了娘家的农庄。她为第二任丈夫操持了七年家务，但在其死后选择离开。终于，她的儿子重归母亲的怀抱！不过，这种喜悦并非独有，因为母亲将三个继妹——汉娜（Hannah）、玛丽（Mary）和本杰明（Benjamin）——带了回来，她们如今要与艾萨克争夺她的关注。按照他自己的说法，他自幼敏感易怒，有时会欺负她们。当他作为长子，有责任保护在家门口吃草的羊群的时候，他却在做手工或陷入沉思，而彻底将动物们丢在一旁。这个男孩不太适合成为牧人，因为后者需要带领大群牲口离家很远。

为掌握牲畜的总体情况，林肯郡的羊倌发明了一种属于自己的计数方法。他们不用十进制，而是将每 20 只羊分为一组。在相应的数列中，言（Yan）、坛（Tan）、泰特拉（Thetera）、佩忒拉（Pethera）分别代表 1、2、3、4，直到费吉特（Figgit）代表 20。它们被编入歌谣，使记住数字更加简单。为保证牧群数量完整并认真照看新生的羊崽，很多地方的牧人以牲口头数，而非以固定工资计酬。[34]

在大自然里独处几小时后，就很难把握在太阳落山前带领羊群归圈的正确时间。人虽然可以较好地判断诸如几秒钟的短暂时长，但如果涉及数小时等较长间隔，我们通常会有较大偏差。研究人员在许多实验中证明，时间比大多数人所认为的走得更快。[35]

牧羊人拥有特殊的时间体验。他们关注在白天特定时段开花、为蜜蜂或其他昆虫提供汁液的植物，同时从动物的行为中读取时间。所有生物都有自己的生理周期，它与其他生物体的周期关联，并以太阳在一天和一年中的运行情况为准绳。

艾萨克观察五彩的云朵，关注光线的变化，并和影子做游戏。他的早期传记作者所讲述的故事虽然也涉及他自己制作的灯笼和木磨，但提到最多的是他对太阳位置的持久观察。据称，无论是在伍尔斯索普还是在他上中学的格兰瑟姆，他都凭借他那可靠的太阳钟而为人所知。[36]

小时简史

对我们来说，将一天划分为始终等长的24个小时是理所当然之事。我们没有想过，这其实是一项刻意的制度安排，而且是比较晚近的文化产物。如果与太阳钟进行比较，就不免碰到上述问题，因为日晷的功能被限制在日出与日落之间，后两者还要随着季节变化。太阳在夏季高高升起，在天空中划出一道长弧，而冬季的日照时间则比较短。据此，简易太阳钟的面盘不是将白昼分为等长的钟点，而是以不同季节对应互有区别的时长，正如每天的安排遵循着自然的神圣性：夏天，人们在田间工作的时间较长，睡眠也较少。

早在中世纪，林肯郡的人们就在修道院和教堂的南墙上刻出钟面的形状，以便定时召集僧侣祷告并组织村镇居民参加弥撒。直到机械钟出现，设置等长钟点的想法才获得重视。在此之前，熟悉这种观点的只有观星者。天文学家已将一整天划分为等长的24个小时，但他们参照的不是太阳，而是那些看似在夜空中匀速围绕地球运动的恒星。为便于比较一年中不同时节的观测情况，天文学必须采用长度恒定的小时作为计量尺度。

这种将一小时定为全天的1/24的固定标准从天文学传播至一种新式钟表机械。中世纪的钟表通过重物断续下落的方式制造出时间单位。

它最重要的机制——擒纵器——依靠一个接一个齿，以尽可能均等的节奏阻止重物向下运动。这些短暂的间隔将组成钟点。这个方法的优点是：不管天气和日照情况如何，都能读出时间。

最初的机械钟是足有房间那么高的铁家伙，由锻工和钳工打造，被放置在城市和教堂的高塔之上。它们使钟铃敲出青铜质感的时间之声，既不需要刻度盘，也不需要指针。作为公共报时钟，它们在打开城门、开始工作、交易会、市集或政府会议的时候敲响，如此安排着经济、宗教和政治生活。通过公共钟表的敲击，每个人都在集体分工中各就其位。从中世纪晚期开始，它们在整个欧洲建立起一套规范的时间秩序。[37] 但只有再经过几个世纪，报时钟才转变为精密仪器，专业人员才学会用发条装置制作出座钟甚至更加小巧便携的钟表。最后，在德累斯顿、纽伦堡、奥格斯堡、巴黎和日内瓦出现了最早的钟表工匠协会。

影子游戏

手工业在英格兰兴起较晚。直到 1631 年，伦敦钟表匠同业公会① 才获得特许状。牛顿小时候是否见过灯笼形状的典型英式座钟，是很值得怀疑的。与我们今天不同，伍尔斯索普的农民不是将夜晚分为等长的钟点，而是采用诸如黄昏、夜初、燃烛、暗夜、深夜、拂晓、鸡鸣等名称指代各个时段——仿佛黑暗中的一只万花筒。

整个林肯郡只有一位知名的钟表匠，他在 1650 年代就已经制作座钟。[38] 但有不少证据表明，仅过了一代人，该地区就有许多钟表匠开设了自己的工坊。林肯郡至今完好保存的最古老座钟来自 1680 年代，那时摆钟的发明已在不列颠岛掀起了一波钟表热潮。[39]

艾萨克对时间计量的突出偏好并没有延伸至钟表机械。他更多关注时间的影子如何在大石头或大宅高墙之后徘徊，以及它的方向和长度是如何变化的。根据他的第一位传记作者威廉·斯塔克利② 记述，为了测量一小时和半小

---

① Clockmakers' Company in London，早期拥有钟表销售的垄断权力，现为慈善机构。

② William Stukeley，1687~1765，英格兰考古学家、医生和教士，曾对斯通亨治和埃夫伯里的巨石阵进行研究，1718 年成为皇家学会会士。

时，他在墙上打入木钉并在相应的位置做上记号。据斯塔克利所说，那些刻度如此精确，使得全家和邻居都使用过这块众人所说的"艾萨克的钟面"。[40]

"艾萨克的钟面"——这则故事听上去美得超乎真实。它被天衣无缝地编进了同样由斯塔克利散布的神童传奇、苹果事件等牛顿轶事集。不过，它似乎并非特别离谱。可以肯定地说，这场想象出来的影子游戏在几年后就成了一项严肃的研究。

艾萨克12岁时，母亲将他送入格兰瑟姆的一所中学，并让他住在药剂师威廉·克拉克（William Clark）家中。艾萨克再次与家人分离。在这栋位于高街（High Street）的房子里，他只能凑合住在昏暗的阁楼上。许多传记作家刻画了一个孤独、绝望、几乎没有朋友的男孩。[41]如今，他的日常安排受到比以往更多的管控。或许，他在文法学校就读时首次接触到严格的时间安排。在大班级上课的最高要求就是遵守纪律，每节课之间通常借助沙钟分隔。

下课后，如果药剂师在搅拌研钵和坩埚中

的药物，艾萨克会站在他身后观看。在小药房里，他开始对化学感兴趣，这一兴趣又通过阅读克拉克的简陋藏书室中的读物而更加深入。此外，艾萨克在格兰瑟姆首次有机会走进公共图书馆。它位于学校附近的圣伍尔弗拉姆教堂[①]南门之上的一个小房间内，这是一处僻静之所，或许也是这个男孩喜欢的宁静港湾。[42]

他的好奇心日益增长，这也在他16岁时使用的第一本记事本上留下了痕迹。这个学生收集了方方面面的知识：如何应对牙痛，如何将鸟儿灌醉以便捕捉，还有如何熔化金属。引人注意的是他关于光线和色彩的许多记录。在"如何混合颜料"的标题之下，他抄录了红色、蓝色、绿色以及天空、云朵和海洋的色调的不同配方。接下来是一个简洁的段落，从中可以看出，斯塔克利关于"艾萨克的钟面"的叙述拥有一个真实的内涵。

首先，艾萨克将各恒星的位置集中画在一张概览图上。第二张图表同样精心绘制，它将

---

① St. Wulfram's Church，建于13世纪，1598年开设英格兰首家面向公众的图书馆。

完整一年内的太阳状态与杆子投影的长度作了对比。同时还附有一份关于哥白尼宇宙体系的符合比例的描述。最后，他画了一张草图，内容是如何设计一个适用于任意纬度的太阳钟。

牛顿在这里首次使用了几何学的语言，而且是在测定时间的语境下。在他已经较准确地认识天体运动之后，他打算在一本书的帮助下完成这项高难度的任务：因为在不同纬度，太阳的运行也不相同。在伦敦，正午的太阳比在靠北的伍尔斯索普的位置更高些。相应的，按照他所阐述的程序设计的钟面不仅需要反映上述两地的时间，还应适用于其他任意地点。无法确知，是什么力量推动着这个年轻人在如此抽象的层面钻研时间计量。他的笔记显示，他已经琢磨了太阳钟很久，并对其工作原理了如指掌。

翻盖太阳钟和旅行太阳钟

16~17世纪，太阳钟得以摆脱修道院或住宅的外墙，变成可移动的物体。各种价位的翻盖太阳钟和旅行太阳钟都存在。高档款式由象牙制作并镀上了银，牧师和学者甚至可以定购十字架或书籍形状。最廉价的钟表是块方形或椭圆形的木板，上面贴着纸质的简易表盘。[43] 机械钟表依然是昂贵的单件——比如贵妇们最喜爱戴在脖子上的那种，它的样子像是一个雕有花纹的香水瓶，便携式太阳钟则标志着，个人向融入普遍时间秩序迈出了重要一步。当然，它们只能在阳光下使用，无法自主显示时间。

哈佛大学的科学仪器藏品管理员萨拉·谢希纳[①]鉴定过各博物馆收藏的 2000 多件太阳钟，

象牙材质的翻盖太阳钟，便于出行携带。左侧：纽伦堡，约 1650；中间：纽伦堡，约 1620；右侧：迪耶普，约 1650。

① Sara Schechner，哈佛科学史教师，2000 年起负责管理历史科学仪器馆藏。

并熟悉它们不同的样式和客户群体。她认为，出售给商人和朝圣者的太阳钟必须附有关于使用者在其他地点如何校准的说明。"许多太阳钟不仅便于携带，还被设置成适用于不同的纬度。"[44]

制作特别精良的是配有罗盘的可移动太阳钟。它的运作方式最好放在17世纪逐渐获得认可的哥白尼宇宙观的背景下理解：不是太阳围着地球转，而是我们这些观察者在运动。我们看到朝日东升、夕阳西落，是因为地球正在反向匀速绕轴自转。

地球的自转轴是南北向的。如果一根投影杆与其保持平行，太阳便在一天内围绕它转一圈。这种与地轴平行的投影指针叫作极指针或极杆。古典时代的天文学家可能已经在使用它。直到人们打算参照机械钟划分小时的方式调整太阳钟的时间，它才在欧洲被重新发现。[45]最后，机智的工匠给翻盖太阳钟加装了一个比2欧元硬币略大的罗盘。这样就能够在任何地方调试个人计时器，并使其与地轴保持平行。

对于带有垂直立于表盘上的极指针的太阳钟，钟点的划分就完全对称。用这种赤道太阳钟，我们可以像今天的普通钟表那样轻松读取钟点。小时分隔线将圆周等分，相同的夹角代表相等的时长。

外来时间文化的遗物

在我们看来，手机大小的翻盖太阳钟仿佛是外来时间文化的遗物。今天查看火车站大钟或者手表的人不会想到，时针的运动方向和 12 点标志都是由太阳钟上的垂直杆发展而来的。[46] 数字化的钟表屏幕使我们比过去更加疏离于太阳运动这一时间准绳。这对孩子们来说尤其困难。很多孩子只能把钟表所显示的时间当作一串数字符号，结果是时间和时间计量在他们眼中肯定要比年轻的艾萨克·牛顿看来难以捉摸得多。

此外，地球如今被分成时区，这种将时间标准化的做法在 17 世纪还无法想象。只要化身为牛顿片刻，便能够理解时区是多么荒谬：毫无疑问，钟表当然应该显示与所在地的太阳位置相符的"真实"时间！但是，"真太阳时"（即真实的太阳时）却是因地而异的。

今天的时区彼此相差一个小时，因此它的

平均宽度为经度15度，这正是圆周360度的1/24。例如，以格林尼治为起点，中欧标准时区位于15度经线。"不过，只有精确位于15度经线的地方，冬季的太阳在中午12时才真正处于最高点"，位于不伦瑞克的德国联邦物理技术机构的"时间单位"工作组组长斯特凡·韦尔斯（Stefan Weyers）解释说。在德国，这只适用于全国最东端的城市、位于上劳西茨地区①的格尔利茨②。与这里相比，柏林平均落后6分钟，亚琛则已落后36分钟。如果切换至夏令时，子午圈还要再向东方推移15度。因此，我们的钟表在夏季更加不符合太阳的位置。

跨国时区之所以能在现代获得认同，既是因为人们已可以在短时间内移动很长距离，也是因为主时钟的标准时间可以经由无线或有线信号传输而没有任何延时。划分时区使我们不必每到一地都要调整时间。只有在前往非常遥

---

① Oberlausitz，"劳西茨（Lausitz）"或英译名"卢萨蒂亚（Lusatia）"是中欧历史地名，地处今天德国、波兰和捷克边界，曾先后属于波西米亚、哈布斯堡、萨克森、普鲁士等政治势力。
② Görlitz，位于尼斯河畔，其河东部分在二战后被划归波兰，成为兹戈热莱茨。

远之地的时候，我们才需要向前或向后拨动几个小时。即便如此，我们也几乎不用考虑太阳的运行，尽管它是这一切的背后原因。

固定的时间标准有助于我们在今天运用"时间"这一概念，仿佛这是个存在于我们身外的确切事物。但是，它究竟是什么？在许多人看来，回答这个问题需要借助钟表面盘，就连阿尔伯特·爱因斯坦也想这么做：时间是从钟表中读取的东西。可是，钟表测量的又是什么？让我们暂且相信，时间是一种用来在事物变迁之中辨别方位的机械辅助手段，中世纪僧侣与近代城市居民为不同的目的使用不同的钟表，而作为殖民运动先驱的航海家与17世纪的自然科学家同样依赖更加准确的精密计时器。我们稍后将看到，在城市化、全球化和技术科学化的进程中，钟表是如何发展成为一项对作为时间标准的"真太阳时"提出质疑的工具的。

尽管如此，便携式太阳钟的丰富多样和广泛传播表明，计量时间的工具和符号在那个时代仍然与大自然的运行紧密相关。牧羊人的儿子牛顿从小就学会了与影子做游戏。对经验老道的自然观察家来说，太阳只不过是天空中一个可用的定点。每当它再次位于最高点，就又过了一个太阳日。但是，如果人们注意的是其他恒星并在多个夜晚观察它们的最高位置，结果会怎样呢？又如果是月球呢？为确保时间计量符合天文学和数学原理，牛顿将探究所有层级的星体的运动。

1659 年，当牛顿在格兰瑟姆购买了前述笔记本时，他的数学基础知识仍非常有限，比将来成为地主所需要的多不了太多。他还不敢想象，自己有朝一日将走上学术道路。他的叔父威廉曾经就读的剑桥大学距离这里很远。在伍尔斯索普，他的母亲期待她的长子能够尽快接手庄园。他应当继续其父亲的道路。1659 年末，母亲将他从学校接了回来。

不过，三个季度之后，他重新回到了格兰瑟姆——这次是为进入高校就读预先作准备。或许是叔叔威廉说服了母亲，或许是老师们发现了其超凡的天资。无论怎样，母亲最后也认识到，一个昼夜仰望天空、往墙上钉投影杆、观测彗星的男孩，注定是无法成为牧羊人的。[47]

大学开放日 ①

> 年轻的莱布尼茨依照沙钟和课程表安
> 排其研学生活，并沉浸于对永恒的想象。

一个人就是一张履历。当莱布尼茨谈起莱
布尼茨，他是在概括自己的教育背景。在简略
的求学经历之外，这位高产的作者没有留下太
多信息。他既没有提到母亲，也没有提到兄弟
姐妹，更别提同学了。人们对他的家乡莱比锡
知之甚少，父母的住宅被压缩至藏书室，那是

---

① Dies academicus，本义为"学院日"，指高校暂停教
  学活动的日子，衍生为大学的节庆日、开放日或运动
  节等。

他最喜欢驻留的房间。在那里，这位教授之子惬意地坐在父亲的单人沙发上。只要我们在缺乏其他信息来源的情况下继续考察该履历的主人，这个深发、苍白、瘦削男孩的青少年时代就仅限于一项安静的行为：莱布尼茨在读书。

"威廉·帕西丢斯①，生为德意志人，来自莱比锡，很早失去了父亲这位人生导师，自愿致力于科学研究，并完全自由地投身其中"，他自己追忆道。"人们让他进入家中的藏书室，这个8岁的小男孩经常在那里躲上一整天，而尽管他几乎不会念拉丁文，他还是捧着那些书，仿佛它们正好落在他的手上……并细细品味使他感到愉悦的内容。"[48]

他从不依赖字典，而是借助李维作品中的木版画插图硬啃那些拉丁文密码。首先，他非常耐心地破译图画的文字说明，虽然只能从中猜出个别单词的意思，但这些单词在读第二和第三遍时就能连成段落。"我对此极为高兴。于是就继续不用字典，直到我理解了大部分的意思并可以进一步深究下去。"[49]

---

① Wilhelm Pacidius，莱布尼茨自称。

上述过程相当艰苦，但在他看来很有价值。每当莱布尼茨想弄明白什么，他就会作好去啃最硬骨头的准备。有两种品质让他受益终生："一是我真正依靠自学，二是我经常对普通事物也缺乏了解，因此我从事任何一门学问都是发掘新的天地。"[50] 莱布尼茨始终在追求尽可能普遍的解决方案，例如用一张"思想字母表"和尽可能简单的观念演绎出全部概念，或者将所有简单的语言表达整理归类。不过，他的老师提醒他说，一个小男孩是无法在他自己尚未充分掌握的问题上有所创见的。

终于！年满14岁的戈特弗里德·威廉获准在莱比锡大学旁听了第一堂课，他早在七年前就办理了入学登记。1661年春季，他开始学习法学专业，而比他年长3岁半的艾萨克·牛顿也在同一年加入了剑桥大学三一学院。他们俩都需要完成一系列传统课程。

现在，莱布尼茨学习希腊语、希伯来语，钻研亚里士多德哲学，并在大课堂和图书馆里度过了许多时日。从幼年开始，他就过着伏案的生活，很少四处走动，这是他对自己的书面描述。他对社交的爱好确实不及那股推动他孤独思考和阅读的力量。[51] 对他而言，被理性填充的时间才具有意义。

如果看一下莱布尼茨在 1673 年为贵族出身的菲利普·威廉·冯·博伊纳伯格①制定的日程表，就可以大致想象出他会如何安排自己的一天。旅居巴黎期间，莱布尼茨负责教育年轻的博伊纳伯格，后者在私人课堂上的自由支配时间几乎不比在修道院学校里更多。

5 点半：起床，穿衣，完成祷告。

6~7 点：泛读语文老师前一天灌输或布置的内容，以便在老师到来的时候已经有所准备。

7~8 点：语文课，最重要的是发音和拼写，然后是将拉丁文翻译成法文，有时也练习将法文翻译成拉丁文。语文老师有时也可以向冯·博伊纳伯格先生讲法语故事，并要求他进行复述。

8~9 点：数学课，首要讲授的是基础

---

① Philipp Wilhelm von Boineburg, 1656~1717，曾在美因茨大主教麾下担任埃尔福特的行政长官。

《算术》^①与《几何原本》。

9~10点：做弥撒，听讲道。

10~11点及11~12点：练习，由舞蹈和击剑教师负责。

12点：午餐。

1~2点：午餐后休息，与海森先生（Heißen）及其最喜爱之人交谈。

2~3点及3~4点：历史课和地理课，既要完整学习世界史，知晓局势和国界，有时也要学习编年史和系谱学，再学一点纹章学。

4~5点：语文老师可能还会回来。

5~6点：吉他课。

6~7点：自行支配，阅读有益有趣的书籍。

注意：5~7点可能被用作去观看喜剧。

7~8点：晚餐。

8~10点：可以用来谈话，复习所学，实践上述老师所教内容，或视情况阅读使人愉悦且有益的书籍。[52]

---

① Arithmetica，作者是3世纪的古希腊数学家丢番图。

缓慢流逝的时间

与年轻的贵族不同，戈特弗里德·威廉·莱布尼茨既不练习舞蹈，也不练习击剑。但要说到时间安排的密度，他为他的弟子设计的课程表应该与他自己的差不多。从长达数页的计算中可以看出一则典型的莱布尼茨格言，即他宁可做两遍同样的事，也不愿什么也不做。

或许，他在安排日常研究时始终没有离开过钟表。在学术环境里，这种情况下通常使用沙钟。它在近代进入书房，还被刻画在数不清的学者肖像和巴洛克式墓碑上。53

沙钟与一种特殊的时间意识相伴而生。当上部的玻璃球开始放空，可以看见一粒粒时间均匀而安静地流走，直到最后全部流尽。沙子把时间变成了一种有限的财富。沙钟与水钟①相近，后者早在古罗马时期就被用来控制法庭上的发言时间，确定夜间站岗的时长，或者管理温泉对男女有别的开放时间。令人惊奇的是，无论装得多满，沙子流经开口的速度始终大致相同。沙粒的运动有别于水分子。沙粒间的力

---

① 俗称刻漏或漏壶。

量传递不只是从上往下，还包括侧向。桥梁和网络也是基于这样的原理产生的，力在其中的散布方式与血液循环系统相仿。因此，沙钟中的压力也传导至侧壁，这减轻了下方沙层的负担，使开口的流速保持不变。

沙钟制作者的任务是使玻璃球的瓶颈与沙粒的大小相匹配。如果腰部太窄，沙流就可能阻塞，因为沙粒的架桥作用会堵住开口。为了确保沙粒大小尽量统一，沙子会被精细研磨和筛分。所用的沙子还必须结实，以免颗粒渐渐相互磨损而使时间的流速加快。

沙钟的用途不是显示具体时刻，而是测量一段确定的时长，比如一小时或半小时。数百年间，沙钟对航行来说一直非常重要。哥伦布在他的探险航行期间已经携带着一批这样的沙钟，而到了 17 世纪，英格兰的所有战船和商船都备有测量一小时和半小时的沙钟。[54]

教堂里有专门将沙钟固定在布道坛上的装置，因为许多地方都规定了讲道的时间。萨克森的教会规章要求牧师的演说不得过度拖延而占用信众时间，这正符合路德的劝告："活力登台！张嘴说话！尽快讲完！"教授们也将沙钟带进课堂。因此，学生在听课时始终知道已经过去和还将进行多长时间。后来，莱布尼茨将会严格地区分时长和时间。对他来说，时长是某种可以体验之物：它等于他的工作量，是一种数量。相反，他认为时间不是数量或大小，而是事件之间的关系，即依次发生的秩序。之所以在此提及这一点，是因为在处理莱布尼茨和牛顿对时间的不同理解时，不应忽略他们的成长环境和使用的计时工具。

不同于牛顿，莱布尼茨没有直接从事天文学，也没有进行那些他认为只能提供例证和支撑理论的实验。按照他的说法，必然的真理必须来源于理性主义者不断训练的理性。这也包括他对基础概念和人类思维字母表[①]的探索。他以这种方式耕耘的田地极其广袤。他通常在睡醒时就已蹦出许多想法，以至于白天不够用来

① 莱布尼茨提出的建立通用符号体系的方案，超越现有自然语言限制，使用一种理想的逻辑性人工语言实现国际交流。所包含的基本要素为图形字符，被称作"人类思维字母"。它们按照语法规则组合生成无穷的词汇。同理，通过将语言还原为基本要素，莱布尼茨认为人类可以找到表意和分析的普适法则。

思考，而夜晚不够用来记述。

第二场睡眠

莱布尼茨的工作时间变得越来越晚。就像他自己强调的，他因此养成了一种在他所处的时代比较特殊的睡眠习惯。"他的夜间睡眠是不间断的，因为他上床很晚，宁可熬夜也极不愿在早晨工作。"[55] 今天的人们不会觉得一场完整的睡眠有什么特别，而断断续续的睡眠则会显得奇怪。但是，就像弗吉尼亚大学的历史学家罗杰·埃克奇[①] 根据考证重现的那样，17 世纪只有极少数人一觉睡到天亮。"直到近代的尾声，西欧人仍将多数夜晚分成两个较长的睡眠阶段，中间是一段安静而清醒的状态，持续一小时或更长时间。"[56]

因为人造光源成本高昂，与莱布尼茨同时代的人们倾向于早睡早起。没有任何一家公共图书馆拥有足够的资金以提供人工照明。如果有谁打算甚至必须为油蜡烛省下点动物脂肪，或者为油灯节省些植物油，就会选择尽早离开。

---

① Roger Ekirch，生于 1950 年，美国历史学家。

午夜时分，人们会从床下再次搬出夜壶，回想一下方才的梦境，祈祷，彼此闲聊一会，在烛光中做点手工活或者打一局牌，最后才是接续"第一场睡眠"的"第二场睡眠"。

因为需要写作和阅读，莱布尼茨经常熬夜至深夜。每到整点，这个勤奋的学生都会听到号角声，这是莱比锡的守夜人打更的方式。这项任务在白天由报时钟承担，直到宵禁为止。[57] 守夜人打着灯笼，配着轻武器，在这座战后很快重新富裕起来的萨克森城市内巡逻。早在 1661 年，这里就颁布了禁止过度奢靡的法令。

不过，即使是这里的房屋，在夜间看起来同样是一片漆黑。直到 17 世纪的后三四十年，有钱人的生活才进一步向夜晚推移。"上层社会不但在夜里用照明公开宣示他们的权力与财富，而且利用夜晚开展私人娱乐活动"，埃克奇解释道。[58]

摆脱经院哲学的泥沼

虽然莱布尼茨将会享受伦敦、巴黎等大城市的氛围，但我们所熟悉的他从学生时代起就是单纯、禁欲和博学人士的代表。"外人从未见过他狂喜或悲伤",莱布尼茨如此描述自己。"他有节制地感受痛苦和喜悦。笑容主要反映在他的脸上,而不是触动他的内心。"[59] 在社交场合,他知道如何愉快地参与其中,不过他更乐于进行风趣或愉快的交谈,而不愿从事需要体力活动的游戏或消遣。他自己承认的少数癖好之一是喜欢甜味,他虽不常喝葡萄酒,但习惯于加糖饮用。

新式哲学将成为他学业的甜味剂。在莱比锡玫瑰谷[①] 的一次漫步途中,这个 15 岁的青年开始相信,与因循守旧相比,他更愿意学习数理科学并践行新式哲学的道路。[60] 不过,莱比锡大学依然深陷于经院哲学[②] 的泥沼。莱布尼茨说过,可惜在德意志也极少使用民众的语言。或许,还没有哪种欧洲语言比德语更加适合哲学。英格兰人和法国人早就开始"在他们的语言中发展哲学,甚至为民众中的每位男性和女性创

---

① Rosental,是莱比锡河谷森林的一部分,位于城市西北,其得名不详,与玫瑰无关。

② 中世纪欧洲的主流哲学思潮,侧重理性辩证,形式抽象繁琐,起初是天主教会在其经院中教授的服务于神学的哲学理论,后来发展为唯实论和唯名论两大派别。

造了评论这些事物的机会"。[61]

有一个学期，他摆脱了高校的囚笼，来到耶拿①。在那里的教授们的引导下，他变得更加关注同时代的思想家。"这是多么幸运……在开普勒、伽利略和笛卡尔的著作中对一种更好的哲学的尝试如今传到了这位年轻人手中。"[62]哲学家托马斯·霍布斯（Thomas Hobbes）也在他的作品中留下了许多印迹。

霍布斯以"唯一严格的科学"即几何学为榜样。在这一领域，人们已经开始规范所用词语的含义。如果追求真才实学，不想把时间浪费在翻阅大部头上，就应当首先检查作者们下的定义。否则就会像那些"从烟囱飞进房间而发觉被困在屋内的鸟儿，它们因为缺乏思考刚才进入方式的理性，只能朝着玻璃窗外的浑浊光亮撞去"。[63]

在霍布斯看来，科学方法意味着一种从简单物到集合物的过程。"因为，通过组成事物的

---

① 耶拿大学建立于 1558 年，是德国最古老的大学之一和马克思的母校，席勒、费希特、谢林、黑格尔等均曾在此任教。

众多元素，可以最佳地认识事物"，霍布斯说。"即使是自行运动的钟表和任何复杂机械，如果没有拆解各个部件和齿轮并分别观察它们的质料、形态和运动的话，人们就无法理解它们的功能。"[64]

自主运转的机器是由部分组成并带动整体的绝佳范例。在钟表发展为精密计时器之前，此类自动装置就已散发出超凡魅力。原因是，那些巧夺天工的齿轮装置竟能向非生命材料注入灵气，使其一直运动下去。

"我在想，还有什么能比这种像金属一样无生命的物体做出如此灵活、持续和有规律的运动更令人惊叹呢？"教育家阿姆斯·夸美纽斯①1657 年写道。"在它问世之前，这不也被认为是不可能的吗，就像有人声称树木会行走、石头会说话那样？"是的，这样的工具甚至可以在特定时间将人从睡梦中唤醒并点燃光亮，以便苏醒者能立刻看清周围。[65]

配有可靠唤醒装置的钟表在巴洛克时期受到

① Amos Comenius, 1592~1670, 捷克哲学家和教育家，公共教育的最早倡议者。

Habit d'Orlogeur.

A Paris, Chez N. de Larmessin, ruë St Iacq.r, à la Pôme d'Or.　　Auec Priuil. du Roy.

巴洛克时期的钟表——想象中钟表匠的装扮，带有其职业元素。图为尼古拉二世·德·拉梅辛（Nicolas II de Larmessin）所作铜版画，取自《滑稽装束·职业服装》（*Les Costumes Grotesques, Habits des métiers et professions*, 巴黎, 1695）。

越来越多的青睐。比闹钟更令人印象深刻的是各类活动的造型，比如在整点时分扑翅打鸣的公鸡或敲锣打鼓的熊罴。它们在贵族宫廷或群众节日上获得展示。想要设计出这样的机械无需成为钟表匠。法国哲学家勒内·笛卡尔想出了一个在磁铁作用下走钢丝的玩偶，并完成了一只"被西班牙猎犬从灌木丛中惊起"的山鹬的草图。[66]

由于笛卡尔不认为机器和动物存在本质区别，他错误地以为生命的奥秘就在其中。他觉得，类似机器的事物在自然界随处可见。"故而，对于由各式各样的齿轮组成的钟表而言，显示钟点是理所当然的，就像由各类种子发育长大的树木结出果实一样。"[67]

霍布斯持有相似的观点：他在《利维坦》的开篇处对生命体和自动装置作了比较："那么，从建造者的意图来看，心脏、神经和关节与赋予整个机体运动能力的弹簧、绳索和齿轮有什么区别？"[68]技术的边界决定了思想的广度。

组合术

对分析—综合法和数理逻辑的运用给年轻

的莱布尼茨留下了最深刻的印象。如果大物体由小物体构成，复杂概念由简单概念构成，那么组合术或许就是探究自然奥秘的恰当方式？通过格致各个部分，能够获得对整体的认识吗？

根据霍布斯的方法，莱布尼茨从为点、空间、部分和整体等基本概念下定义开始，进而深入到语言学、法学或乐理方面的问题。本着一切精神活动终究是"计算"且根植于数学的信念，他仿照格奥尔格·菲利普·哈尔斯多费[1]在当时的畅销书《数学和哲学趣谈》(*Deliciae mathematicae et physicae*)中的风格写了一篇高难度又不失诙谐的论文。例如，从音乐的和谐与音程的数学比例的关系中，莱布尼茨看到了一种潜在的计数。他还猜测，相似的一致性可能也存在于"讲"故事中，但这种关系被我们的语言掩盖了[2]。

通过组合学工具，莱布尼茨试图创造一种

---

[1]　Georg Philipp Harsdörffer，1607~1658，德意志巴洛克时期的重要作家。

[2]　德文"讲述(erzählen)"与"计数(zählen)"拥有相同的词根。

通用语言。就算他将在几年后写道，发明这种语言实在困难，他在此期间还是称赞它非常简便，不用任何字典就能学会。"因为在它之中，理性就可以推导出字母和单词，错误（除了事实性错误）将只是计算错误。"[69]

此外，他的论文还列举了一些有意思的事例。比如，某人请来六个人做客。由于客人无法就座次达成一致，主人宣布将多次邀请他们，条件是每次采用不同的座位顺序。经过计算可以得知，他并没有考虑过自己的表态意味着什么：在六位客人中，第一位有 6 个可选座位，第二位有 5 个，第三位有 4 个，以此类推。结果，他总共得招待 $6 \times 5 \times 4 \times 3 \times 2 \times 1 = 720$ 次。

莱布尼茨很喜欢这样的数字游戏。他计算排列组合的变化，重组单词和诗行，将语言拆解成字母，以便对整体进行分析：他算出字母表上 24 个字母①的安排共有 620 448 401 733

---

① 古典拉丁语有 23 个字母，J、U、W 在中世纪晚期作为独立字母加入；希腊语有 24 个字母；此处所指字母表情况不详。

239 439 360 000 种可能性。仿佛嫌此数仍不够大，他又寻思是否存在一本书，它包含所有已写出和待写出的内容。当然，您正在阅读的这本书也不例外。它只是一种重复吗？在经过足够长的时间跨度后，一切可以言说之事是否注定会被全部说出？[70]

虽然涉足数学领域尚浅，他已经为无穷 / 无限 ① 的魅力所折服。分析—综合法使他必须面对无穷小和无穷大、点和直线、原子和宇宙、瞬间和永恒。他渐渐接触到潜藏于无穷概念之中的难题。

亚里士多德认为，无穷仿佛是不可捉摸的深渊，是某种永不能被视作整体之物。如果我们考察自然数的无穷数量，我们只能一直数下去，永远无法到达边界。亚里士多德因此解释说，"无限"这个词的含义与人们的理解正好相反：无限不是此外全无的至大者，而是此外永有。反之，无限不具有完整性。[71]

亚里士多德强调自然回避无穷，而近代以来却出现了一场思想转变。莱布尼茨讨论上帝

① 两者为同义词，均可对应德文 "unendlich" 或 "unbegrenzt"。

和宇宙的无限，崇拜大自然的无穷多样，甚至在其中找不到两片相同的树叶。自然正是从无穷中诞生的。他觉得，人类仿佛被包裹在一张由无穷无尽的因果链条交织的变幻之网中。在莱布尼茨的思想世界里，一切都彼此关联。

围绕虚无的争吵

伦敦和巴黎的自然科学家们研究天体
之间的真空和空间，并建立了科学院。

当伽利略 1638 年失明的时候，最好的望远
镜大约有 2 米长。25 年后，在牛顿和莱布尼茨
进入大学时，科学家已经在使用 15 米长的镜筒
观测星辰。不过，与借助滑轮搭建在但泽①城门
之外、足有 46 米长的观测工具相比，它们依然

---

① 今波兰格但斯克，历史上是波罗的海沿岸重要的德意
志商埠，一战后成为接受国联托管的"但泽自由邦"，
二战后归属波兰。

很小：这是个巨大的"空中望远镜"①，它由前端的物镜和后端的目镜组成，没有镜筒。

如今，天文学家在夜空中闪烁着名叫土星的微小亮点的位置上发现，这颗行星不是正圆，而是在两极处略扁，还围绕着一条自由悬浮的光环和多颗卫星。由于望远镜技术的进步，在1655年发现土卫六之后，很快有更多卫星进入视野，首先是土卫八和土卫五，不久是土卫四和土卫三。新技术带来了新知识，不过每一代新式望远镜都只能从无垠的宇宙中呈现一些片段。

"这些无限空间的永恒沉默使我恐惧。"[72]与以往所有学者不同，法国数学家和哲学家布莱兹·帕斯卡（Blaise Pascal）为人类存在于这片中心无所不在，而边际无所在的无限境域之中感到不安。在无穷和虚无这两个深渊之间，人类及其所有物进退维谷。既然始终处于不确定状态，帕斯卡转向了无法证实的中间解释。"我们参与存在，这使我们无法认识从虚无中诞

---

① Luftteleskop，由但泽市长、天文学家约翰内斯·赫维留（Johannes Hevelius）建造。

生的第一因，而且这种参与微不足道，妨碍了窥探无穷。"[73]

　　同一时期，德意志自然科学家奥托·冯·格里克 ① 在思考，填充宇宙的是什么。"是某种像火一般的天空材料吗……？或者是一种透明的第五元素 ②？或者是那种一直不被承认的纯粹虚空？"[74] 找出答案的"不可磨灭的渴望"涌上冯·格里克的心头。作为在战争中化为焦土的马格德堡的市长，他对水泵和灭火器非常熟悉。为了寻找经典物理学认为不可能存在的虚空空间，他从葡萄酒和啤酒桶中抽取出液体。将酒桶完全抽空需要克服一个障碍，即空气和水会顺着桶壁的缝隙和小孔渗入。于是，他改用铜作为密封材料。在首次实验中，铜桶在一声巨响中解体。这块金属"像亚麻布一样在手中皱在一起"。[75] 不过，冯·格里克没有被吓倒。他无视"对真空的恐惧（Horror vacui）"，定做了半球形、更加厚实的铜桶，改进了密封材料和

①　Otto von Guericke，1602~1686，德意志政治家、法学家和发明家，1646 年当选马格德堡市长。

②　quinta essentia，亚里士多德提出的物质概念，并称之为"以太"。

阀门，以抵抗抽取液体时产生的巨大力量。

1654 年，冯·格里克在雷根斯堡的尊贵观众面前展示了他的首个运行良好的真空设备。作为马格德堡的代表，他参加过在奥斯纳布吕克举行的和谈。在首次恢复召开帝国议会会议①的雷根斯堡，此时出现了同样热闹的场景。皇帝斐迪南三世（Ferdinand III）率领大队侍从穿过凯旋门进入城市，组织狂欢节游行，还几乎每天举行宴会。

冯·格里克向习惯于化装舞会的诸侯展示，如何通过一项精心准备的实验揭示自然的真实面目。尽管肉眼无法看到稀薄的空气，他的真空所产生的效果还是引发了轰动。他冥思苦想，多次改进展示实验的方案。在他将两个半球拼合在一起并抽尽其中的空气后，即使是两组马匹——起初每组 6 匹，接着是 8 匹，然后是 10 匹——也无法将半球拉开，抽空的半球被周围的空气紧实地压在一起。[76]

---

① 帝国议会于 1495 年成为神圣罗马帝国法定机构，起初没有固定会议地点。从 1594 年起，会议仅在雷根斯堡召开，但在三十年战争期间中断。

接下来几年，冯·格里克向他的真空技术投入了一大笔钱：据估计有两万塔勒①，比他在担任马格德堡市长期间的收入还多。为了做实验，他甚至让人改造了住宅，并证明一个不含空气的空间有利于提高苹果的保鲜耐久度——正如人们今天使用的真空包装——或者也可以利用真空或低压，使柱体向下运动并制造起重机，这为发明蒸汽机铺平了道路。

冯·格里克的实验给法国、意大利和英格兰的学者带来了灵感。在牛津，罗伯特·波义耳（Robert Boyle）仿造了一台由德意志人设计的真空泵。作为科克伯爵的第七子，他有实力经营一座化学实验室。他的助手们的生活充满危险，因为波义耳用医学试剂和炸药进行实验。当发生爆炸、玻璃碎片横飞、强酸溅在未受保护的身体上的时候，波义耳更愿意待在另一个房间写信。他还会提醒那些不够谨慎的实验员，以后要"小心一点"。[77]

波义耳和他那富有创造才能的助手罗伯特·

---

① Taler，旧作"Thaler"，近代欧洲重要银币，后为货币单位，是"Dollar"的词源。

胡克建造了足够大的真空容器，用来进行陷阱实验并在其中放入生物。只要能够增长见识，他们就不会畏缩不前。胡克切开一条狗的胸腔，用气泵将新鲜的空气注入，使其存活了一小时以上。最后，他自己进入一间被抽去了四分之一空气的真空室。当他在一刻钟后重新走出来时，除了耳朵疼痛以外并没有其他不适。

通过实验解锁自然的奥秘、收集各类知识、从个别归纳一般——这些都是波义耳、胡克以及一批英格兰学者所为之奋斗的科学事业的不同方面。他们的座右铭是："勿随人言（Nullius in Verba）"。科学不再纯粹是话语，而必须是能够通过实验和数理证明之事。想要理解大自然的变化过程，必须像钟表匠那样行事并拆解物体，不仅要观察表盘和指针，还得考察那些保持整个系统运转的弹簧和齿轮。[78] 在一个政治新时期的开端，英国皇家学会在伦敦宣告诞生。

王室归来

在克伦威尔的军政府的统治下，英格兰大大增强了武装，目标是发展成一个商业和殖民强国，从信奉天主教的世仇西班牙手中夺取蔗糖宝岛牙买加。火炮制造业成为铁加工业最重要的分支。肯特郡的布料商抱怨道，全国的大型铸炮厂消耗了数量巨大的木炭。[79] 生产 1 吨生铁大约需要 8 吨木炭，后者又取自于 30 吨木材。[80] 就在不列颠岛面临过度砍伐的威胁时，这个国家也由于过高的军备开支濒临破产。

克伦威尔因患疟疾离世后，议员们在 1660 年将流亡中的被处决国王之子迎回英格兰，并恢复了国王的尊荣。不同于他的父亲，查理二世一开始避免与议会公开冲突。此时，路易十四治下的法国走上了绝对主义道路，但查理二世无法仿效。他更多是在宫廷管理、假发尺寸、情妇数量方面向法国看齐。

国王长期宠幸的情人是芭芭拉·维勒兹·帕默尔①。他们一共生育了 5 个子女，其中包括戴安娜王妃的先祖。帕默尔夫人毁掉了国王配

①　Barbara Villiers Palmer，1640~1709，出身子爵家族，本姓维勒兹，夫姓帕默尔。1660 年成为查理二世的情妇，获封克利夫兰女公爵，权倾一时。

偶的生活。布拉干萨的卡塔琳娜①是葡萄牙公主，曾在天主教修道院中接受教育。查理二世之所以娶她，只是因为嫁妆，后者完全是为英格兰的商业政策量身定做的，不仅有印度重镇孟买，还包括在东印度和巴西开展贸易活动的长期权利。

塞缪尔·皮普斯②在日记中对帕默尔夫人的美丽赞不绝口，并使后人得以深入观察国王内帑在此期间锐减的"衬裙统治"。此时，"虔敬者（Godly）"即清教徒狂热的时代已经过去。"道德败坏的出现似乎是对严苛的清教徒生活的反动，它成为一种风尚，甚至将最可敬的男人们卷入其中，令其友人大跌眼镜"，历史学家利奥波德·冯·兰克评论说。"听完讲道就去剧院，后者提供的声色犬马正是前者所禁止的。"[81]

---

① Catarina de Bragança, 1638~1705, 葡萄牙布拉干萨王朝开国君主若昂四世之女，由于天主教徒身份而未能加冕英格兰王后。

② Samuel Pepys, 1633~1703, 伦敦一位裁缝之子，先后支持克伦威尔和托利党，官至海军部国务秘书，当选为下议院议员，并于1684~1686年担任皇家学会会长。他对后世最大的贡献是写于1660~1669年的日记。

查理二世在登基之初分配了政府职位，然后在 1660 年秋季批准成立一个促进"物理—数学实验知识"的学会，不久将从中诞生皇家学会。[82] 伦敦格雷沙姆学院 ① 将一间会议室和另一间用于摆放书籍和仪器的屋子交给学会使用。罗伯特·胡克作为实验管理员占据了这里。虽然会员每周缴纳的微薄会费不允许购置大件，但是胡克的技艺及其与手工匠的联系帮助学会克服了许多成立初期的障碍。皇家学会原本希望获得国王的资助，结果未能如愿。塞缪尔·皮普斯记录道，查理二世有时嘲笑学者，说他们把时间荒废在称量空气上。[83]

学院啤酒和送餐服务

对自然现象的实验性研究也引起了艾萨克·牛顿的兴趣。不过，他必须自己组装所需要的仪器设备。剑桥大学还没有实验室。学生们只能从波义耳和其他科学家的文章中得知真空

---

① Gresham College，根据皇家交易所创始人托马斯·格雷沙姆爵士的遗愿建立于 1597 年，现在是一所不授予学位的高等教育机构。

室对于研究运动是多么有用，单摆对于计量时间、棱镜对于研究色彩又是多么有帮助。关于他的大学，牛顿最后会说，他未能发现那里存在科学活动。它几乎是一片"精神的荒漠"。[84]与在求学之后选择离开高校去看看更大的世界，并抓住机会与领军的知识分子建立联系的莱布尼茨不同，牛顿似乎在寻找这片"荒漠"。他在剑桥开始了孤身一人的思想历险。除了少数中断之外，他在同一个地方连续居住了35年之久。

王政复辟后不久，牛顿离开了父亲的牧羊场，进入三一学院就读，该学院的培养方向主要是神职人员。相应的，毕业生都身穿黑色长袍。随着清教徒当政时期的结束，国教会重新成为唯一权威。在剑桥，同样有许多教授被撤换。自1662年起，非国教徒被禁止进入大学。[85]

不考虑上述因素，大学生的生活并不限于总共16个学院，而是包括周围的酒馆。与地位上升的地主和商人的子弟相比，缺乏学习热情的恰是贵族的后人。牛顿与他那些嗜酒贪玩的同学们挥霍金钱和时间的去处保持距离，但他在新环境里比过去更受到内心冲突的折磨。他一次次向其他同学借出小额钱款，尽管他自己也是在学院注册为"受补贴者"的贫困生之一。该身份使他可以免费用餐，但他必须为此向支付饭费的同学们提供送餐上门服务。他详细记录了自己的财务情况，还责备自己过多考虑钱的问题。

约翰·威金斯（John Wickins）是他当时最好的朋友。当这两位陷入思想危机的学生在散步时相识后，他们立刻设法获准搬至一个房间。[86]直到牛顿1683年离开剑桥为止，威金斯做了牛顿20多年的室友，并在高强度的科研阶段为后者承担了大量文书工作。

在他的笔记本中，牛顿用45个分项勾勒出整个自然哲学体系。他思考了太阳系起源的可能性并认为，宇宙的无限性只能被理解为上帝无限性的结果，而设想上帝之外还有什么更大的事物则是不可能的。"说延展只能是无限度的（我指的是所有存在的延展，而不仅是我们能够想象的那些），是因为我们无法感受到它的边界，这等于是说，上帝的完满是无限度的，是因为我们无法理解他的全部完满。"[87]

他多次问自己，物质能被分割到何种程度，它们是否由与数学上的点类似的粒子构成。最后，牛顿得出结论："不是数学上的点"，因为它无法延展。"即使是无数个数学上的点组合在一起，最终也会融合成一个点，而由于始终是一个数学上的点，它还是不可分的。但物体是可分的。"[88] 这个勤奋的学生认同当时流行的看法，即"完美的物质"是由原子组成的。当然，这种质料太过微小，因而无法看见。[89]

求学年，奇迹年

从 1664 年起，牛顿经历了一段特别高产的创造时期。他很幸运，三一学院设立了首个数学教席[①]，艾萨克·巴罗[②]出色地担任了此职。就在同年，牛顿买来了笛卡尔的《几何学》（*Geometrie*），并认真研读前沿数学家的作品。

---

① 指卢卡斯数学教授席位，由教士和政治家亨利·卢卡斯设立于 1663 年，次年获得国王查理二世正式批准。除巴罗和牛顿外，查尔斯·巴贝奇、乔治·斯托克斯、约瑟夫·拉莫尔、保罗·狄拉克、斯蒂芬·霍金等也担任此职。

② Isaac Barrow，1630~1677，微积分的早期开拓者，发现了计算卡帕曲线的切线的方法。

接着，英格兰受到鼠疫的侵袭，大学只得停课。在牛顿自己回顾时所称他的伟大发现年代的大约一年半的时间里，他居住在伍尔斯索普和布思比（Boothby）的偏僻乡野。这段时间如今通常叫作他的"奇迹年（Annus mirabilis）"。几十年后，他整理出自己在 1665 年所完成的数学发现的完整清单：从级数①展开，到二项式定理，到切线法，再到流数术（即微积分）。"次年一月，我发现了色彩理论……同年，我开始思考将重力推广至月球轨道……这一切都发生在瘟疫肆虐的两年间……因为我当时处于发明才智的巅峰，也比其他任何时候都更加钻研数学和哲学。"[90]

他的光和色彩理论，在他看来是"迄今为止最非凡的发现"，将使他在科学界声名鹊起。[91] 光与色之间有什么关联？太阳射出的光线看上去是白色的。但如果这道光落在雨锋上，我们就能看到一道闪烁着各种颜色的彩虹。或者，如果这道光在一小块玻璃中发生偏折，墙上某

---

① 级数是将数列的项依次用加号连接起来的函数，包括正项级数、交错级数、幂级数等，是研究函数的重要工具。

处就会显出一片彩色的光斑。

牛顿将全部注意力投入到这类色彩变幻中。他买来一个玻璃棱镜，使房间变暗，让阳光从遮光板上一个只有 6 毫米宽的孔洞穿过并照进屋内，再将棱镜置于孔洞的前方，使被分解的光束投射在 6 米多外的墙上。[92] 通过这种方式，他放大了闪耀的光斑，使其能够用于实验研究。分解后的光谱从红色、黄色、蓝色直到紫色，它的长度大约超过宽度五倍。他旋转棱镜，再更换一个棱镜，调整与投影板的距离，选取另一个射入点，然后分别进行投影，检查上述观测结果在多大程度上与已知的折射原理相符。经过反复测试，牛顿猜想，白色光在穿过玻璃时被拆解成不同颜色的光，每种颜色的光的折射程度各不相同。

现在，他进一步观察每种颜色。为此，他将整个色谱投影至一把带有一条缝隙的伞上。开头很窄，只有单色光可以穿过，比如绿色。牛顿再让这道绿光通过棱镜。可以看到：单色光不再被继续分解，它始终保持原状。

最令牛顿惊讶的是白色光。"它总是集合

而成，且需要前述所有基本色才能实现这种集合。"[93] 当他把被棱镜分解成不同颜色的太阳光重新会聚至一点，各色光混合后再次变成白色，仿佛什么也没有发生。牛顿从他的实验中得出结论，色是光的固有属性，太阳射出的光芒是由构成彩虹的全部颜色的光组成的。光的颜色不同，经过水滴或棱镜时偏折的程度就不同：红光的偏折最小，蓝光最长。

他的色彩理论是如此奇妙，以至于歌德在150年后仍无法领会。物理学家通过"将自然绑在刑具上拷问，强迫它接受已由他作出的规定"，以便利用自然"愚弄"① 我们。[94] 歌德要求道，必须把这些现象"从经验主义—机械主义—教条主义的阴暗刑讯室里一劳永逸地带到人类普遍理性的审判者面前"。[95] 再过150年，将会有最早的激光射出单色的光线，就像它今天在光盘播放器内、超市收银台旁或眼科诊所里被来回投射那样，这完全符合牛顿的理论。

牛顿的视野并不像歌德试图使我们认为的

---

① 德文"weismachen"，与"weiß machen（使变白）"同音。

56 The powders of Pellucid bodys is white soe is a cluster of small bubles of aire, ye scrapings of black or cleare horne, &c : because of ye multitude of reflecting surfaces are bodys wch are full of flaws, or those whose parts lye not very close together (as metalls, marble, Oculus mundi stone &c) whose pores betwixt their parts admit a grosser Æther into y^m ye ye pores in their parts, hence

57 Most Bodys (viz: those into which water will soake as paper, wood, marble, ye Oculus mundi stone, &c) become more darke & transparent by being soaked in water [for ye water fills up ye reflecting pores]

58 If with a bodking &

58 I tooke a bodkine g & put it betwixt my eye & ye bone as neare to ye backside of my eye as I could: & pressing my eye wth ye end of it (soe as to make ye curvature a, bcdef in my eye) there appeared severall white darke & coloured circles r, s, t, &c. Which circles were plainest when I continued to rub my eye wth ye point of ye bodkine, but if I held my eye & ye bodkin still, though I continued to presse my eye wth it yet ye circles would grow faint & often disappeare untill I renewed y^m by moving my eye or ye bodkin.

59 If ye experiment were done in a light roome soe y^t though my eyes were shut some light would get through their lidds There appeared a greate broad blewish darke circle outmost (as ts) & within that another light spot srs whose colour was much like y^t in ye rest of ye eye as at k. Within wch spot appeared still another blew spot r

牛顿在自身实验面前没有退缩。这是其《实验笔记》（*Laboratory Notebook*, 1669~1693）中的一页，他在上面描述了用自己的眼睛做的一场实验：他想借助一把锥子探究眼睛里的色彩作用。

那么狭隘。凡是与光和色有关的事物都能引起他的兴趣。这位初出茅庐的自然科学家切下了一只绵羊的眼睛，用来研究视觉行为。当他试图在眼中探究色彩效应时，他确实退回到一间"刑讯室"："我拿了一把锥子……用它在眼球和骨头之间尽力向后插入。当我用它的底部朝着我眼睛的方向挤压，就能看见许多白色、深色和彩色的圆圈。"[96] 一旦他放下锥子，这些圆圈又消失了。

牛顿不止一次拿起锥子，他先后在昏暗和明亮的房间里进行反复实验。还有一次，他将眼睛暴露在被镜子反射的炫目阳光之下。由于存在视觉后像，彩色圆圈再次出现。[97] 与胡克相似，在可能危及生命的自身实验面前，实验员牛顿没有退缩。

第二部 钟表的时间

摆钟的发明

为什么机械钟彻底颠覆了时间计量并
首先乘着风帆远渡重洋？

1665 年 5 月 13 日是伦敦的一个温暖春日。
海军官员塞缪尔·皮普斯，也就是那位不知疲
倦的日记作者和今天必不可少的伦敦城市和宫
廷生活的编年史家，正穿着过厚的衣服，热得
满身大汗。他不想考虑午饭的问题，因为从早
上开始，由于缺乏运动导致的胀气就一直在折
磨他。所以，他先去了一趟交易所。他在那里
找到钟表匠，取走了他的新表。接着，他乘坐
马车回家，然后去拜访王室法律顾问，再返回

位于海军部的办公室。"上帝啊，看看我怎么还是那样幼稚可笑，下午坐车的时候竟然忍不住，非要一直把表拿在手里，还看了一百遍时间！我不得不说：我在没有它的情况下是怎么活了那么久的！"[1]

皮普斯曾经有一块表，可它只会让他发火。这块新表却是件精巧的玩具。皮普斯后来透露说它有一根分针，这到 1680 年代将不值一提，因为那时已经出现了带有秒针的怀表。但在 1665 年，指示分钟仍是件稀罕事。

在接下来的数周和数月间，皮普斯无论去哪里都戴着他的"分钟表"，而他的活动范围也越来越小。[2] 瘟疫正在伦敦蔓延。国王和他的宫廷侍从已经撤往牛津，皮普斯安排妻子住在伍利奇①，自己却必须留在都城履行职务。从这时开始，他一直害怕碰到将死者拖走烧掉的运尸车。倒在传染病面前的人越来越多。根据官方统计，仅在 8 月的最后一周就有 6102 人死去。在接下来那一周，伦敦的官方记录甚至显示有 6978 人死于瘟疫。皮普斯写了遗嘱，因为他不

①　Woolwich，伦敦东南部城镇，19 世纪并入伦敦都会区。

确定"自己是否还能再活两天"。

终于，海军部在格林尼治找到了一处临时避难所。于是，皮普斯每天往返于伍利奇和格林尼治之间。为保险起见，他现在不戴假发了。他担心，商店出售的头发可能来自那些在瘟疫中倒下的人。

1665 年 9 月 13 日，他在日记中写道："起床并前往格林尼治，很高兴揣着我的分钟表，我以此能够估计自己从伍利奇到格林尼治的距离。我还发现，我在每一刻钟的末尾都能到达相同的地方，误差始终不超过两分钟。"[3]

皮普斯对便携式钟表的热情从未断绝。它是银质的，但按照"清教徒的制作方式"不加装饰，并且在转过手的情况下依然值 14 英镑的高价。他摸索着把玩他的计时器。他充满好奇地对照分针检测自己的步速是否均匀。这个小试验令他着迷。皮普斯在年初成为皇家学会会士，并在过去几个月里对精密钟表有了一些了解。接着，其他学会成员也为自己购置了钟表。等到 1666 年秋季，皮普斯将把他的银表大方地让给学会会长布隆克尔爵士①并换到一块价值稍低的表。⁴直到那时，他一直悉心地保护着这块宝贝。由于他没有进一步了解钟表技术，他完全不会想到，他的计时器根本没有那根分针所伪装的那么优秀。⁵直至当时，只有摆钟能够达到分钟级别的精确度。

被计数的时间

荷兰人克里斯蒂安·惠更斯（Christiaan Huygens）发明了摆钟，这是几个世纪以来在钟表制造领域最重要的革新。它使计时工具的走时精准度提高了10~100倍。在钟表史上，如此程度的精确性增益只会再出现一次：以原子钟表取代石英钟表。⁶新式钟表为英格兰手工业带来了新的繁荣，也给科学界打开了超乎意料的前景。摆不仅可以用于精密计时，也可以被科学家用作物理学模型。

发明者表现得很谦虚。1657年1月，他对

---

① William Brouncker,1620~1684，第二代布隆克尔子爵，皇家海军委员会成员和数学家，担任首任皇家学会会长至1677年。

一位数学家朋友说:"我最近想到一种新的构造,一个运转如此匀速的钟表,以至于它很可能适用于测量经度,如果把它带到海上去的话。"[7] 惠更斯时年 27 岁,他不是首位用摆做实验的学者。伽利略·伽利雷曾经推动了它的发展。

这位佛罗伦萨人详细描述了他如何吹动一个铅垂,就像推动孩子荡秋千一样使它保持稳定的节奏。最使他惊讶的是:一个摆的摆动时长似乎总是固定的。即使伽利略用力将摆吹出更远,这个周期也没有改变。"我们首先必须确认,每个摆都有一个固定和可知的摆动周期,绝不可能使同一个摆以异于自然所赋予的周期摆动。"[8] 这个在提出时带有很大推测成分的论点将在接下来的数十年间经受严格检验。它起初并未应用于实践。想要计量时间,必须把摆动情况点数清楚。

意大利的耶稣会神父乔万尼·巴蒂斯塔·里乔利①用独特的方式应对这项任务。他想象出

---

① Giambattista Riccioli, 1598~1671, 除了摆动实验外,他还深入研究过自由落体、地球自转、月球表面等问题,并且最早发现了双星。

一个单摆，它每次从一边摆向另一边都正好需要一秒钟。如果能确定这个秒摆的长度，就可以把它当作计时器。首先，里乔利借助水钟估测出秒摆的长度。接着，他在博洛尼亚与格里马尔迪①神父合作，计数这个摆在6小时也就是1/4个太阳日内来回摆动的次数。6个小时过去后，两位耶稣会士共数得摆动21706次，而不是所希望的21660次。⁹

里乔利的雄心壮志这时才被真正唤起。他的下一次摆动实验的成本更高。1642年4月2~3日，有9位神父协助他计数一整天也就是24小时内的摆动次数，目的是提高测量的准确性。弗朗西斯科·阿多尔（Franciscus Adurnus）、保罗·卡萨尔（Paulus Casarus）、斯蒂芬·吉森（Stephanus Ghisonus）、弗朗西斯科·马里亚·格里马尔迪（Franciscus Maria Grimaldus）、文森特·马里亚·格里马尔迪（Vicentus Maria Grimaldus）、卡米勒·罗登（Camillus Rodengus）、雅各布·马里亚·帕拉瓦辛（Jacobus Maria Palavacinus）、

---

① 应指数学家和物理学家弗朗西斯科·马里亚·格里马尔迪（1618~1663），教名见下文。

奥克达维·鲁本斯（Octavius Rubens）和弗朗西斯科·泽纳（Franciscus Zenus）每人轮流负责半小时。结果依然不尽如人意：87998 次，而非理想中的 86640 次。[10]

同年 5~6 月，神父们又努力尝试了多次，其间将天文对照标准从太阳换成了恒星的运行。之后，他们就拒绝继续参与了。计数摆动次数已经耗尽了他们的耐心。

克里斯蒂安·惠更斯将计数工作交给了一台机器，因而省去了许多力气。他将摆与一只机械钟连接起来，使后者的从动轮伴随着每一次摆动前进。有一个阻止转动的制动装置，只有在将它解锁之后，齿轮才能继续运动。实现这种走走停停的技术被称作擒纵装置，它是所有机械钟表的核心元素。惠更斯借助的是已使用了几个世纪的机轴擒纵器①，它的原理是两个金属叶片交替地与从动轮齿之间的空档啮合。这一创新使得摆动的摆可以控制运动，并以此控制惠更斯所说的"整个钟表的行走"。[11]

虽然可以预料，摆动将会受到空气阻力和

① 也叫冠状轮擒纵器。

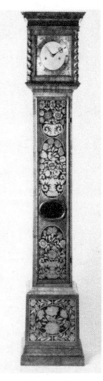

汉斯·布什曼 1650 年前后在奥格斯堡制作的家用座钟，展示了一头由机械控制的狮子。这只狮子能够转动眼珠，每 15 分钟会张开嘴巴。在那时，所示时间的准确性是次要的。

一部典型的立式摆钟，它将在几十年后成为伦敦的流行款式：爱德华·伊斯特（Edward East）制作于 1675 年前后。

轴承的摩擦而逐渐减速，直到钟表回归静止，但惠更斯的自动装置的高明之处在于，通过一种反馈装置，正好可以将与摩擦损失等量的能量注入系统。如果齿轮撞击金属叶片，摆就可以提供少许向后摆动的力量。也就是说，正如惠更斯特别强调的，转轴不只随摆运动，"它也为摆的运动提供一点支持，使其能够长久地持续下去"。[12] 为此所需的能量来自钟表的驱动器。传统上，它由一个下行的重物构成。只要重物能够向下运动，钟表就会上发条，摆动也不会停止。

从一开始，摆钟就胜过了其他计时装置。几年后，当科学家和钟表匠研制出新的擒纵机制，使摆的运动更加自由，它还会变得更加精确。1657 年 6 月，与惠更斯合作的钟表匠萨洛蒙·科斯特[①]被授予专利[②]。他根据新样式制作了几十个座钟，并为乌德勒支大教堂和更多教堂制造塔钟。可是，专利权只是一纸空文。甚至在科斯特 1659 年去世前，鹿特丹、巴黎和伦

---

① Salomon Coster，1620~1659，海牙钟表匠。

② "Patent"原为中世纪封建君主授予某种特权的证明，后演变为特许经营状，成为现代专利技术的前身。英格兰1624 年颁布的《垄断法案》是最早的知识产权法律。

敦的工匠就已经成功仿制出摆钟。

尽管德意志城市以其钟表工艺闻名，德意志手工业在接受这项重大发明时却显得犹豫不决。对于纽伦堡和奥格斯堡的长途贸易来说，钟表是最主要的出口商品之一。仅在奥格斯堡，至少有 182 位制表师在 1550~1560 年间获准进入市场。[13] 像布什曼 ① 这样的家族将这门技艺传承了七代人。这一钟表王朝的最后两位钟表匠却已经不在奥格斯堡，而是在伦敦：约翰·布什曼 ② 和约翰·巴普蒂斯·布什曼 ③。[14] 另一位钟表匠，早在 1658 年就按照科斯特的模型制作出摆钟的约翰·菲利普·特莱弗勒（Johann Philipp Treffler）此时也已从奥格斯堡搬到了佛罗伦萨。到了 17 世纪末，遭到仿冒的已不再是奥格斯堡的产品，而是英格兰工坊的签章——这标志着对其技术成就的普遍认可。

上述手工业没落的原因不只是三十年战争

---

① Buschmann，第一代掌门人卡斯帕在 1530 年代从萨克森来到奥格斯堡。

② John Bushman，约 1640~1692，迟至 1661 年移居伦敦，1662 年加入伦敦钟表匠同业公会。

③ John Baptist Bushman，前者之子，1725 年加入伦敦钟表匠同业公会。

对城市的破坏。战争结束后，由行会组织起来的德意志制表业被证明太缺乏创新精神。[15] 科学与技术、科学家与手工匠富有成果的结合只是零星出现。相比之下，在 1660 年代初成立了国家科学院的巴黎或伦敦，学者和钟表匠正从他们的想法和技能中彼此受益。

经度难题

伦敦很快就领先了。1657 年 9 月，钟表匠亚哈随鲁·弗罗曼蒂尔（Ahasuerus Fromanteel）派遣其子到海牙的工坊做学徒，该工坊在数月前获得了制造第一批摆钟的专利权。[16] 8 个月后，他的儿子回到英格兰国都，其带回的知识迅速转化成收益，因为将摆的装置装进传统钟表并不是什么难事。1658 年秋季，弗罗曼蒂尔已经在媒体上为新式计时器作宣传，称之为英格兰最早的同类产品。刊登在《政治信使报》（*Mercurius Politicus*）和《联邦信使报》（*Commonwealth Mercury*）① 上的广告称赞他的

① 古罗马神话中的墨丘利对应古希腊神话中的赫尔墨斯，是信使之神；英格兰联邦是英国在护国公时期的正式国名。

产品走时精准，而且不受天气影响。[17]

与其前身不同，新式钟表有两根指针：时针较短，它的前端被加以装饰，因而容易辨认；另一根是分针，它更加细长，同样围绕钟面转动。钟面内圈的大写罗马数字显示的是钟点，而外圈的阿拉伯数字指示分钟。

皇家学会未来的成员们倍感振奋。1660年11月28日，就在罗伯特·莫雷（Robert Moray）主持下的社团成立时，学者们同时宣布将在12月的首次会议上进行一项摆动实验。[18] 在接下来的一次周三聚会时，有更多实验被列入计划。人们希望检验，摆钟在特内里费岛3000多米高的火山上是否与海平面上走得一样快。新式精密计时器在世界各地所显示的时间是否相同？赴加那利群岛的考察计划将使用沙钟作为标准计量工具。[19]

不久，克里斯蒂安·惠更斯访问伦敦。1661年春季，当他在格雷沙姆学院出席会议时，人们向他展示了"三个精美的摆钟"。[20] 几天后，他在参观弗罗曼蒂尔的作坊时，或许会对他自己的发明给英格兰带来的变化感到惊讶。[21]

从这时起，海峡两岸开始了频繁的通信往

来。在伦敦接待惠更斯的罗伯特·莫雷和亚历山大·布鲁斯[①]下决心改良对晃动过于敏感的摆钟，使其能够用于远洋。他们把握各种机会，在船舶甲板上对不同型号的钟表进行测试。最后，他们成功地邀请到惠更斯加入这项国际合作。[22] 尽管英格兰与荷兰在这一时期多次爆发海战和商战，科学家还是发起了测定经度的联合实验。1663 年，有两个摆钟被送至里斯本，次年再被运往西非。罗伯特·霍姆斯[②]从那里返回伦敦，他带回的结果引起了广泛关注。

*

在理论家看来，远洋航行的最根本问题可以姑且归纳如下：在开阔的洋面上，星辰是仅有的定位标识，而地球却在它们的下方旋转。领航员通过仰望星空来判断自己在星图上的坐标，可是他相对于星体的位置始终在变化。

---

① Alexander Bruce，1629~1681，苏格兰政治家和发明家。
② Robert Holmes，1622~1692，英格兰海军将领，曾参加第二次和第三次英荷战争，官至怀特岛总督。

只有北极星的位置保持固定。因为地球的自转轴正好对着它，故它能够在天极岿然不动。一个位于北极点的观察者将发现北极星在其头顶正上方，而在赤道的观察者将会看到它始终处在地平线上。通过这种方式，北极星的位置可以显示出观察者所在的纬度。

对于经度来说，这样的参照物却不存在。经度是想象出来的线条，同一条经线上的所有地点将同时到达正午。但是，没有哪条子午线是与众不同的。如果设计一张环绕地球的经线网，其起始线可以任意确定。

只要乘船出海，就很容易找不到地理经度。从朴次茅斯出发、越过大西洋前往美洲的人知道，太阳和星辰升起的时间会越来越晚。如果太阳推迟了 4 个小时才到达中午的最高点，人就已经向西移动了地球圆周的 1/6 或 60 度经度。准确测定自己所在的经度则是个棘手的问题。为此，仅测量太阳最高点或某颗星穿过子午线的情况是不够的。如果可能的话，应该携带一个船用钟表，它将在整个航程中与另一只留在朴次茅斯的同步运转的钟表显示相同时间，简言之：需要一个能在航海的不利条件下提供足够准确时间的钟表。

1598 年，西班牙国王菲利普二世为解决经度难题发布悬赏。这位日不落帝国的君主承诺向破解者提供每年 2000 杜卡特[①]的终身津贴。丰厚的奖金也吸引了伽利略·伽利雷，他已经用自制的望远镜发现了 4 颗围绕木星稳定运行的卫星。这些卫星的位置和食相可以相当准确地预测，伽利略进而于 1612 年在马德里展示了配有 4 根指针的观天钟表[②]。但是，如何将一架数米长的望远镜安装在摇晃的船上并始终对准那 4 个微小光点呢？这种方法以往最适合陆地，而且只能用于木星及其卫星位于地平线上方的晴朗夜晚。

惠更斯的摆钟看上去更有可能成功。他的英格兰赞助者亚历山大·布鲁斯让人在船上固定了两个经得起摇晃的摆钟，并用一个铜质圆柱体加以包裹。船长罗伯特·霍姆斯表示，他

[①] 最初由威尼斯于 1284 年铸造的金币，由于币值稳定而被欧陆各国接受和制造，是 14~15 世纪国际贸易的主要货币。

[②] 比喻能够观测围绕木星规则运动的四颗卫星的望远镜。

准备在一次较长的航行中测试它们的计时是否足够可靠。在从几内亚返回英格兰途中，他的4艘船偏离了原定航线，这对上述摆钟提出了考验。风情要求船队必须绕道，离开西非海岸，深入浩瀚的大西洋。

在淡水所剩无几的时候，霍姆斯把所有船长召集在一起。情况令人担忧，因为领航员们无法就此刻所在的位置达成一致。他们的判断与霍姆斯自己的测算相差 80~100 海里。他利用两个摆钟测出的结果显示，船队距离福古岛（Fogo）不远。在他的命令下，所有船只驶向佛得角群岛，在第二天发现了救命的海岸。

1665 年 3 月，皇家学会在新创刊的《自然科学会报》（*Philosophical Transactions*）①第一期上登载了航行报告。8 年后，惠更斯也在一本关于摆钟的书中复述了船长所描绘的情况，并称赞西非之旅取得了圆满成功。同样在1673 年，他再次强调了摆钟在本次及其他测试航行中的稳定性和实用性。[23]因此，这次几

---

① 世界上第一份科学专刊，也是现存历史最悠久的科学期刊。

内亚之行长期被视为解答经度难题过程中的里程碑。

愿望与现实之间

不过，历史学家丽莎·雅尔丁[①] 令人信服地证明，霍姆斯的报告是颇为随意地编造出来的，[24] 它不过是海员奇谈而已。有意思的是，皇家学会的会员们对此并非一无所知。

在皇家学会公布旅行报告后，很多人立刻对叙事的可信度表示怀疑：霍姆斯的测算可能是错的，前往的岛屿也根本不是福古岛，而是另一座岛礁。由于塞缪尔·皮普斯已经是学会成员并定期参加会议，人们在 1665 年 3 月 8 日委托这位海军官员调查本案。[25]

在询问过其中一位船长之后，皮普斯于 3 月 15 日在格雷沙姆学院提交了报告。他认为，全体船员不是在福古岛，而是在往西 30 海里的另一座岛屿靠岸的。在测定经线时，利用传统方式和摆钟并没有明显差异，后者还需要重新校准。[26]

---

① Lisa Jardine，1944~2015，英国近代史学家。

罗伯特·莫雷试图在此次会议上进一步澄清某些问题。或许，摆钟的可靠性最终还是能从较晚的试航中获得支持。这样一来，它们便完全适用于测定经度。不过很明显，那位船长无耻地夸大其词了。

3月22日，人们请求皮普斯设法取得相应的航海日志，他再次认真负责地完成了任务。可是，皇家学会从此以后对该事件保持沉默，惠更斯也对霍姆斯的描述与航行真实情况之间的出入不发一语。接下来，所有参与方都加紧努力，以满足更高的期待，设计出更好的钟表。

这种从有形的进步和过程的曲折、模糊的承诺和具体的期待的互动中发展出的自发动力，正是现代自然科学的典型特征。自欺欺人的冲动也随之增加。新的认识很少能够直接转化为在一种理想情境下工作的原型（即投入使用）。[27]在惠更斯设计出第一个摆钟时，莫雷和布鲁斯迫使他合作建造一个适用于航海的模型，但丝毫没有认识到与之相关的困难。之后，他们为每一次微不足道的成功欢呼。只要参与者相信能够在短期内获得更好的钟表，公众就一直不会知晓背后的挫折。而且，每当一项指导思想得以确立，科学家和技术员通常会坚决执行，绝不放弃对成功的信念。在此，适合航海的摆钟是一个范例，就像今天的核聚变。惠更斯、布鲁斯和莫雷没有意识到，他们距离解决经度难题还十分遥远。直到100年后，能够通过他们的远洋质量测试的钟表才会出现。[28]

皇家学会的会议纪要证实，人们在旅行报告发布失败之后作出了更大努力。正因为如此，钟表技术将在后续多年里保持快速发展。值得注意的是，惠更斯再次深入地审视了他的最初方案，并在钟摆之外设计出另一个对晃动较不敏感的走时调节器。得益于后面还要讲到的摆轮的发明，怀表不久也能显示出比过去精确得多的时间。

莱布尼茨在巴黎

一位身怀秘密任务的德意志廷臣在钟表匠的帮助下制造了一台卓越的计算机。

1672 年 9 月的那场会面是戈特弗里德·威廉·莱布尼茨生命中最重要的相逢之一。他可能是在国王图书馆见到了自己未来的导师。这里是巴黎的核心，摆钟的发明者克里斯蒂安·惠更斯正居住于此。现年 43 岁的荷兰人是法国科学院院长。为了吸引他前来人口最多的中西欧国家——法国拥有 1800 万居民，德意志接近 1000 万，英格兰约有 500 万——太阳王给他提供了丰厚的薪酬。他的住所紧挨着卢浮宫和杜伊勒里宫。

　　惠更斯被认为是天才的天文学家、数学家和物理学家。他建造的望远镜在欧洲无出其右，他用它发现了土星光环和猎户座大星云。在数学方面，他的作品《论赌博中的计算》(*Über die Berechnungen in Glücksspielen*)值得一提。书中介绍了统计学方法，它为调查巴黎居民的预期寿命并算出终身养老金的规模提供了可能性。他的物理学研究也使人们对台球游戏产生了新的认识，路易十四还专门在他未来的凡尔赛宫里设置了一间球室。

　　约有50万人生活在巴黎及其近郊。路易十四几乎不在这里停留，而主要是住在圣日耳曼昂莱①的宫殿里。此时，建筑师和手工匠正忙着将位于距离巴黎20公里的凡尔赛的狩猎行宫扩建成法兰西有史以来最辉煌的王都。太阳王将在那里聚集全体贵族，以便控制他们。

　　如果工作情况允许，惠更斯也会离开巴黎。去年，他曾在海牙待了几个月。海风使其感到舒畅，因为他有呼吸困难的毛病，这在数

① 　Saint-Germain-en-Laye，位于巴黎西北郊。

年后将迫使他彻底告别法国国都。[29] 他用自己的学识为法国统治者服务，这是荷兰人不愿意看到的。路易十四与西班牙公主玛丽·泰蕾兹①的婚姻确保他有权继承西班牙世界帝国的遗产，其中包括西属尼德兰。惠更斯刚搬进巴黎的高档社区，法国军队就在 1667 年开进佛兰德斯（Flandern）②，占领了里尔等多座城市。荷兰人一度希望与英格兰结盟，惠更斯的父亲更是以 76 岁的高龄再度出使伦敦，但是无功而返。1672 年 3 月，路易十四对这个"奶酪贩子的国家"宣战。

一时间，12 万名士兵跨越了莱茵河。见此情景，惠更斯的同胞不得不凿毁堤坝，打开闸门，放水淹没本国领土。他们的国家变成了汪洋中的一群孤岛。通过这种方式，是否就能挡住欧洲最强大的军队呢？

惠更斯所不知道的是：敲响他家房门的这位德意志年轻人是怀揣着秘密任务来到巴黎的。

---

① Maria Theresia，1638~1683，西班牙国王菲利普四世之女，1660 年嫁给路易十四。

② 西欧历史地名，位于尼德兰南部，包括今日比利时西部、荷兰南部和法国北部。

莱布尼茨为欧洲艰难取得的和平感到担忧。他的"埃及计划"获得了美因茨选帝侯兼帝国宰相的支持,它打算将路易十四的权力欲望引到另一个方向。太阳王不应该进攻尼德兰联省共和国并招致欧洲多数诸侯的怨恨,相反可以讨伐被视为基督教世界最大威胁的土耳其人以赢得不朽的声誉。如果路易十四调兵进攻奥斯曼帝国,他就有可能从土耳其人手中夺取埃及,并在那里建造一条连接地中海与红海的运河,使前往亚洲的法国船舶获得一条无与伦比的快速商路。

"埃及计划"是完全按照法国的新舰队政策和商业利益制订的。仅在 1670~1683 年间,法国的商船数量就翻了一番。[30] 莱布尼茨的"苏伊士运河设想"是当时欧洲最大工程项目的延续:全长 240 千米的"皇家运河"[①]。大约五年以来,上千名工人参与了这条横跨法国的人工水道及所有水闸和水库的建设。它旨在连通地中海和大西洋,使法国船只可以绕过不安全的伊比利

---

① 即米迪运河(Canal du Midi),1996 年被列为世界文化遗产。

亚半岛。这项工程需要克服190米的高度差。例如，在丰塞拉讷①计划建造一座巨大的梯级式船闸，设有8个闸室，能够将船只抬升近22米。[31]

在埃及的土地上实施如此规模的项目并向土耳其人发动战争，这将是一次完全不同的挑战。法国外交大臣很快就表示拒绝。他已经下令告知美因茨方面，从圣路易②以来，对异教徒进行圣战的做法已经过时了。无论如何，戈特弗里德·威廉·莱布尼茨的使命没有取得任何进展。到达巴黎以来，他试图与各位大臣及其顾问接触，哪怕只是凑到他们的身边。

一台活计算机

在母亲早逝后，莱布尼茨起初打算去荷兰学习数学。怀着对认识世界并在科学界崭露头角的强烈渴望，他离开了家乡莱比锡，很快从阿尔特多夫③大学取得博士学位，并短期在纽

---

① Fonseranes，位于今日法国东南部埃罗省。
② 指13世纪的法国国王路易九世，他曾两度发起十字军东征并被天主教会封为圣徒。
③ Altdorf，位于纽伦堡东南，阿尔特多夫大学存在于1575~1809年。

伦堡的一家炼金术团体中担任秘书。他在那里学到，为什么富有魔力的"炼金术的风箱踏板"及其实验经常发生事故。[32] 不过，他自己也没有摆脱炼金美梦的侵扰。

随后，当他"在计划前往荷兰的途中经过美因茨"时，他"成了当时著名的选帝侯约翰·菲利普[①] 的宾客……后者将他留了下来"。在美因茨大主教的麾下，他成了最高法院的法官，撰写政治论文，并开始与德意志内外"最有学问的男人们"通信。[33]

他一直希望与前沿知识分子建立联系，这符合他自己的思考逻辑：莱布尼茨觉得自己在哲学中找到了归宿。他想要与最聪明的头脑一起耕耘抽象的田野，无论对方是像在法国备受尊崇的安托万·阿尔诺[②] 那样的严格天主教徒，还是像海牙的巴鲁赫·德·斯宾诺莎这般受到争议的圣经批评家。莱布尼茨曾偷偷地给后者写信，后来还前往拜访。在美因茨期间，他已

---

① Johann Philipp von Schönborn，1605~1673，美因茨大主教和选帝侯。

② Antoine Arnauld，1612~1694，倡导天主教改革的詹森主义运动代表人物。

经与皇家学会建立了初步联系，并向法国科学院提交了一篇论文，探讨惠更斯此前在一份期刊上发表的关于弹性碰撞的物理定律。

来到巴黎后，莱布尼茨探访了许多沙龙，目的是结识上流社会并与钟表匠等手工业者交流，因为他打算建造一部计算机。这台"仿佛有生命的计算机"的最初草图来自美因茨时期。数字应该如何用机械方式呈现，数值又该如何转换和继续处理，他对此已经思考了很久。"几年前，当我第一次看到可以自动计步的仪器时，我就立刻想到，全部算术都可以通过某种类似的工具来进行。"[34]计算机应当学会所有基础运算，即自动完成加法、减法、乘法和除法。巴黎是将他的设计付诸实施的正确地点。

一开始，莱布尼茨打算借助天平，将数字定量并按份输入机器。另一个方案则设计了一些圆筒，它们的功能和在钟琴里的那些差不多。这些圆筒表面装有销钉，可以演奏出音乐并使小雕塑运动。销钉的数量也可以代表某个数字。不过，莱布尼茨的计算装置肯定会使用大量数字，故而需要许多圆筒。他的一种设计方案包括两组圆筒，每组为 9×9 个，共有 162 个。巴黎的钟表匠或许已向他表明，这样的模型是无法做出来的。

除了插着销钉的圆筒，已知还有更多的信息储存器。与钟铃相连的中世纪塔钟已经拥有整点报时装置。为了通过敲钟次数宣布时间，钟表匠会在一个转动的圆饼上刻凿出拟设置的鸣钟方案。敲钟自动触发，并将在制动杠杆嵌入既定凹槽的时候停止。[35]

通过与巴黎手工匠交流，莱布尼茨清楚地认识到，他的目标最有可能借助应用于钟表的传统技术实现，也就是借助齿轮、齿条、轴和手柄。最后，关于如何将从 0~9 的全部数字用一个机械构件呈现出来，他想到一个绝妙的主意：齿轮是所有巴洛克机械的轴心与枢纽。请您想象一个有 9 个齿的齿轮，并在其上放置一个构造相同的只有 8 个齿的齿轮。然后，请在其上再放置 1 个齿轮，并再减少 1 个齿，以此类推。通过这种方式，这些扁平的齿轮组成了一个立体的圆柱，它的棱条长度不等，类似一架螺旋阶梯：这便是阶式转轮 ①。它是莱布尼茨最重要的发明之一。直到 20 世纪，它与莱布尼茨同样使用过的针轮一样，依然是机械计算机的核心部件。

在阶式转轮中，齿轮的棱条数代表数字。将转轮推入机器的深度决定了获取的是哪个数。比如，如果取数轮在转动中只接触到一根棱条，也就是最长的那根，那么"结果装置（Resultatwerk）"上与之相连的数字轮同样只移动一个齿。

莱布尼茨首次将阶式转轮应用于计算的具体时间至今没有定论。在首次拜访惠更斯的时候，他正处在研发计算机的过程中。几乎每天，他都会到为他提供支持的钟表匠那里去。

在笃笃和嘀嗒之间

惠更斯大方地接待了这位 26 岁的青年。可惜，后人对他们的会面细节一无所知。但据猜测，大名鼎鼎的科学家也许先向他的德意志客人展示了一些仪器。[36] 这些珍贵的器物包括最新

① Staffelwalze，也称"莱布尼茨轮"。

式的摆钟，莱布尼茨对它们的工作原理有一定的了解。惠更斯还设计过"每次摆动用时一秒且装有一根秒针"[37]的计时器。由于摆动仅由绳线或摆杆的长度决定，所有秒摆的长度是统一的。据惠更斯所说，它的长度"按照巴黎旧制是 3 寸 8 莱尼 ①"，也就是 99.45 厘米。在法国科学院的大堂内，莱布尼茨可以直观地感受到钟表的精准走时。它们传出一种低沉的钝响。与此时在英格兰出现的最早使用钩状和锚状擒纵器的摆钟不同，它们所发出的声音主要不是嘀嗒（ticktack），而是笃笃（tocktock）。[38]

当初，钟铃被安装在教堂塔楼和市政厅之上，敲钟被用来宣布特定活动的开始和结束，以及为每个整点和后来的每一刻钟报时。因此在英语里，"钟（clock）"的概念代表报时钟和教堂塔钟，而不会鸣响的怀表被称为"表（watch）"。人们看一眼它们的面盘，便能知道时间。

教堂塔钟报时的时间跨度较大。相反，惠

---

① 德文"Linie"，法语"ligne"，长度初为 1 法寸的 1/12，后为 1/10。

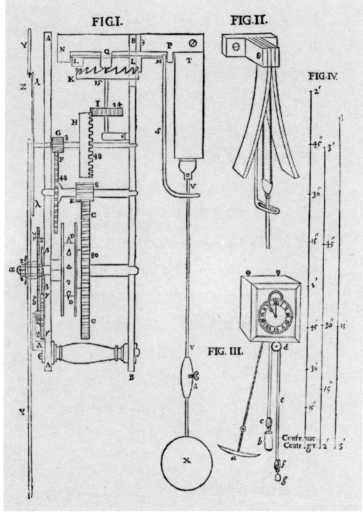

摆钟的发明者、荷兰人克里斯蒂安·惠更斯在其 1673 年出版的《论摆钟》里绘制了摆的机制，该书是伽利略《关于两门新科学的对话和数学证明》之后最重要的力学著作。

更斯的摆钟一秒接着一秒的均匀走时是能听得见的，故而更吸引人。因此，仪器制造者罗伯特·胡克在 1665 年意识到，他还从未听过钟表完美规律运行的声音。"但就我们的感觉而言，钟摆是在以相同的时间间隔摆动。"[39] 早在 17 世纪，摆钟就已进化出节拍器的前身，后者是一件用来保持音乐节拍的器械。[40]

在莱布尼茨听来，秒摆笃笃笃笃的响声仿佛是开启自动装置时代大幕的序曲。秒摆把时间的流逝变成了一种全新的声音体验。引人注意的还不止于此：如果将许多摆钟放在一起，它们将同步摆动并发出声响。惠更斯是对此感到惊奇的第一人。也许，他在与莱布尼茨初次见面时就已向他的客人讲述过几年前的往事，当时他发现，摆钟能够通过潜在的途径实现彼此协调。

1665 年 2 月，卧病在床的克里斯蒂安·惠更斯发现，房间内两个钟的走时完全同步。当一个钟的摆锤达到最高点时，另一个钟的摆锤也处于回复点。惠更斯觉得这只是巧合。尽管如此，他还是起身，推动一个摆，把它的节奏打乱。不到半小时后，他却惊奇地发现，它们竟恢复了完全同步的摆动。于是，他开始系统地研究这个问题。经过一些改变钟表间距离和悬挂方式的实验，他得出结论说，钟表的摆动能对它的周围产生影响。例如，如果将它们挂在同一根梁上，它们就会相互沟通并建立起一个内部关联的系统。这个在钟表博物馆里很容易测试的现象给莱布尼茨留下了持久的印象。它将在后面的文章中多次出现。

高等数学

在莱布尼茨得到惠更斯款待的时候，后者的抽屉里放着一份关于一种新式摆结构的可以付印的手稿。惠更斯承认，即使是摆钟也无法保持绝对匀速。摆锤来回摆动时的轨迹是一条圆弧。与伽利略的猜想相反，这条曲线上的摆动时间并不是完全恒定的。它受摆长的影响较小。惠更斯认为，摆幅较大时比摆幅较小时需要稍微多一点时间。这种圆弧形不符合理想状态。

借助几何学，惠更斯发现了一种至今未知的悬挂摆的方式。"我研究了某个弧形的曲率，它可以绝妙地带来理想中的匀速。"如果使摆的运动在这种弧线也就是摆线上，从数学上看，摆动时长就能一直保持不变。[41]

摆线是一条神奇的弧线。莱布尼茨还将更频繁地研究它，比如结合以下问题：如何塑造齿轮的形状，使传动装置中的摩擦力最小。[42]出人意料的是，摆线也是解决莱布尼茨后来着手处理的另一个问题的钥匙：球体在怎样的轨道上滚落的速度最快。

这个问题听上去很简单，但事实并非如此。从较高的起点到较低的终点的最短路径是一条笔直的线段。不过，在斜面上，球体一开始几乎没有速度，而只能缓慢加速。

伽利略·伽利雷猜想，球体在圆弧形的凹槽中能够最快地下行。他错了。速度最快的连接方式是摆线形。不过，对此进行证明已超出了他的数学能力。要想验证摆线是不是最高效的轨道，伽利略必须知道球体在滚动过程中每个时刻的速度。但是，他又如何精确测算某一时刻的速度呢？

速度是从经过特定路程所需要的时间间隔

中产生的：速度等于路程除以时间。只有在能够用无穷小的路程除以无限短的时段的情况下，才能获得球体在特定时刻的准确速度。

自古以来，无穷小问题都是一片充满危险的地带。早在公元前 5 世纪，埃利亚的芝诺[①]就提出过多个著名的悖论：他把一支箭矢的飞行运动拆分为无限多个时段。芝诺认为，箭矢在任何瞬间都只停留在空间中的一个点。但如果在每个瞬间都处于静止，它便不可能飞行。结论是，箭矢的运动只是一种幻象。另一个相似的悖论是：像阿喀琉斯这样的快跑能手在赛跑时永远无法超过慢悠悠的乌龟。因为，每当阿喀琉斯将他与乌龟之间的距离缩短一半，乌龟又会前进一小段距离。

从数学上看，这样的悖论主要是对无穷级数的错误认识导致的。虽然阿喀琉斯跑过的路程可以被无限地平分，但它是有限度的。$1/2+1/4+1/8+1/16+\cdots\cdots$ 的总数不是无穷大。

---

① Zenon von Elea，约前 490~ 约前 430，古希腊哲学家，生活于爱琴海东岸城邦埃利亚。勿与斯多葛学派创始人季蒂昂的芝诺（Zeno of Citium）混淆。

它趋向一个极限值，即越来越接近数值 1 ——在这个位置上，阿喀琉斯最终将超过乌龟。

芝诺的例子引出了许多问题：空间可以被拆解为点吗？时间可以被拆解为瞬间吗？世界是否可以被拆分为互不相连的个体？

莱布尼茨将一条给定的线段对半分，又将部分线段再次对半分，然后思考，如果把对半分无限次地重复下去，将会发生什么。数学上的极限值没有让他想到点的经典定义或某种绝对不可延展之物。在他看来，一条线段作为同质互联的整体，是无法由这些点集合而成的。相反，莱布尼茨将点描述成小于一切可言说的数量的事物。

一个连续统①是没有穷尽的。整体在这里先于部分而存在。因此，它可以一直不断地拆分成新的部分。因为空间和时间都是连续统，所以既不存在空间的最小部分，也不存在时间的最小部分。一切运动的物体，就像芝诺之箭，"在运动过程中既从未处在某个地点，也从未处

莱布尼茨在巴黎

---

① 数学概念，意为连续不断的数集，最初指实数系，亦适用于二维或三维空间。

在某个时刻"。[43] 尽管如此，莱布尼茨后来还将结合微积分，对如何描述现在和瞬间进行说明，但这种描述始终无法摆脱对过去和未来的指涉。

在科学的级数之中

莱布尼茨还不了解数学研究的最新进展，但那些将要纠缠他一辈子的深奥问题已经使他行动起来。为了追逐不切实际的科学目标，莱布尼茨像阿喀琉斯一样作好了起跑准备。幸运的是，这些目标有时如乌龟一般行进缓慢，以至于自学成才的莱布尼茨很快就赶了上来。

譬如，他解决了由符合特定规律的项组成的数列的求和问题（即级数）。惠更斯了解到一种多功能的计算方法，于是对它进行检验。他想知道，$1/1+1/3+1/6+1/10+1/15+1/21+\cdots\cdots$ 这些数字之和是多少。[44]

这个数学问题涉及一个无穷多项组成的数列。尽管每一项越来越小，一开始还不能确定它的总和是否趋近一个有限值。许多这样的级数并非逐渐接近某个极限值，比如调和数列 $1/1+1/2+1/3+1/4+\cdots\cdots$ 它的总和趋向无限。尽管它的前 100 项的和仅超过 5，但该总和缓慢而稳定地增长，直至成百上千，成千上万。

惠更斯提出的数列则有不同的表现。数学史家约瑟夫·埃伦弗里德·霍夫曼 [1] 评价道，对莱布尼茨而言，能否解决这个问题"事关命运"。"假如问题再难一点而超出他的能力范围，肯定就会令他失去继续从事数学研究的兴趣。" [45]

德意志人废寝忘食，直到把这个问题彻底弄清楚为止。在下一次会面时，他向惠更斯展示了研究成果。你瞧，它与惠更斯从一场关于赌博的讨论中获得的结果相吻合：总和正好是 2。

这个关键的结果正是莱布尼茨步入高等数学殿堂的入口。之后，他阅读了惠更斯推荐的数学书籍，结识了许多科学院院士，特别是与实验室助手丹尼斯·帕潘 [2] 成为好友，后者是真空实验方面的专家和蒸汽机的先驱。他处在法国科学院和 1672 年建成的天文台的环境里，

[1] Joseph Ehrenfried Hofmann，1900~1973，莱布尼茨问题专家。
[2] Denis Papin，1647~1713，法国物理学家和发明家。

陷入了一种真正的"认知狂热"。[46] 在很短时间内，这位宫廷法学家就发展成为一位公认的自然科学家和数学家，他撰写了关于气压计和真空的论文，还探讨了永动机的可能性和不可能性。

数学也使他明白，真正精通一门学问意味着什么。"在巴黎那几年，他没有沦为每年至少推出一部良莠不齐的新作品的文化莽夫，而是在稿纸堆里过着一种近乎灾难的独自生活，这些手稿从未达到付印面世的要求。"他的传记作者库尔特·胡贝尔① 总结道。[47]

巴黎的气氛

在法国国都，莱布尼茨又重新置身于一个几乎现代的交通世界。数千辆各式各样的马车穿梭在街道上。甚至，人们一度能在这里看到作为公交工具的公共马车。

惠更斯一直在为他在海牙的妻舅提供关于法国马车流行样式的最新消息，后者是位车辆

---

① Kurt Huber，1893~1943，德国音乐理论家、哲学家、"白玫瑰"抵抗运动成员。

制造商。他画了一辆轻便马车的草图，它的前轮比后轮小得多，使驾车更加简单。马车夫的高座位于鹅颈式车辕的上方，车厢配有玻璃做的车门和车窗。[48] 与此同时，英国皇家学会也为改进车轮和行进装置作出了贡献。[49]

即使在黑夜里，巴黎的街头也有马车出行。在主干道上，大约每 20 米就有一盏灯笼悬挂在建筑物之间。1667 年，这里率先采用了街道照明。在冬季的几个月间，灯笼每晚都会被取下并更换蜡烛。反射器等技术革新增强了光亮。[50] 过不了多久，阿姆斯特丹、柏林、伦敦和莱比锡的夜路也将点亮灯火。

莱布尼茨有时喜欢坐马车穿城而过，但不是像惠更斯那样去布洛涅森林 ① 或塞纳河畔约会。在莱布尼茨留下的 1.5 万封信中找不到一封情书，也没有任何线索表明他有过男女关系。即使在马车上，莱布尼茨也会读书——至少在长途旅行的时候。为此，他后来将给自己制作一把可叠合的旅行椅。如果是短途出行，他更有可能去剧院，还曾见过舞台上的让·巴蒂斯

① Bois de Boulogne，位于巴黎西郊。

特·莫里哀。这位剧作家的讽刺对象既包括新兴的市民阶层，也包括可笑的侯爵和矫揉造作的知识女性。莫里哀将巴洛克时期的人性扭曲和伪装全部搬上舞台，包括莱布尼茨如今也戴着的时髦假发。他的头顶渐秃，后脑勺还长着一个鸽蛋大小的肉瘤，在他离开巴黎之后，那顶鬈曲的长假发还将陪伴他很久。

巴黎是个大舞台，科学在这里比在其他任何地方都能获得更多自我展示的机会。对莱布尼茨来说，在此地获得认可并非易事。如果想在沙龙里站稳脚跟，他就不能寄希望于数学和哲学辩论。为争夺注意力，他必须表现自己的学识。而且，他已知道该怎么做，因为惠更斯和其他科学院院士已经在等待他的第一台计算机样机了。

1672年11月，一个来自美因茨的代表团抵达巴黎。美因茨选帝侯的侄子计划向法国国王游说，使他与尼德兰和谈。可是，他在王宫一无所获，于是奉命前往伦敦，希望能至少争取查理二世加入反法联盟。

莱布尼茨参与了这项外交任务。在他顺利

完成与惠更斯的会面后，他又希望向皇家学会
呈上自己的名片。1673 年 1 月 14 日，他开始了
自己的首次伦敦之行，行李中有他的计算装置，
即那件尚未完工的"算数仪器"。

舆论的风口浪尖

*牛顿和莱布尼茨来到伦敦，并在皇家
学会面前通过了考验。*

瘟疫之后是烈火。它连烧了四天四夜，
将英格兰都城化为一片灰烬，并以"伦敦大
火"之名被载入史册：1666 年 9 月 2 日早上，
位于布丁巷（Pudding Lane）的王室宫廷面
包房突然起火。[51]火苗借助大风越烧越旺，从
那里向四方扩散。萨缪尔·皮普斯在日记中
写道，在一个漫长而干燥的夏季之后，"一切
都可以点燃，甚至连教堂的石墙也不例外"。
他听了一整夜房屋坍塌引发的爆裂声。即使

到了第二天，各种灭火尝试依然全部失败。火势迅速蔓延，甚至比人们为阻止火焰而拆除和炸毁房屋的最大速度更快。当熔化的铅从圣保罗大教堂的穹顶上淌下，流过炽热的街道的时候，[52] 满怀忧虑的皮普斯用一艘船运走了家当，还把所有文件、葡萄酒和帕尔玛奶酪藏进一个地洞里。

伦敦市①的天空始终被火焰的血色光芒照得通亮，"可怕得足以让我们失去理智"。[53] 直到四天后风力放缓，大火终于熄灭，这场灾难的完整规模才得以知晓：460 条街道被烧毁，13200 栋房屋和 89 座教堂被破坏。[54] 在城墙内的建筑中，只有五分之一逃过一劫，包括皮普斯的家和位于城区东北部的格雷沙姆学院，那是皇家学会召集会议的地方。

为了在接下来几年给交易所②腾出位置，科学院不得不搬迁，但它很快就恢复了会议，并提出了重建内城的方案。两位学会成员——

---

① The City，指伦敦旧城和历史中心区。
② 原址毁于伦敦大火。

罗伯特·胡克和克里斯托夫·雷恩[①]被城市和国王正式委任为规划师和建筑师。[55] 鉴于伦敦一片废墟的情况，目前的所有权关系和街道走向必须较大程度地保留。不过，道路需要拓宽，房屋从现在起不能再用木头，而只能用砖石建造。

实验家胡克丈量了半座城市，并重视为不动产所有者提供补偿。通过与赋予伦敦今日依然可见的古典主义外观的建筑师雷恩密切合作，他开始修复教堂和公共建筑。"伦敦大火"改变了他的人生。在皇家学会成立初期，胡克只是波义耳、莫雷及其他贵族的实验助手，而他如今闻名全城，并首次获得了与其出色工作相匹配的报酬。他还设计了那座至今使人回忆起伦敦大火的纪念碑：一座位于鱼街（Fish Street）的石柱，高达 61 米。

专为一人准备的晚餐

火灾之后两年，艾萨克·牛顿第一次来到

---

① Christopher Wren，1632~1723，英格兰建筑学家、解剖学家、天文学家、数学家和物理学家，最重要的成就是主持伦敦灾后重建，代表作为圣保罗大教堂，1680~1682 年担任皇家学会会长。

伦敦。城市的重建工作正在全速推进。已经有超过 1000 座新建筑落成，泰晤士河上照常有大小船舶来来往往，公爵剧院①继续上演着《哈姆雷特》，机灵的"普钦内拉"②在新年集市上像活报纸一般对着众人口若悬河。

牛顿完成了在剑桥的学业，被聘任为研究员。25 岁的他在都城逗留了整整一个月，但在此期间只留下一处痕迹：他的开支账目表上的一条记录。当他在一年半后以数学教授身份重返伦敦，他依然尽可能地保持低调。他每月都会阅读皇家学会的期刊，但这次仍未前往探访。他没有去和学者们交流思想，而是去找药剂师，为他在剑桥的实验室采购了铅、银、锑和其他化学品，以及 2 台熔炉和 6 卷本的炼金术文集《化学剧场》③。

在不用讲课的时候，牛顿最喜欢在他的炉子后面忙碌。蒸馏物质和熔化金属给他带来了

---

① 由约克公爵赞助建造，今已不存。
② Pulcinella，17 世纪产生于意大利即兴喜剧，后来成为那不勒斯人偶的重要角色，形象滑稽夸张，戴有面具。
③ Theatrum Chymicum，出版于 1602~1661 年，是西方世界最完整的炼金术文集。

丰富多彩的经历。特别令他着迷的是水银，这种神秘物质一会儿是液体，一会儿又突然变成细小的球状，并与金属发生格外剧烈的反应。正是在这几年间，牛顿的头发开始变白——据他自己猜测，这可能是大量进行水银实验的结果。

如果他没有于 1669 年 11 月在伦敦一家旅馆内找到一位皇家学会会士的话，我们今天可能就不会知道他的名字。数学家约翰·柯林斯 [①] 不久前才听说了"非凡的天才"牛顿。[56] 而且，26 岁的牛顿还拥有英格兰高校中为数不多的数学教职。

柯林斯决定当面结识这位新任教席教授，他找到了后者在伦敦的地址，邀请其第二天简短见面并共进晚餐。[57] 他们两人间的对话主要围绕数学问题，正如他们此后的书信交流。不过在晚餐时，牛顿也向他介绍了一种自己刚制作的反射式望远镜。[58]

这个天文学观测工具由一个只有 16 厘米的镜筒组成，人们需要从侧面往里看，这是一种

---

① John Collins, 1625~1683，他与当时知名学者通信往来密切。

至今广受欢迎的构造。光线射入望远镜时，不是在镜筒入口就被一个玻璃的凸透镜聚焦，而是在它的底部由一个凹面镜汇集。向内弯曲的镜面将光线反射至另一个较小的呈 45 度倾斜的次镜。后者将光线反射至出镜筒，最后到达目镜处的观测者眼中。

这架结实的望远镜完全符合皇家学会的需要。按照柯林斯向其他学者不无夸张地描述，它最多可以将远处的物体放大 150 倍。[59] 学会秘书亨利·奥尔登堡[①]与发明者取得了联系。1672 年 1 月，他告诉牛顿，学会中有人认为，牛顿应该公布成果以确保自己对发明的权利。否则的话，其他人可以轻易冒充发明人。他还补充说，索尔兹伯里主教[②]已经提名牛顿为学会的新会员。[60]

牛顿自觉受到了恭维并表现得很谦虚："当我读到您的信时，我对有人担心我的发明权感

---

① Henry Oldenburg，约 1619~1677，被视为当时顶级的科学情报专家和同行评审的创始人，担任皇家学会首任秘书并负责对外联络。

② 应指时任主教塞特·沃德（Seth Ward，1617~1689），他是天文学家、数学家和皇家学会创始成员。

到惊讶，我自己至今从该发明中获益甚少。"如果完全依照他的想法，他甚至不愿公开他的知识。[61] 不过，他现在甚至同意奥尔登堡向巴黎邮寄一份关于仪器的说明。

从此，牛顿的大名渐渐为人所知。他判断，反射式望远镜属于未来，这从长期来看是正确的。不过，他高估了短期内制造适用于望远镜的镜子的可能性。即使是皇家学会中最优秀的人物，也未能成功找到所必需的合金。今天制造镜子的办法是在一片抛光玻璃的后面贴上薄薄的银质或铝质涂层。玻璃保护金属表面隔绝空气。如果没有这层保护，金属就会与空气中的硫发生反应，使镜子出现黑点并变暗。

牛顿对熔化金属很熟悉，他在制作镜子时采用铜锡合金，有时还混合了砷或银。[62] 虽然这种镜子也会逐渐变色，但在进行天文观测前，他会用抛光剂修复镜面。

不过，牛顿在《自然科学会报》上阐述的制作过程缺少具体的混合比例，这未能使克里斯蒂安·惠更斯信服。后者向奥尔登堡解释说，他不知道哪种金属表面可以被抛光至接近玻璃的水平。如果牛顿不掌握某种特殊的制镜方法，他的望远镜的光学性能肯定不及透镜望远镜。[63]皇家学会的首席实验员罗伯特·胡克还放出话说，苏格兰数学家詹姆斯·格雷果里[①]已经先于牛顿描述过一种反射式望远镜。

好奇心与贪婪心

惠更斯和胡克的反应很具有代表性。17世纪下半叶，成立于伦敦和巴黎的科学院发展为科学信息网络的枢纽。皇家学会秘书亨利·奥尔登堡坚持不懈地激励国内外科学家向学会通报科研成果。他收到许多关于新仪器和新发现的报告，它们被提交给学会会议讨论，在条件允许时也进行实验检验并发表在《自然科学会报》上。

"与追平以往所有知识并提高权威价值的书籍印刷相比，定期出版物最关注一种与传统社会属性背道而驰的品质，即新鲜度"，历史学家

---

① James Gregory，1638~1675，他在反射式望远镜、三角学和微积分方面均有所建树。

沃尔夫冈·贝林格（Behringer Wolfgang）如是说。[64] 知识流通得更快，这有助于每一位科学家获取最新消息并为当前研究找到切入点。不过，需要进行的科学处理也随之增多。为持续收集期刊所宣称的新事物，他不得不放下自己的研究。同时，每月出版的刊物还要求他自己创造新事物，并抢在他人之前公布自己的工作成果。

今日的科学工作可以被理解成一场围绕知名学术期刊的竞争。自然科学家相信，作品发表数量和接受度反映了自己的工作质量，因此以"发表或灭亡"为口号，争先恐后地发表一篇又一篇论文。

亨利·奥尔登堡生于不来梅，他是现代出版业的精神缔造者之一。皇家学会的所有书面往来都由他经手。他"与国外的无间断通信"使英格兰当局大感疑心，以至于将他短期监禁在伦敦塔。为避免引起怀疑，他有时会使用假名"格鲁本多（Grubendol）"。

如果没有相应的通信网络，用即时稿件月复一月地填满科学期刊将是不可想象的。从伦敦出发的驿路通往四面八方：向北

经过格兰瑟姆和贝里克（Berwick）到达苏格
兰，向西北经过切斯特（Chester）和霍利希德
（Holyhead）前往爱尔兰，向东南经过坎特伯雷
（Canterbury）和多佛（Dover）去往大陆。在
更换马匹时，信使必须严格遵守时间规定。近
期以来，还能够通过邮戳监控他们的速度。

道路的糟糕状况一如既往地妨碍交通。为
借助私人资金推动道路建设，英国议会在1663
年颁布了众多"收费公路法案"（Turnpike
Acts）中的最初几条。在迈过起步阶段的一些困
难之后，这一路费系统开始为改善道路情况发
挥积极作用，这使旅行变得舒适，邮政效率也
变得更高。[65]

莱布尼茨在欧罗巴周游，他寄出了上千封
信，并且是期刊事业的忠实拥趸。但即使如此，
他仍对新式出版物持有一些保留意见。一如许
多著名数学家，他喜欢用谜语与同仁交流。他
明确为这种保守秘密的方式辩护："如果想真正
展示什么，要么就不作展示，要么就作这种使
我们不被看穿的展示。"[66]

艾萨克·牛顿的想法与此类似，他通常只

是暗示性地谈及他的研究方法和结论，为自己省去了精心润色的工夫。甚至，他的一些发现几乎要被他自己忘记了。

法国数学家马兰·梅森[①]是一位奥尔登堡风格的联络人，他将科学的好奇心推到贪婪心的近旁："我们像这样要求不断前进，使得已获知的真理只能被用作求取其他真理的工具。因此，我们对已知事物并不比守财奴对他的箱中财宝有更多的了解。"[67]哲学家托马斯·霍布斯也对巴洛克时期的自然科学家的好奇心表达了类似的观点，亦即不断创造新知的喜悦"远胜过任何短暂的肉体欢愉"。[68]

在推动国际知识转移的过程中，奥尔登堡必须考虑个人名利和国家意识。同时，他请求笔友评价同行的工作，以此点燃了专业讨论的热情。这种有组织的怀疑主义将成为科学的又一项存在原则和成功标准，但也几乎不可避免地导致了不和与冲突，后者将深刻影响牛顿和莱布尼茨的研究生涯。

---

① Marin Mersenne，1588~1648，修士和博学家，是最早深入研究"梅森数"者，被称为"声学之父"。

下一场争论

牛顿下定决心，将反射式望远镜连同"到今天为止作出的……非凡发现"，也就是他的光和色彩理论一起公开。如前述，这位来自剑桥的科学家宣称，太阳的白光是由彩虹的所有颜色组成的。若干不同的实验已显示出，这束光在穿过玻璃棱镜时是如何被分解成既有各部分的。

年长牛顿7岁的光学专家胡克是审查该论文的第一人。他根本没有打算基于未经确认的实验抛弃自己对于颜色如何产生的观点，并删改了这个"非凡的发现"。或许，他在数百次实验中取得了与牛顿相似的观测结果，只不过他对现象的解释有所不同。

通过一种新的放大设备——显微镜——胡克看见了一个几乎从未被探索过的宇宙。他临摹了跳蚤的甲壳和苍蝇的复眼，研究了蚕卵和霉菌。他最早用单词"细胞"描述最微小的生物结构，却不能理解牛顿的"假说"。为什么产生色彩的物质从一开始就存在于光线之内？这就像"从管风琴声管里传出的所有声响已经存在于空气的吹拂中"一样难以解释。[69]胡克认为，光线与声音相似，都是振动的结果。棱镜不只是让色彩可见，而主要是通过折射光线使其产生。

退回象牙塔

牛顿对这样的辩论感到不适应，这不仅是因为他需要耗费数周乃至数月的时间答复胡克、惠更斯和其他科学家的信件。他自觉受到胡克的个人攻击，被当作一个学童来对待。奥尔登堡发现了危险的苗头，他请求牛顿在回复时只讨论客观问题，最好完全不提胡克的名字。毕竟，皇家学会的最终目的是真理和拓展知识。[70]牛顿的失落却深入内心。三个月后，他的详细辩驳到达伦敦，胡克的名字赫然出现在第一行。

"胡克先生把指责我视作他的任务……他明明知道，为别人制定研究规矩是不合适的，特别是在不明白该研究的基础的时候。"他表示，自己正是期待从胡克那里获得不带偏见的检验。结果是，胡克将一个根本不属于他的"假说"记在他的名下。[71]牛顿将胡克自己尝试作出的解释称为"不可理解的",还不忘教育《显微图谱》（*Micrographia*）的作者如何改进他的显微镜。牛顿的权威传记作者理查德·韦斯特福尔[①]认为，这封信是"一篇充满了敌意和愤怒的文字"。[72]

胡克就此事向皇家学会会长诉苦：在科学辩论中，每个人都有权自由发表观点。他不希望这样公开争吵。[73]他无法完全退出。作为实验管理员，他认真地履行了重复棱镜实验的义务。年内，他就确认了牛顿的观察结果。

相反，牛顿却在这场他自己看来一无所获的口水战之后陷入了危机。甚至在反复犹豫之后，惠更斯的兴趣也被局限于对观测结果的机械解释上。光是由以不同速度运动的微粒构成的吗？只要牛顿不能证明这一"假说"，他也就无法解释色彩之间的区别——除了偏折性不同外——是怎么来的。

惠更斯不理解，对实验者来说，最重要的就是光线各不相同的偏折性。"在我看来，最佳和最安全的格致方法是，首先认真研究对象的性质并用实验加以佐证"，牛顿向一位科研同仁

---

① Richard S. Westfall, 1924~1996，美国科学史家。

写道。之后，人们才能够谨慎地提出解释性假设。这些假说只应该用来解释对象的性质。"因为，如果仅凭生成假设的可能性就足以检验真理和事物的真实性，我就无法想象有哪一门学问是明确的，因为这样的话，人们可以一直不断地想出新的假设。"[74]

牛顿对于贡献出他的知识越来越感到生气。他为何要加入那个使他不断卷入新的争论并夺走了他的安宁的皇家学会呢？正当戈特弗里德·威廉·莱布尼茨首次来到英格兰时，牛顿重新退入了他的象牙塔里。

莱布尼茨与皇家学会

莱布尼茨在从加来横渡至多佛途中经历了大风浪，接着在阵阵霰雪中到达国都。他首先得把他的日历向后调整 10 天，因为岛上还是 1673 年 1 月 14 日。这位德意志学者对其首次伦敦之行的安排完全不同于牛顿。26 岁的他在出发之前向奥尔登堡进行了通报。他希望尽可能多地结识皇家学会的学者并了解最新事物。

与所有旅客一样，莱布尼茨一开始租用了

一辆马车。800辆出租马车经过议会批准，停在伦敦各大街头等候顾客。[75] 在他总共3周的停留时间里，天气一直十分寒冷。英格兰都城经常笼罩在大雾中，使它更难被一览无余。[76] 伦敦市的狭窄街道没有人行道。因为一位车夫没有注意，几乎总是徒步外出的罗伯特·胡克在1674年7月17日差点命丧轮下。三个月后的9月15日，他又几乎被一辆马车的车辕撞倒——偏偏是他接受了皇家学会委托，试验如何继续提高马车的速度。

巴黎的华丽建筑群在数百年间没有遭受火灾，而伦敦内城则被多次改造。但就像皇家学会的一位会员在其日记中所坚称的："我们伦敦市在住宅和宫殿上所欠缺的，可以在它的商店和酒馆寻见。"这座城市在白天如此开放，在夜晚如此欢乐，它始终处于苏醒状态，使人仿佛置身于一场婚礼之中。世界上没有哪座城市能像伦敦这般疯狂与喧闹。[77]

抵达不久，莱布尼茨就与同胞奥尔登堡见面，后者邀请他参加皇家学会的一场会议并介绍他的计算机。在此次会议上，学会每周研讨内容之丰富给莱布尼茨留下了强烈印象。人们讨论了罗伯特·波义耳的化学实验、一位意大利人关于在蛋中培育鸡雏的研究、一颗刚发现的卫星以及数学。

会议刚开始，牛顿的名字就出现在关于反射式望远镜的讨论中。可以想象，莱布尼茨还从未听说过他。大约一年多前，他自己曾经向皇家学会投递过一篇关于改进透镜的可能性的小论文。现在他得知，胡克正在为一架巨大的反射式望远镜预制金属镜。[78]

接下来，莱布尼茨登场了。他在学会会士们充满期待的目光中介绍了他的计算匣。它虽然还在初步设计阶段，但已经比所有巴洛克钟表的齿轮装置都更加复杂了。

为了演示机器如何做乘法，莱布尼茨也许以他在其他场合使用过的 $365 \times 24 = 8760$ 作为例子，这是一年的小时数。学会年鉴的记录正面评价了他所作的介绍。据称，莱布尼茨为他的说法提供了一些证明，并承诺在短期内向皇家学会邮寄一台成品机器。[79] 最重要的是，在接下来的数月内，他的装置将一直是伦敦人津津乐道的话题。[80]

与其他所有加法机一样，这部机器在面对诸如9999+1这样的计算时会遇到问题。此时需要进位，而这在技术上难以实现。为此，莱布尼茨的先驱——法国人布莱兹·帕斯卡借用了重力。在他的"帕斯卡加法器"中，有一个杠杆随着数字增加而上升，直到超过数字9时突然落下，带动一枚销钉敲击相邻的计数轮，使其向前转动一位。[81]

莱布尼茨用"最幸福的天才的试验品"来描述这位法国数学家的机器。"但是，因为它只能做难度不大的加减法，而将乘除法留给了更原始的计算方式，所以它的精巧大于实用，更符合好奇者而不是严肃的工作者的兴趣。"[82] 莱布尼茨对帕斯卡加法器的考察没有使他在前文已提到的阶式转轮和其他技术解决方案上取得实质突破。

莱布尼茨通过只有一个齿的齿轮解决了进位问题。当计数轮在转动时超过数值9时，就将分两步完成进位：首先是单齿齿轮带动中间轴或记数轴——"记作1"，它再将1传递给左

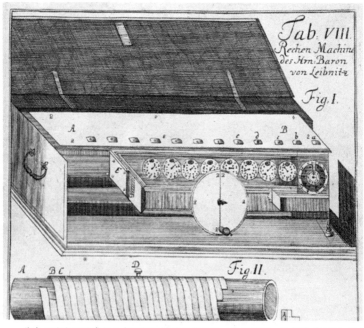

莱布尼茨发明的掌握全部四则运算的计算机的功能设计图，发表于《柏林汇编》（*Miscellanea Berolinensia*，柏林，1710）。

侧的下一个计数轮。

然而，在多个数位同时进位，例如计算9999+1时，它从机械角度看仍然非常麻烦，使得莱布尼茨和他聘用的钟表匠需要将极长时间花费在打磨上。几毫米的小部件决定着许多齿轮能否正确地啮合。最后，莱布尼茨在每根中间轴的末端安装了一块垫片，用来检查误差。它们的状态能够表明进位是否顺利。[83]

乘法比加法更难对付。虽然每一次乘法都相当于一组加法，但这不只意味着一次进位，而是复杂的十进制移位。为此，莱布尼茨需要一个单独的输入部门和一个得数装置，二者必须能够彼此联动和协作。

罗伯特·胡克最喜欢拆解设备以了解其工作原理。这个机器使他感到"如此复杂，带有那么多齿轮、传动器、支架、弹簧、螺丝、制动器和转轮，使我不相信它将获得大用"。[84] 看上去，莱布尼茨的发明尚未获得成熟的时机。他自己要到1690年代才能造出首台正常运行的大型计算机。至于机械式计算机的批量生产，还需要再等待2个世纪。

一台"笨机器"

不过，从现在起，胡克的日记将不断提到"算数机"。这位首席实验师试图了解计算匣的更多细节，并于 1 月 31 日陪同奥尔登堡和莱布尼茨前往怀特霍尔宫。在那里，他们共同拜访了全城闻名的发明家萨缪尔·莫兰 ①。

莫兰设计了一部自动装置，邮局用它来拆开信件并重新封口，而不会被收件人察觉。为此，当局每年向他支付高达 500 英镑的津贴。给国王留下更深刻印象的是另一部设备，它能在几分钟内复制出任意笔迹。查理二世已经对它作了多次测试。[85]

莫兰也向统治者赠送了一台华丽的计算机。莱布尼茨和胡克相对较快地理解了它的构造：发明者使用了当时常见的纳皮尔算筹 ②，其上可以读出部分积的结果。这些数值虽然是用机械方式完成求和，[86] 但这台设备没有任何自

---

① Samuel Morland，1625~1695，1660 年获封男爵，曾是外交官和双面间谍，在数学和机械方面有多项发明。

② 苏格兰数学家约翰·纳皮尔迟至 1617 年发明的计算工具，用于简化多位数乘除法。

动进位装置——一台"笨机器",胡克在日记中写道。[87] 除了它的亮丽外观,它与"帕斯卡加法器"没有可比之处,与莱布尼茨的计算机就差得更远了。后两者之所以吸引人,正是因为它们是完全自动的。

从这个角度来看,计算机与钟表相似。钟表虽然不做加法,却在一种自动化的程序中计数时间。几十年后,一位威尼斯物理学家发表了对一台计算机的描述,它依靠重力驱动和机轴擒纵器工作,就像一座塔钟。[88] 由此可见,计算机是钟表的后裔。

胡克作为钟表专家,是最早对这位德意志青年的天才创造予以重视的人。刚到2月第一周,他已经开始组装一台自己的计算机,并宣称它将比"莱布尼茨先生的简单很多"。2月8日,莱布尼茨在胡克那里待了一下午,但他没有透露有关其发明的信息。英格兰人未能打听到任何细节,遂于3月1日买了一本关于纳皮尔算筹的书。两个月后,他在皇家学会的会议上宣布,他已拥有一台设备,它与德意志人的机器的功能相同,但所需部件不足后者的十分之一。不过，只有在莱布尼茨如约从巴黎寄来一台样机并对其进行检验之后，胡克才愿意公开他的设计。[89]

始终没有进入数学前沿

可以推测，奥尔登堡向他的同胞警告了胡克的厚颜无耻，可他无法保护莱布尼茨免于尴尬。这为后者的英伦之行留下了一段不光彩的记录。

莱布尼茨抓住机会，拜访了凭借真空实验和化学知识而享誉整个欧洲的罗伯特·波义耳。他暗中希望能够看一眼波义耳的实验室，学习一些他的化学研究方法。可是，波义耳也不是愿意吐露秘密之人。于是，莱布尼茨打算采用宫廷中的常用伎俩：他接近波义耳手下一位来自德意志的助手，希望向他打探和行贿——但没有成功。[90]波义耳和奥尔登堡对此是否有所耳闻，这不得而知。不过，还发生了另一件使这位数学新星羞愧的插曲，导致他在第二天发布了一份名誉声明："当我昨天在著名的波义耳先生家做客时，我遇到了知名数学家佩尔先生①"，存放在皇家学会的文件如此显示。莱布尼茨继续写道，他们碰巧谈到了级数。因此，他介绍了自己的一项发现。不过，看起来还是佩尔更熟悉相关专业文献，而莱布尼茨却有些落伍。所谓的发现根本不是由他作出的。"可敬的佩尔先生答道，它已经被发表过了。"91

考虑到他的年龄，这样的事故是可以原谅的。不过，某些原因还是促使莱布尼茨在次日做了书面表态。难道是佩尔在公开场合对他掠人之美提出了批评？莱布尼茨是否陷入了窘境，因为他不想接受被别人抢先的现实？

当晚，他就在奥尔登堡处找到了那本被引用的书，并很快确认佩尔是对的。"但对我来说，……我不知道这本书已经出版了。"92 他在离开伦敦前不久草拟了他的声明，可它却包含着另一个同样的失礼行为。声明的一份副本将落入牛顿手中，后者将会在他们的剽窃纠纷中把它用作对付莱布尼茨的工具。

---

① 应指约翰·佩尔（John Pell，1611~1685），1675 年当选皇家学会副会长。

莱布尼茨怀着矛盾的心情离开了伦敦。美因茨选帝侯的突然死亡致使代表团匆忙启程，他甚至来不及当面向奥尔登堡辞行。他留下一封书信，在其中表示感谢并请求加入皇家学会。在奥尔登堡的支持下，继牛顿之后，莱布尼茨也当选为学会会士。

一根弹簧引发的骚动

> 忽然间，就连怀表也能够精确到分钟，
> 只不过：钟表到底是什么？

我们所说的现代自然科学诞生于 17 世纪。它的崛起史无前例，这归功于逐步完善的数学方法以及自然科学家与手工匠人之间建立的新型关系。正如数学为科学家开辟了进行理论说明的更多可能性，望远镜、显微镜和真空泵也使人类此前无法认识的空间维度变得可见和可知。从此，仪器装备决定了科研的方向。

摆钟是发生在这一时期的时间革命的标志。它的发明者克里斯蒂安·惠更斯和其他学者相信，使它比任何钟表的走时都更加均匀。其实，他们并不能如此有把握，因为每种计时器都带有某种天然的不确定性。

戈特弗里德·威廉·莱布尼茨将钟表泛称为时间尺度。就像当时的人借助寸①或尺②这样的长度单位比较不同地点之间的距离或路程，人们使用钟表对比不同事件所持续的时长。与长度标准进行比较会很有帮助，莱布尼茨对此作了详细解释：人们把"从一点到另一点所能连成最短线段的长度"称为空间中两点之间的距离。寸与尺适合作为长度标准，是因为它们定义了这样一段距离。人们可以将这些标准转移到别处，并比较任意两点之间的距离。至于什么是一寸或一尺，这是不能仅在精神层面理解的。"只能通过现实尺度来保存这些名称背后的含义，这些尺度被视为恒定，而且总是能依靠它们找回那些名称。"[93]

那么，虽然人们不能断言，"空间尺度，比

---

① 德文"Zoll"，英文"Inch"，原意为拇指的宽度。
② 德文"Fuß"，英文"Foot"，原意为脚的长度。

如人们保存在木头或金属中的一厄尔[①]，能够完美守恒"，但我们还是有理由认为，它们的长度在从一地运往另一地的过程中是不变的，尽管这种变化由于温度波动等原因而可能存在。只有当我们打算进行非常精确的测量时，我们才必须考虑温度的影响。此后，测量结果才可以作相应调整。

从相似的意义上说，我们相信历书和钟表呈现的时间尺度是可靠的。我们认为，时间尺度与始终以相同方式加以重复的事件过程相关联。提到时间尺度，我们一般想到的是固定的周期。"实际上可以说，"莱布尼茨认为，"时长通过被表示为一定数量的周期性的、相同的、此起彼伏的运动而得以被认识。"[94]

在沙钟中，我们可以通过上部容器逐渐放空、下部容器逐渐装满认识一个周期过程。如果想要再次计时，我们必须用手或一部机械装置将其倒转过来。而在摆钟里，摆锤往返运动，不断回到原点。此外，周期的过程也能以"笃笃"的方式被听到。借助历法进行的时间计量

---

① 德文"Elle"，英文"Ell"，原意为肘部到中指指尖的长度。

也以相同状态的循环往复为基础。

就像社会学家诺贝特·埃利亚斯所阐释的，我们借助历法和钟表，仿佛是在其他事件进程的无尽长河之中放入了一座座里程碑。在这些事件中，每年、每小时都是一次性和无法挽回的。"它们到来，它们离去，再也不会重现。"[95]但是，那些通过历法和钟表固定下来、被我们定义为标准的时间尺度，如一年或一小时的时长，将保持不变。

"钟表面盘上的布局是可变的，它的作用是向人们显示，他们及其他人在宏大的事件长河中正处在什么位置，或是，从此处去往别处需要多长时间。"[96]比如，我们看一下钟表就能知道：现在是 2012 年 10 月 30 日 19 时 20 分。这一读数直观地告诉我们，我们与朋友约定共同观看的一场戏剧将于 40 分钟后开始，而朋友可能已在前往集合地点的途中，因为他们与我们遵循相同的时间标准。如果没有钟表和历书，我们将无法与他们达成长期的约定。

借助时间计量，我们不但使自己的生活与

别人的相协调，而且使我们顺应着自然的节律。2012 年 10 月 30 日 19 时 20 分的读数意味着，秋天已经开始，此时已到晚间，屋外已经天黑，估计还有些凉。钟表指针的状态和日期数据与地球和太阳的确定情形保持同步，因为我们所使用的钟表是以天体运动为准绳的。

我们的生物钟

如果考察西方文明的发展历程，就会发现在时间计量和长度计量之间存在一项本质区别：几千年间，各类文化相当自由地选择他们的长度标准。比如，投石之距或里①都是古老的长度单位，莱布尼茨则列举了寸、尺和厄尔的例子，而且他必须始终考虑到，一尺在巴黎和在伦敦的含义有所不同。直到 17 世纪，相邻欧洲国家采用的长度标准依然存在显著差异。

时间标准则是另一番情形。年和日已经被全欧洲接受为时间尺度。很有可能，一位像莱布尼茨这样的旅行者仍得调整日历和钟表，因

---

① 　德文 "Meile"，英文 "Mile"，原意为一千步的长度，其实际数值在不同时期和地区存在较大差异。

为英格兰的新年是 3 月 25 日，而在大陆则是 1 月 1 日，又因为一日在意大利始于日落，而在其他地方始于午夜，又特别是因为当时与今日不同，还没有时区。但是，欧洲各地的人们对于被标为一天或一年的时间间隔有着几乎完全相同的理解。看起来，新教与天主教国家之间的历法改革之争只不过是关于是否微调由天文确定的一年的长度的最后一战。

空间中的里程碑看上去可以随意设置，而我们把一年内太阳的变化和昼夜更替称作"自然的节律"。这么说很有道理，因为太阳提供了我们生活的节拍。它赋予我们光和热，调节我们体内每个细胞的生物周期。我们的生命与我们赖以维生的动植物的生长和衰亡一样，被绑定在一个没有国界的秩序中。它贯穿了春、夏、秋、冬这些周期和清晨、日出、日中和黄昏这些时段。

科学家已经在许多实验中证实，我们的身体里运转着一台生物钟，它夜以继日地为我们导航。时间生物学已经成为一门独立的分支学科。就算是像法国人米歇尔·斯佛尔[1]这样连续数周乃至数月置身于地下岩洞者，也跟随着体内时钟的节拍。"身体的时间调节着血压、荷尔蒙和胃酸，使我们感到困倦和再次苏醒"，科普作家斯特凡·克莱因[2]如是说。他将这一自然计时器称为精准的奇迹。因为在整个生命的数十年中，"它的前后误差最多只有几分钟"。[97]

婴儿们在出生时就带有一种与昼夜更替相关联的生物节奏。不过它与父母的生物节奏有所不同，比如婴儿需要更频繁地进食，而进食也决定了出生后最初几周的苏醒和睡眠行为。婴儿会在夜间醒来，17 世纪的人们对此感到惊奇的程度低于今人，因为他们入睡较早，还会在午夜起床一次。

在生命的最初几年，孩子们发展出对时间的感知。在进食、睡眠和起床的节奏趋于平稳之后，他们会习得什么是一天，以及下次睡觉之后将开始新的一天。需要经过较长时间，他们才能领会我们如今日常参照的分钟、小时、

---

[1] Michel Siffre，生于 1939 年，地下探险家和科学家。

[2] Stefan Klein，生于 1965 年，柏林艺术大学教授。

星期或者月份的含义。不过，这些时间尺度主要是文化上的成就，是没有任何自然参照物的时间间隔。与这些依赖流传的知识不同，昼夜更替的节律是在出生时就被赋予我们的。

然而，莱布尼茨指出，昼夜更替本身也是一种限于地区的现象。希腊人、罗马人和所有其他民族自古就发现，在一天24小时过去之前，白天已转为夜晚，夜晚又转为白天。"但如果认为这一规则放之四海而皆准，那就错了。"因为在访问新地岛的时候就发生了相反的现象。西欧人在16世纪首次来到这个位于北极圈内的北冰洋岛屿。在那里，太阳在冬季有几天不会升起，在夏季有几天不会落下。

莱布尼茨继续深入发掘：甚至这也是错误的，即认为我们所在地区的昼夜更替是"必要而永恒的真理，因为必须想到，地球和太阳并非必然存在，或许到了某个时刻，这颗美丽的星体及其整个系统将不复存在，至少将不再是它现在的模样"。[98] 于是，我们就不能轻易相信感官。我们的经验既取决于我们的方位，也取决于我们的寿命。即使依靠技术辅助手段，在空间和时间的广袤错综的结构中，我们也只能把握一些片段。

不过，在我们的纬度，（平均的）太阳日非常适合作为我们社会行为的时间参照系。虽然我们也能够选取其他时间尺度，但是太阳的亲和力显然太大。这样的时间间隔是否满足严格的周期性，其实并不容易确定。

"要是能把过去的一天保存起来并与未来的日子进行比较，我们的时间尺度就会更加准确"，莱布尼茨写道。[99] 可是，时间标准是无法保存的。这些周期一个接着一个，从未同时存在。因此，我们基本上无法看出它们是否完全一致，而只好比较不同的周期性运动，猜测其背后的运动机制。

在空间与时间的半途

时间计量在 17 世纪的重大意义还体现在，克里斯蒂安·惠更斯在它的帮助下定义了一种新的长度标准。荷兰人根据天体运动校准了他自己设计的摆钟。紧接着，他将摆动半个来回正好用时一秒的摆长，也就是 3 巴黎尺 8 莱尼或 99.45 厘米，宣布为一项通行的长度标准。它可以在任何地方适用。

惠更斯不是将长度测量转化成时间计量的第一人。自古以来，人们将空间关系转译为时间过程，反之亦然。直至今日，"行军一天的路程"在一些文化里依旧是常用的距离单位。如果有人在街头询问火车站还有多远，我们的典型回答将是："朝这个方向走，大约 10 分钟。"

秒摆的长度使惠更斯接近了米的定义，后者最终将成为国际统一的长度标准。1983 年以来，米是以如下方式定义的：米是真空中的光在 0.00000000333564095198 秒内行进的距离。应该承认，这是个奇特的定义。这么多个零已经显示出，光速来自一个天文学语境，其中需要应用完全不同的尺度。

丹麦人奥勒·罗默 [①] 在 1676 年作出一项轰动性发现，即光的传播速度不是无限的，而是有限和可测的。罗默是莱布尼茨在法国科学院特别尊敬的学者之一。他对木星的卫星进行了

---

① Ole Rømer，1644~1710，丹麦天文学家，曾任哥本哈根市长。

多年观测。四个天体有如钟表一般规律地环绕着这颗行星，并与其一道围绕太阳公转。其间，它们有时距离地球较近，有时又较远。

罗默一丝不苟地记录了上述卫星进入木星背影的时刻。这些木卫食的发生时间以一种固定的节奏逐步向后推移：每当木星远离地球时，测算食相的钟表都会奇怪地慢几分钟。罗默的结论相当大胆：光线需要时间，才能走过从木星系到地球的遥远路程。由于那些卫星和地球的距离增加，所需要的时间也相应延长。

根据罗默的数据，光速的数值大约为每秒21.5万公里[①]，我们今天认为是接近每秒30万公里。"光……需要7~8分钟，才能从太阳到达地球"，牛顿在他的《光学》（*Opticks*）中肯定地说。[100] 光之所以需要奔跑那么久，是因为太阳与地球之间的距离极大。其他天体还要遥远得多。就算是距离太阳最近的恒星，也位于难以想象的40万亿公里或4.2光年之外，后者是现

---

① 有人认为罗默自己并没有提出光的具体速度，但他的分析很快被惠更斯等人采纳，而惠更斯的计算结果为每秒21.2万公里。

今通行的宇宙距离单位。

光速的发现使宇宙的无限性获得了一个新的时间维度。无论我们何时仰望天空，我们都是在回首过去。按照莱布尼茨的说法，甚至在我们看一幅油画或任意一个物体时，这一点也必须加以考虑。"因为光线需要时间，即使是极短的时间，物体就有可能在此期间被毁灭，而在光线到达眼睛的瞬间已不再存在。"[101] 发现光速对自然科学家的原有空间和时间观造成的冲击，在此表现得尚不明显。爱因斯坦的相对论仍旧处于遥远的未来。

摆钟为什么不准

克里斯蒂安·惠更斯对他的摆钟不够满意。1673 年 5 月，他将 12 册新印制的《论摆钟》（*Horologium oscillatorium*）寄往伦敦，这是在伽利略的《关于两门新科学的对话和数学证明》（*Discorsi e Dimostrazioni Matematiche intorno a due nuove scienze*，简称《对话》）之后最重要的力学著作。[102] 它包含了至今适用的碰撞定律，打开了通向 15 年后在牛顿的《自然哲学的数学原理》（*Philosophiae Naturalis Principia Mathematica*，简称《原理》）中达到巅峰的物理学的窗口。不过，惠更斯的关注重点是使用改良过的摆钟精密地计量时间。[103] 因为，如果物理定律由于决定性的参数——时间——不能确定而无法应用的话，它又有什么意义？没有相应的钟表，"新的力学定律将是抽象和空洞的"，科学史家亚历山大·柯瓦雷 ① 如是说。[104]

基于数学考虑，惠更斯认为摆钟不够准确。为了获得始终相同的摆动周期，必须使摆锤沿着一条略加改变的弧线运动，即前述的摆线弧。

巴黎的钟表匠已经按照这一要求制造了一些钟表。不过，一个这样的摆还需要被相应塑形的额外部件。它们会带来新的摩擦力，后者将抵消摆线弧相对于圆弧的微弱优势。

以口无遮拦著称的罗伯特·胡克取笑惠更斯在推广他的发现时所使用的浮夸的数学附加结构。摆线摆是皇家学会实验员不假思索地归功于荷兰科学家的唯一发明："我还从未听说谁

---

① Alexandre Koyré，1892~1964，俄裔法国哲学家，重点研究科学思想史。

会在这一方面挑战他的名望。"[105]

伦敦的钟表匠采取了不同的方法，制作了超过 2 米的落地座钟。这些镶嵌着花饰的华丽木柜把像房间那么高的钟表变成了精美的家具。这种典型英式座钟的硕大体积可能会吓退一些潜在的买主，但如果钟摆较长而能以较小的角距围绕底端的静止点运动，它的摆动节奏就会更加规律。

这种使用长摆的精确钟表需要一项新技术：今天依然常见的锚形擒纵器。当时的一些档案将胡克视为发明者，不过该创意也可能追溯至钟表匠威廉·克莱门特（William Clement）或约瑟夫·尼布（Joseph Knibb）。[106] 在锚形擒纵器中，锚的两爪环抱住钟表装置的外部齿轮。

为能够更好地想象这一机制，请您站好，伸出双臂，两手下垂。现在请您稍微伸展左腿，然后是右腿，使您的上身向右摆动，再向左摆动。您将看到：腿部的轻微伸展就能引起上身的明显倾斜。如此，您的右手和左手将先后与一个虚拟的大齿轮啮合，后者正在您的腹部前方转动。

锚形擒纵器就是这样工作的。只不过，在锚爪尽头挂住擒纵轮的不是您的双手，而是两个钩子。来回摆动的也不是您的双腿，而是一根长长的摆杆。

制作连接齿轮装置的钩子需要很多技巧。英格兰钟表匠的高超手艺和创造能力突出表现在这一复杂部件上。由于走时更加精准，在分针获得应用 10 年之后的 1670 年代，伦敦已经出现了不少配有秒针的座钟。作为第三根指针，它不再被固定在刻度盘的中央，而是独自环绕一个较小的圆圈，通常位于 12 点刻度的下方。

摆钟的发明者克里斯蒂安·惠更斯坚持使用经典的机轴擒纵器，它具有很多优点。可是，它不适合英式钟表。在机轴擒纵器中，一枚看似钥匙齿的金属片与齿轮装置啮合。正如开锁时需要大幅拧动钥匙，装有两个叶片的转轴也需要转过很大角度，这会使摆产生较大偏离并影响精确度。

机轴擒纵器和摆线摆的组合让惠更斯陷入了技术困境。不过，他依靠一个令人振奋的主意，重新找到了出路：惠更斯发明了后世所有

一根弹簧引发的骚动 / 123

机械式怀表的核心部件——带有螺旋弹簧（即游丝）的摆轮。

测量实验

惠更斯经历了交错曲折的发现历程。作为自然科学家，他的关注点不同于钟表匠。他所属的法国科学院由国家主导，它启动了一个大型测量项目。路易十四希望从学者那里获得关于其不断扩张的王国的精确地图。不过，科学院最终向他呈献的改良版法国地图并不是他所期望的。他的疆域在一夜之间显著缩水了。太阳王嘲讽说，他输给天文学家的土地比输给他的敌人的还多。

尽管路易十四一直在与惠更斯的故乡荷兰交战，后者还是在《论摆钟》(*Horologium Oscillatorium*) 的引言里对法王极尽溢美之词。他歌颂其为无可比拟的科学事业的赞助者，其慷慨大方胜过所有君主，并向其称赞摆钟，说它是对航海特别有用的工具。航海家可以用它更加准确地测定经度。依靠国王陛下的诏令，摆钟已经不止一次渡过重洋了。[107]

法国人让·里舍①就曾在这样一场旅程中前往南美。1672年2月，这位科学家和他的助手一道驾船前往卡宴（Cayenne）。里舍携带了一个装有秒针的钟表，他坚信，在巴黎从一端摆向另一端用时1秒的摆将在赤道附近呈现相同的周期。正如惠更斯在书中所写的那样，全世界的秒摆的长度都应该是统一的。

这个悦耳的简单观点将引发一场漫长的辩论。惠更斯的一位同事声称，摆钟在冬季和夏季的走时有所不同。事实上，摆杆的长度会随着温度变化而发生细微改变。金属受热膨胀，导致摆动变慢。这一温度敏感性影响了钟表在前往其他气候带时的精准度，有些钟表匠从此将致力于解决这一问题。

但是，这并非里舍需要面对的唯一困难。到达卡宴后，他根据天体运行情况对从法国带来的钟表进行校准。令他吃惊的是，它每天都会走慢超过2分钟。他必须将摆长缩短几毫米，才能使其重新找到正确的节奏。加入科学院已

① Jean Richer，1630~1696，天文学家，曾在法国科学院任职。

有 6 年的里舍开始预感到，他的巴黎同事将会怀疑此次测量的结果。他再次校正了钟表。在超过一年的时间里，他每周都重复一遍实验，但依然不能用温度的影响来解释秒摆在巴黎和卡宴的摆长差异。

1673 年 5 月底，他踏上返程之路，回往法国。在那里，始终希望通过摆钟解决远洋定位问题的惠更斯发现自己遇到了一个全新的问题：或许，秒摆的长度是因纬度而异的？在不同地点之间移动时，摆钟必须被重新校准吗？

惠更斯起初并不这么认为。相反，艾萨克·牛顿看出了里舍缜密思考的重要意义。牛顿认为，这一系列测量里存在一条关键线索，涉及摆钟对重力变化的敏感度。摆锤在重力作用下摆动，它每次都被拉到最低点，并以此为中间位置运动。

牛顿根据实验判断，赤道上的重力作用有可能小于巴黎和伦敦。换言之：地球或许不是完美的球体，而是由于它的自转，在两极处较扁，在赤道处较厚。在牛顿的支持者和其在法国的反对者之间，很快将爆发一场关于地球是否在两极处被压扁，或者反过来说，它是否在两极处被略微拉长的争论。直到 1737 年，这场辩论才最终由一支前往拉普兰（Lappland）[①] 的法国探险队作出裁判：牛顿一方获胜。

惠更斯希望用一个可搬运的机械钟解决在远洋上测定经度的问题。它应当始终与巴黎的另一个参照钟保持同步。如果重力确实随着纬度的改变而变化，摆钟就根本不适合用于测定经度，尽管当时并不存在更好的计时器。为了精确测定经度，还需要一个走时调节装置，它应该像摆一样拥有良好的摆动性能，但是它的周期不是直接取决于重力等外部力量，而且其自身也不能对船舶的晃动敏感。一个理想的钟表需要某种内力的作用。

我们不知道，惠更斯是否用这种方式提出了问题。无论怎样，经度难题令他寝食难安。实际上，他找到了一种满足期望的技术安排。它引发了如此巨大的轰动，以至于皇家学会险些因此分裂。

① 　北欧北部地区，基本位于北极圈内，得名于当地居民拉普人。

一根弹簧引发的骚动

英格兰国王和路易十四一样，都对使其战船和商船队获得更可靠的导航怀有浓厚兴趣。1674 年 12 月，查理二世设立了一个研究测定经度的委员会。罗伯特·胡克已经不是首次加入这样的专门委员会了。不久前，他还不得不参加关于能否借助磁性罗盘解决经度难题的讨论。如今，又有一位自称圣皮埃尔先生（Sieur de St. Pierre）的法国人声称，他能根据月球和一些恒星的位置可靠地算出经度。108

事态有些紧急。圣皮埃尔在宫中有一位颇具影响力的代言人——25 岁的路易丝·德·克鲁阿尔①，她此时已是国王的首席情妇。在查理二世面前，她成功地推销了她的法国同胞以及他对于一项皇家学会所有科学家都共同关心的科学难题的解释。

在委员会于 1675 年 2 月 12 日召集会议后，年轻的天文学家约翰·佛兰斯蒂德②整理了讨论

---

① Louise de Kéroualle，1649~1734，出身布列塔尼贵族，约 1670 年取代帕默尔夫人，但不似其前任飞扬跋扈，获封朴次茅斯女公爵，是戴安娜王妃的先祖。

② John Flamsteed，1646~1719，格林尼治天文台奠基者，首任英格兰皇家天文学家。

结果并出具了一份意见。其中，他虽然认为圣皮埃尔的方法繁琐，但他承认，原则上有可能在知晓月球的准确位置的情况下测出经度。[109]委员会成员们认准有利时机，向国王指出不久前建成的巴黎天文台的重要作用。最后，查理二世批准了在英格兰建造一座天文台的计划。胡克负责监督在格林尼治园林内建造皇家天文台的事宜。佛兰斯蒂德被任命为首任台长。

在这场讨论进行到一半时，巴黎传来一条爆炸性新闻：据说，克里斯蒂安·惠更斯制作了一只能够用于测量经度的怀表。在胡克的日记里，首次提到此事是在 2 月 17 日。[110]

一个带有摆轮弹簧的钟表？这个想法对他来说并不新鲜！一直想要发明一切，也确实想出过许多点子的胡克立刻去他的图纸里翻找。

弹簧是一种常见的钟表零件。几个世纪以来，钟表匠一直在利用它的弹性。迄今为止，手工匠把卷起的钢弹簧用作动力源，若是小型钟表，也可以用于重力驱动。在完全拉伸的时候，弹簧提供的动力最大，但它会随着弹簧张力的下降而减弱。为了获得稳定的动力，钟表匠借助另一个部件平衡张力的落差，这就是所谓的均力圆锥轮。

弹簧被用作钟表的动力装置，这长期埋没了它的其他性质。恰好是惠更斯在一项数学研究中揭示了这一点，这在事后看来并不值得惊讶。因为，一个螺旋弹簧的行为与摆的运动非常相似。

即使是摆动的重物，在一个周期内也不是匀速运动，而是时快时慢。在通过最低点时，它的速度达到最大，接着就开始减速。摆在一个周期内的行为对于钟表的走时而言并不重要。关键是，周期的总时长始终保持不变。

一根螺旋盘绕的游丝也可以产生这个效果。由于弹簧的弹性，振动周期在这种情况下也是固定的。如果将弹簧与一个齿轮状的振动体，也就是一个振荡的小齿轮相连，它就可以被装入钟表，成为与摆完全相同的走时调节器。它的最大优点在于，连接摆轮的游丝比摆要小得多，对大风浪或马车的颠簸也较不敏感。

1675 年 1 月的一个星期天，惠更斯将他的理论初稿写了出来。第二天，他就去找钟表匠艾萨克·杜雷（Isaac Thuret），后者曾为他制作过装有摆线摆的钟表。不过，他在次日上午才见到对方。杜雷表现得很兴奋，他在日落前就按照惠更斯的草图做出了一个模型，并在后续几天进一步加工完善。

同时，惠更斯向皇家学会秘书透露了他的发明。他向亨利·奥尔登堡寄去一份密码信息。[111] 他暂时对制作方法保密，因为他已经向法国财政大臣提交了关于新式钟表的专利申请。一周后他却获悉，他的巴黎钟表匠为了一己私利也在争取这样一份专利，甚至抢在了他的前面。

惠更斯立刻去质问杜雷，在2月的《巴黎科学院院报》上公开了他的发明，并采取一切手段以保住自己对钟表的专有权。最后，专利权被判定归他所有。

既然此时已经无法继续保密，他便向奥尔登堡寄去了对钟表的加密说明。还有：在同一封信中，他委托皇家学会及其秘书代为处理钟表在英格兰的专利权事宜，"如果您认为这样的特权在英格兰有些价值的话"。[112]

它当然有价值！奥尔登堡在 1675 年 2 月向学会报告了惠更斯的发现。在格雷沙姆学院举行的这次会议气氛热烈，艾萨克·牛顿也在现场，并且是首次参会。[113] 他之所以在此时寻求与伦敦学者们联络，恐怕与他在剑桥的未知前景有关。

在被任命为教授 6 年多之后，牛顿在三一学院的处境有些棘手。按照现行法律规定，他很快就将被提升至教士等级。但是，他的个人信仰与国教会的观点在关键问题上存在分歧。此外，对历史上的《圣经》译本和早期教父作品的钻研加强了他对三位一体教义的怀疑。后者在《新约》中没有出现。他在承认反三一论的秘密告白中写道：上帝在《圣经》从头到尾指代的都是圣父。这些告白在他死后很久才被公之于世。[114] 如果它们早些公开，他将会失去他的教职。

牛顿的宗教信仰不允许他获得圣职，但只有特别批准才能使他免除这一义务。唯有国王拥有将个人从教义般的严苛律法中豁免的权力。因此，牛顿在 1675 年 1 月致信皇家学会秘书说，他将不得不放弃他的职位。[115] 可以想象，他一方面想在伦敦递交关于使其免于教会义务的申请，另一方面也关注着新的求职机会。

牛顿又一次在皇家学会经历了争论不休的场面。当奥尔登堡宣读了惠更斯来信的摘要时，胡克愤怒了：装有弹簧的钟表本该是他的发明。这可以在皇家学会的年鉴里查找到。[116] 他甚至向同事展示了相应的段落。不过，他的日记显示，学会的多数成员还是选择站在惠更斯一边。[117]

胡克没那么容易打发。他找到了更多关于他在 1660 年代所制作的钟表的记录。[118] 一周后，在牛顿再次参加的一场会议上，胡克再度坚称自己享有优先权。他这次表示，他掌握一种精确到 1 分钟的经度测定法，但只准备在获得相应报酬的前提下予以公布。一名与会者答应为他的发明一次性支付 1000 英镑或者每年 150 英镑。[119]

在接下来的几周和几个月间，这一事件发生了戏剧性的变化。胡克判断，惠更斯主动出击的背后存在一场荷兰人与奥尔登堡的阴谋。

他觉得自己被皇家学会秘书欺骗了，并将后者称为间谍。他很清楚，奥尔登堡曾经受到类似的怀疑而在伦敦塔里蹲过监狱。就在同年，胡克与克里斯托夫·雷恩以及另一些皇家学会会士成立了一个新的俱乐部，它也定期组织聚会。他们的目标之一就是罢免奥尔登堡和学会会长布隆克尔爵士。如果奥尔登堡没有在 1677 年突然去世，皇家学会的分裂将几乎是不可避免的。

胡克的反应为何如此强烈？他为什么毫不退让？如果查阅长期下落不明而突然在 2006 年重见天日的皇家学会手抄会议纪要，以及 1660 年代在惠更斯与皇家学会部分成员之间传递的那些秘密书信，就能更好地理解。让我们再回顾一下 1665 年，霍姆斯船长作了关于他在前往几内亚的航行期间使用摆钟情况的报告并引发轰动：当时，皇家学会有意回避了这场旅行的失败真相，以及惠更斯的摆钟并不比其他方法更适合测定经度。几个月后，罗伯特·莫雷向荷兰科学家通报了胡克的最新发明：一个借助弹簧调节的钟表。[120] 莫雷也让奥尔登堡知悉了该信的内容，布隆克尔同样知道胡克的钟表。

佛罗伦萨科学院^①院士洛伦佐·马加洛蒂^②此时在英格兰旅行，他的叙述与此相符。1668 年 2 月，在某次访问皇家学会后，马加洛蒂写道：人们在那里向他展示了一只怀表，它的走时由一根弹簧调节，弹簧的底部连接着一个摆轮。[121]

由上述可以得出什么结论，直到今天仍不清楚。在收到莫雷来信之前，惠更斯已经在关注游丝了。这个想法显然正处在形成过程中。不过，荷兰人经过仔细计算才确信，在用作调节器方面，游丝几乎不比摆逊色。相反，胡克用各类弹簧做了一阵试验，然后就将此事搁置了。他想申请专利，却得不到皇家学会多数贵族成员的支持。最重要的是，他没有及时邀请一位专业钟表匠与之合作。

1675 年 3 月，格林尼治皇家天文台台长在给一位同事的信中作出的判断或许是正确的："我相信你已经听说了惠更斯先生的新式钟表，他说它的走时和摆钟一样准确。它还能被

① 应指 1657 年由美第奇家族成立的西芒托学院（Accademia del Cimento）。

② Lorenzo Magalotti, 1637~1712, 学者和外交官, 1660 年成为西芒托学院秘书, 1709 加入皇家学会。

装进任何口袋。他只将这个秘密告诉了奥尔登堡……但现在胡克先生声称，这是他在多年前就完成的发明，它被某位英国绅士透露给了惠更斯。不过，虽然他当时确实有一到两个安装了由一根弹簧调节的飞轮的钟表，但它们的运转如此糟糕，甚至被认为还不及普通的构造。"[122]

放入背心口袋

如今，胡克想要补救 10 年前被耽误的事情。这次，他与伦敦最好的钟表匠之一的托马斯·汤皮恩①合作，后者也为格林尼治天文台制造高品质摆钟。1675 年 3 月 8 日，胡克向这位专家介绍了他对于弹簧需要怎样固定在飞轮上的观点。[123] 从这时起，他的日记本里便写满了科学家与手工匠富有成果的合作记录。他们一起用餐，胡克有时在汤皮恩的工坊里睡午觉，而汤皮恩也会在格雷沙姆学院过夜，原因是胡克想带他观看月食。实验家发明了一个加工齿轮的铣床，汤皮恩还顺便修理了胡克的眼镜和

① Thomas Tompion, 1639~1713，当时最具影响力的英格兰钟表匠，长期为王室服务，1703 年成为伦敦钟表匠同业公会会长。

怀表。他们共同制定了一项针对惠更斯新式钟表的替代方案，根据日记记录，胡克在 3 月时看到了它的制作草图。如果觉得工作进度太慢，胡克会把手工匠叫作"慢吞吞的蜗牛"和"小里小气的狗"，但很快又会与其和好如初。[124]

最后，国王同意接见他们。他们自豪地呈献了他们的钟表设计，并且取得了成功。查理二世暂且退回了奥尔登堡的专利申请，主要是因为惠更斯尽管多次提出要求，却始终没有把钟表样品寄至伦敦。当钟表在 6 月底被送到时，它偏偏遗漏了那个已经成为精密计时器最重要标志的部件：它没有分针。[125]

胡克和汤皮恩在 5 月中旬就向国王进献了他们的怀表。不过，他们的首件作品有些小瑕疵，以至于国王数次将表退回给制造者维修。最后，他没有授予任何人专利权——对此感到高兴的是英格兰钟表匠，他们可以在自由的怀表市场上大显身手了。胡克多次变更弹簧和摆轮的结构安排，就连汤皮恩到最后也不再以他的方案为准，而是转向惠更斯的设计。

伦敦的钟表匠们应当感谢国王的还不止于

此：查理二世偏好穿着背心。他以此引领了一股将在英格兰经久不衰的风尚。在这件备有许多口袋的衣服里，小小的怀表也将安家落户。虽然它每天会有几分钟的误差，故在计时方面不像摆钟那般精准，但它便于随身携带，能够藏在背心口袋里。于是，钟表显示的时间变得贴近人体，并将逐渐深入人的意识。

城市的时间，乡村的时间

随着分针和秒针的出现，越来越多的伦敦市民将时间随身携带。英格兰的大都会开始引领节拍。

伦敦正在迅速膨胀。一个世纪之内，它的人口就增长到原来的3倍。伦敦市太小了，无法容纳50万人，只需要大约1小时就能围绕它的城墙步行一圈。在巴黎，路易十四下令拆除古老的堡垒设施，将防御工事改造成大街，使装载着贵族和富有市民的成千上万辆马车能够奔驰在主干道上，穿行于都会和花园之间。而在伦敦，城墙却被从两侧加固了。

早在几代人之前，高级贵族和教士就离开伦敦市，在威斯敏斯特和怀特霍尔的宫殿周围新建了他们的宅第。在"伦敦大火"之后，威斯敏斯特市和伦敦市发展成为一体。建筑群一片接一片地占据了原先的农田。企业家如尼古拉斯·巴尔本 ① 在富裕的西区购买了成片的地产，并通过规避某些法律规定，将其分割为许多小块地皮，建造了整齐划一的小型住宅。在居住着许多穷人以及港口和船坞工人的东区，对建筑活动的监管还比较有限。[126]

伦敦的商人和金融家正越来越多地从事跨国生意，后者已经为荷兰企业主带来了最丰厚的利润。"荷兰的国内外贸易、它的财富和船舶数量的惊人增长在当下惹人妒忌，在后世看来或许简直就是奇迹"，英格兰国会的一位议员写道。不过，实现这些的手段显而易见，大部分可以为其他国家所仿效。[127]

对此，殖民地不断壮大的英格兰拥有最有利的条件。1664 年，新阿姆斯特丹被占领，从此改称纽约。不久，英格兰殖民者建立了卡罗来

---

① Nicholas Barbon，1640~1698，参与了伦敦灾后重建。

纳和宾夕法尼亚。英格兰的美洲殖民地从北部一直伸展至南方海岸，还包括加勒比海岛屿巴巴多斯和牙买加。与印度和中国的庞大市场对欧洲产品兴趣寥寥，白银几乎是唯一的贸易货币不同，商人们能够向新世界销售自己的纺织品和手工制品，以此换取烟草和食糖。跨大西洋商品流动的收益逐年增加，从 1640~1700年，英格兰对外贸易增长了超过一倍。[128]

但是，欧洲资本主义的欣然兴起建立在无所顾忌地追求商业利益的基础上，仅试举几个例子：马鲁古群岛（Molukken）[①]香料种植中的奴隶制度、加勒比海的蔗糖种植园以及南美洲银矿的强迫劳动。地球上没有哪片海岸未曾受到西班牙人、荷兰人、英格兰人和法国人的武装炮舰的威胁。莱布尼茨强调，一个坏欧洲人比野兽还要可恶。"因为他人为地强化了凶恶。"[129]单是法国 1670 年派往东印度的一支舰队就配备了238 门大炮。[130]

在路易十四试图夺取拥有最庞大船坞和最

----

① 位于印度尼西亚东北部，俗称"香料群岛"，近代以来先后被葡萄牙和荷兰占据。

强大银行的尼德兰联省共和国而徒劳无功的时候，英格兰人复制了荷兰模式。企业家和股东们以阿姆斯特丹为榜样，逐步在伦敦建立起一个现代化的金融和保险帝国。就这样，尼古拉斯·巴尔本创建了第一家建筑火灾保险公司，并建立了国家土地银行（National Land Bank），它后来甚至差点兼并了英格兰银行。

现代消费

巴尔本曾在荷兰学习医学，"现代消费主义的幽灵"在那里比在伦敦更早得多地获得释放。[131] 莱顿（Leiden）、阿姆斯特丹和代尔夫特（Delft）的贵妇们每年都要根据流行款式更换衣装，几乎家家户户都用油画装点墙壁。卖家仓库里堆放着中国陶瓷、画着鸟儿的中国床帏和中国家具。"私人消费早在 17 世纪就在联省共和国表现得如此鲜明，以至于消费者非正常的极端形态——囤积症也成为常见的社会现象。"文化学家乌尔里希·乌费尔（Ulrich Ufer）总结道。[132]

郁金香狂热也发生在巴尔本求学期间。最

受欢迎的是叫作海军上将达·科斯塔（Admiral da Costa）或美丽海伦的鲜艳品种。该世纪中叶，已知在尼德兰拥有名字的郁金香品种约有800个。它们的球茎是疯狂投机的对象。商人们进行着关于未来花朵的新式样和新颜色的期货交易，"一场独特、贪婪、违背理智的狂热，它迅速攫取了周围的一切，将老实本分的市民连同他们的长柄金烟斗和花边领黑衣推向毁灭"。[133] 单株球茎的报价一度被炒作至阿姆斯特丹最高端住宅区的一栋豪宅的水平。

这个日益丰富多彩的世界令巴尔本着迷。当伦敦的一些商人已经在争取更自由的贸易、抵制国家特许的垄断、建立新的企业以满足不断增长的国内需求的时候，巴尔本在他的《贸易论》（*Discourse of Trade*）中生动地描绘了变换的时尚和外来货物是如何为经济体系带来好处的。[134] 对所有参与方而言，自由的商品交换都比重商主义及其带来的高关税和特许垄断更好。

伦敦市民阶层早就愿意接受奢侈品，并用它彰显自己的富裕程度。比如，海军官员和日记作者萨缪尔·皮普斯先为自己买了一条配有金纽扣的裙子，又买了一套鲜艳的丝质西服，还请人为他的夫人画像，并在家里配备了足够的银器，以便能够在举办活动时用银盘盛装食品。最后，他在一位朋友的建议下添置了一辆时髦而易于操控的马车。他用于服装、首饰、书籍和家具的支出每年都在攀升。

比他的私人消费增加得更快的是他的资金。在开始写日记时，他的积蓄只有微薄的25英镑，一年后，他的身价已经"值"300英镑。1664年夏天，他的积蓄首次突破1000英镑大关，这令他欣喜若狂。由于他还通过贿金补贴固定收入，他如今开始考虑，是继续将钱装在他床底下的铁盒内，还是应该把一部分资金以6%的固定利息存放到金匠那里。此时，他对"大庄家"存续寿命的信心还不够高，从后者的行会中将诞生出伦敦最早的银行家。

仅仅两年后，皮普斯就加入了高风险的投机生意。美妙的财富增长仍在继续。虽然皮普斯既不是贵族，也不是大宗贸易商，但他的资产在1669年已经达到可观的1万英镑。[135] 与此相比，牛顿或皇家天文台台长约翰·佛兰斯蒂德在同一时期的年收入只有 100 英镑。

一个钟表匠王国

钟表匠也受益于伦敦上层社会的消费偏好，比如 1671 年来到伦敦的托马斯·汤皮恩。汤皮恩在富裕的伦敦市西区建立了自己的工坊。这位专业铁匠最初生产塔钟和大型钟表，然后在 1674 年获得了为自己培养学徒的许可。两年后，他的订单数量就已经取得快速增长，以至于他觉得必须要对他的企业进行重组。[136]

汤皮恩将工坊搬至更大场所并招收了更多员工，但这依然等于什么也没有做。他将一台切割机引入制表手工业，用以实现对齿轮和垫片的批量制造。此外，他转向了分工生产，就像大英博物馆钟表厅管理员杰里米·埃文斯（Jeremy Evans）经过长期考证所还原的那样。汤皮恩在生意上的新伙伴包括生产定制家具的木匠，后者将为他打造高至 3 米的落地座钟的外柜，并根据客户的愿望在上面雕刻纹饰。他与金匠、银器旋工、黄铜搬运工、吹玻璃工及其他钟表匠合作，目的是制作有吸引力的钟表外壳，满足对怀表日益增长的需求。

最后，汤皮恩开始为他的钟表标注序列号。他的工坊一共产出了 700 件落地座钟和台钟、5000 只怀表和数百件其他种类的报时钟，[137] 其中一些被送到了美洲。据埃文斯估计，汤皮恩的座钟有超过一半留存至今。没有任何机械能像钟表那样，在数百年之后仍得以被如此大量和精心地保存下来。[138]

大城市的熙熙攘攘使汤皮恩不断涌现出新点子。他在 1682 年前后制作的一只怀表如今被保存在纽约大都会博物馆里，它不但在表盘下方 6 点刻度附近设有独立的秒针圈，而且拥有一个中止机制，可以作为秒表，用于测量各种时间间隔。

17 世纪，在伦敦的花园或林荫路（Mall）举行的赛马和赛跑活动备受欢迎。因为工作原因，萨缪尔·皮普斯错过了这些比赛，他为此感到遗憾。如果日程与议会会议冲突，重要赛事有时甚至会延期，以便议员老爷们也能够前往观赛。[139]

怀表在世界贸易之都伦敦流行初期的一件格外精美的样品，由托马斯·汤皮恩制作于 1682 年，是最早配备秒针和停止机制的钟表之一。它可以被用作秒表，以计量较小的时间间隔。

过去，这类比赛中的目标只是战胜对手，而如今，人们开始计算骑手或跑者完成规定路程所需要的时间。在这场"与时间赛跑"中，运动员的成绩是用抽象的计量尺度记录的。一开始，时间信息仅出现在较长的赛段。"从 1660 年代起，时间值以分钟为段落呈现"，历史学家海宁·埃希贝格[①]表示。"只是在这之后，短距

① Henning Eichberg，1942~2017，德国社会和文化史家。

离的'与时间赛跑'似乎才变得常见。"[140] 秒表初次投入使用的时间还有待进一步考证。

汤皮恩的工坊是一个将创意打造成形的地方，是英格兰国都在前工业时代的生产流程和商业网络的绝佳例证。他在自己业绩的激励下，不断提高生产率并改进时间管理。对他来说，成为资源的时间具有双重意义。为了在尽量短的时间内生产更多钟表，他让那些专门制作特定钟表部件并承接二手订单的手工匠为自己打工。汤皮恩并不认识他的许多国内外客户。他必须要与他的供应商和中间商协调生产计划和供货时间。当他最终雇佣的约20名学徒上岗时，他们同样需要注意一些固定的时刻，比如商船的出发日期或钟表匠同业公会的会期。

大都会的脉动

巴尔本、皮普斯和汤皮恩在一个富有活力的社会中冉冉上升。在这里，决定未来职业命运的不再只是出身，还包括机智的头脑和工作实绩。在不断发展的英格兰都会，当人们为了社会认可、金钱和商品而彼此竞争的时候，他们始终置身于变化之中。与农村人相比，大城市的居民参照另一种时间生活。

在农村，农民们一如既往地依照季节循环完成种植、播种和收获，所思所想也代代相传。儿子将继续从事父亲的劳作，已经过去的事情将以相似的方式不断再次发生。无论何处，只要生活作息像这样融入大自然的周期，它的节奏就将由白天来掌控。

距离城市越近，就越能切实感受到钟表的时间。谁若想将牲口或其他货物卖到城里，就必须知道哪天会有集市以及法律允许他在几时售卖。反过来，城里的商人也会下乡采购农产品和招募廉价劳动力。由于农村的工资水平低于伦敦，城市企业主通过向农民出租织布机等方式，将手工劳动迁移至农村地区。在伦敦，人们穿的鞋子就是由四邻的乡村生产的。[141]

与农民相比，城里人正在较快地摆脱昼夜、季节、光线和天气情况的影响。对他们来说，钟表和历书虽然仍具有使他们的行动契合自然节奏的功能，但最主要是让社会活动彼此协调。因为，大城市的生活是以计划和一次性事件为基础的。

比如，萨缪尔·皮普斯在住宅、单位、商店、幽会情人处、文化设施和俱乐部之间来回奔波。他的许多日记如此开篇："起床，去办公室，在那里忙一上午。"[142] 他在海军部需要参加许多会议，必须守时，还要处理五花八门的事务。他有时在中午匆忙赶回家，几乎没有时间吃饭。还有一次，他把自己的工作时间解读为弹性时间，然后偷空购物去了。

在农村人还普遍分不清工作时间与业余时间的时候，城里人皮普斯已经享有许多闲暇了。他精心利用时间，每天都有不同的安排。例如，他偏好去剧院、观看赛马或参加其他大型活动，前往交易所，获取来自全世界的最新消息，坚持阅读新书，参加皇家学会会议以掌握前沿知识，还在伦敦的隐秘角落享受性爱。由于皮普斯的绯闻太多，他妻子的醋意越来越大，以至于她躺在他的身旁时，有时会检查他在睡梦中是否勃起，即是否做了春梦。在安排日常事务、协调与他人活动——他是否还有时间与巴格韦尔夫人（Mrs. Bagwell）约会？——以及出入各种社交场合方面，机械钟表为他带来了便利。

富有魅力的大城市设定了新的节拍。鉴于大都市为其提供的众多选项，皮普斯一直担心会错过什么。尽管如此，人们在阅读他的日记时，很少感到他的时间压力大幅增加。相反，皮普斯享受这种充实。作为土生土长的伦敦人，他已经习惯了较快的生活节奏，即使这有时与他的饮食和睡眠需求背道而驰。

他的日记延续了超过 9 年，采用的是当时常见的谢尔顿速记法[①]。这为他的写作节省了时间和纸张。作为编年史家，他刻画了当时的社会和政治情况，并将之传诸后世。

跟随钟表生活

当摆钟以及装有摆轮游丝的怀表在 17 世纪的最后三分之一期间先后进入市场时，皮普斯

---

① 英格兰人托马斯·谢尔顿（Thomas Shelton）发明于 1626 年的速记法，流行于 17~18 世纪。

和他的伦敦同胞把时间领进家门，又把它带在身边。新式钟表满足了他们对不间断计时的需求。尽管价格高昂，计时器依然迅速普及，致使在不到几十年间，伦敦富裕市民拥有私人钟表就成了寻常现象。就像到访英格兰的亨利·米松①在1698年所写的那样，制表工艺在伦敦"如此普遍和时尚，以至于几乎人手一表，只有少数家庭没有购置摆钟"。[143]

艾萨克·牛顿自然也是钟表的拥有者。据信，一只由伦敦钟表匠萨缪尔·沃森②制作于1695年前后的桌钟曾经归他所有。这个摆钟与当时的式样只有一点不同，那就是它的外围嵌有多个天文钟面。[144]

大型座钟是英式钟表的特色。如同今天的超薄显示屏，它们的规格已经体现了所有者对钟表所显示的时间的重视。随着时间的推移，如房间一般高大的座钟的钟面将变得越来越大，

①　Henri Misson，法国人，是1698年出版的一部英格兰游记的作者，但一般认为实际作者是其兄弟François Maximilien Misson（约1650~1722），后者是胡格诺派，1685年逃亡英格兰，后赴欧陆旅行。

②　Samuel Watson，约1687~约1710，他制作了第一只秒表，还发明了以5分钟为报时周期的打簧表。

以便于人们从各个角度读数。

不过，听觉上的时间并没有随之衰落。经过数个世纪，教堂和城市塔楼上的钟声已经成为朴素而规律的时间信号。如今，这一趋势还将继续下去。新式钟表不只是以一刻钟或一小时为节拍，而主要是在室内以不变的嘀嗒声体现着时间永无休止地行进。时间比以往任何时候都更具有现实感。

皮普斯早在 1666 年就已经对拥有一块带有分针的怀表倍感兴奋，并在瘟疫肆虐之年随身携带着它。第二年，他又为妻子伊丽莎白①买了一块表。尽管他的日记内容止于 1669 年，但我们可以通过他的侄子知道，他至少又从汤皮恩的工坊买过一块怀表：这块金首饰是身份的标志，与他坐着穿城而过的那辆马车一样。

1670 年代至 1680 年代，皮普斯作为秘书晋升为海军将官，还成为下议院议员和皇家学会会长。那块金怀表象征着他的社会地位的提高，显示了他所认为的时代价值。同时，皮普

---

① Elisabeth de Saint Michel，1640~1669，1655年嫁给皮普斯。

斯也跟上了一项新技术的步伐。

将计算精确到分钟是一件新鲜事。较小的时间单位自古就存在于城市生活之中。人们很早就使用半小时、一刻钟或半刻钟，以规定值勤、工间休息或会议演讲的时间，多数情况下使用的是沙钟。直至当时，分钟仅出现在天文学领域。[145] 不过，到了世纪之交，分针在怀表内也将变得常见。

与拥有精美外壳的早期怀表相比，现代计时器显得有些简陋。它们的价值来自于精良的机械。随着它们的指针分秒不停地前行，时间也转变成一种标准化、客观化的数值，它将所发生的一切彼此相联。

大幅跃升的准确度直接影响了普遍的时间知觉。从此，人们开始谈论"守时"，这本身就是根植于新式计时器的逻辑。这项技术仅通过创造更精确的时间数据，就有资格催促人们更快、更好地适应它。关于个人是否融入这一新的时间秩序，它几乎没有提供选择的机会。只要该秩序成为标准，他就必须学会习惯。

在一个由于上帝计数的时间不得浪费而在

道德上谴责游手好闲的社会，收紧时间之网几乎不费吹灰之力。首先是清教徒要求实行更严格的工作纪律。1673 年，教士理查德·巴克斯特①在伦敦布道时说，一个好基督徒在规划生活时，应该使其中的所有义务各就其位，就像钟表壳内的各个部件一样。应该将"每一分钟当作最珍贵的物品"投入工作，睡眠时间不该比健康所需要的更长，并应在早晨加快穿衣速度以节省时间。[146]

在与自身的弱点角力的过程中，许多清教徒都在日记里自我反省。商人及后来的皇家学会会士拉尔夫·索尔斯比②一直活在对虚度时光的惴惴不安之中。只有在不晚于早上 5 点起床时，他才会感到满意。1680 年 12 月 6 日，22 岁的他在日记中写道，他终于给自己的钟装上了闹铃，以免"继续在睡梦中挥霍掉这么多宝贵的时间"。[147]

随着新式钟表的普及，人们对缩短办事时间、减少等待时间、充分利用零碎时段的愿望也在增强。渐渐的，工时规定趋于严格，中途

① Richard Baxter，1615~1691，清教徒牧师和作家，晚年因信仰问题入狱。

② Ralph Thoresby，1658~1725，英格兰古董商和地形学家。

休息被取消。相反，在 18 世纪期间，伦敦某些职业群体的总工时有所减少。[148] 大城市生活的提速并不是一概而论的。

例如，17 世纪下半叶，伦敦市内开设的咖啡馆越来越多。[①] 每个人都可以在这里逗留而不受时间限制。在咖啡馆里，各类报纸到处传播，市民群众被组织起来，资金被汇集至企业，像罗伯特·胡克这样的科学家收获了新的创意。投机商、船东和房地产经纪人则在交易所周围的咖啡馆里碰面，讨论新的商业模式。在一些固定聚会场所，比如劳埃德咖啡馆（Lloyd's Coffee House），后来还将诞生保险集团[②]。

在咖啡馆日益成为受欢迎的聚会场所的同时，人们也越来越不愿意接受特许贸易公司或市政府里的繁忙岗位。[149] 于是，为了能在事先约定的地点与生意伙伴见面，伦敦的商人已经离不开怀表。城市的高度流动性意味着空间和时间的碎片化，在这种情况下，此类见面必须

---

① 英国人当时还没有饮茶的习惯，但茶叶将在 18 世纪后期逐渐取代咖啡，成为英式生活的重要组成部分。

② 指劳合社（Lloyd's）。

事先安排。城市社会学的奠基者之一的格奥尔格·齐美尔[①]认定，城里人生活遵循钟表以及他们相对较快的生活节奏或多或少是一种结构上的必然。在某种程度上，守时性和可预测性是被"强加于"大城市居民的。[150]

以上的前提是一张对所有各方都具有约束力的大城市时间网。"正如一门语言只有在成为整个群体的共同语言时才能发挥作用，并在每个人形成各自的语言时蒙受损害，钟表也只有在其指针的动态分布——意即其显示的时间——对整个群体有效的时候才能发挥它的功能"，社会学家诺贝特·埃利亚斯表示。这也是时间对个人所拥有的强制力的根源之一。"他必须使他的行为与其所属群体确立的时间相协调。"[151]

这种同步性首先需要被建立起来。运行中的钟表越多，具有约束力的时间标准就越重要。如果没有这样一种标准化，任何准确度的增益都是无效的。

---

①   Georg Simmel，1858~1918，德国社会学家和哲学家，反实证主义社会学思潮的主要代表。

属于所有人的钟表时间

随着天文学家约翰·佛兰斯蒂德被任命为格林尼治皇家天文台台长以及天文台的2座特制摆钟建造完成，"格林尼治标准时间"在1675年开启了它的历史。后来，它将从英格兰国都出发，传遍所有海洋，并在19世纪被宣布为世界时。以在格林尼治确定的时间为基础，整个地球将被划分为不同的时区。

不过，17世纪末的人们距离这些还很遥远。伦敦的公共报时钟既不是按照格林尼治的钟表校准，也不是按照其他任何机械钟表，而是——多少具有规律性和准确性——按照太阳在正午的最高点校准。由于太阳钟一如既往地装点着许多教堂和房屋的南墙，人们在需要时也可以根据正午的太阳调整自己的机械钟表。

近来，力求准时的市民又遇到一个迄今为止只为天文学界所熟悉的问题：太阳两次升至最高点的时间间隔不是固定的。一个精密钟表时而比太阳时走得快，时而比它走得慢，原因是在一年之中，太阳日的长度并不稳定。

1675 年成立的格林尼治皇家天文台的钟面，颇具艺术效果，由托马斯·汤皮恩完成于 1676 年。

譬如，如果有人在 1 月 1 日太阳到达最高点时借助太阳钟把他的钟表调整到 12 时，他必须考虑到，太阳不是在 1 月 2 日 12 时重新处于最高点，而是在 12 时 24 秒。再过一天，延时还将增加 23 秒。一本 1680 年代中期在伦敦付印的畅销小书的作者解释说，在这段时期，即使一个理想的摆钟也走得过快。到 1 月 31 日，准确的摆钟或怀表总共会比太阳快出 6 分 26 秒。更糟糕的是 12 月，每日累计偏差之和达到 15

分9秒。[152]

出现上述现象的原因有多个方面：地球在一年内绕日公转的轨道不是绝对的正圆，而是略微椭圆。它在冬天与太阳稍近，公转速度也略快，夏天则距离较远，速度也有所减慢。结果是，在一个完整的自转周期内，地球在公转轨道上运行的距离并不固定，导致朝向正午太阳的视角也有小幅变动。

第二种时间波动产生的原因是地球公转轨道和赤道没有位于同一平面上。地球绕太阳转动和绕地轴自转彼此制约，两种效果有所重合。它们有时叠加，有时相互抵消，因此在一年过程中，两次正午间的时长各不相同。

克里斯蒂安·惠更斯和约翰·佛兰斯蒂德详细阐述了上述关系，把它总结为均时差①，并将他们的知识以表格形式传递给钟表匠，以便后者根据平均后的太阳时调整钟表走时。[153]平太阳时②是一种抽象且脱离具体现实的时间，

① 平太阳时与真太阳时之间的差异。
② 即平均太阳时，以太阳在黄道上运行的平均速度计算所得的太阳时。

与之相符的是理想的钟表或在天赤道面 ① 的轨道上匀速运动的虚拟太阳。100 年后，人们才会将平太阳时宣布为伦敦的法定时间。不过，真太阳时一开始仍然是具有普遍约束力的时间标准，尽管它显然已不再符合钟表匠的要求。

在自然节律和科学技术成就之间、大城市的快节奏与全球海洋贸易需求之间的紧张关系中，时间计量获得了前所未有的重视。钟表匠用新式精密计时器展示他们的技艺，英国皇家学会会士和法国科学院院士则把精密钟表作为获取知识的工具。

地球围绕太阳公转的时长是否始终相同？地球自转的转速是否保持不变？学者们利用摆钟测算地球自转是否均匀，测定自由落体运动的加速度或声音的传播速度。本书的一个论点即是，如果这些计时器没有被预先发明，艾萨克·牛顿在世纪末创立普遍的运动和引力理论就是不可想象的。

---

① 天赤道是地球赤道平面与天球相截所得的大圆，它将天球等分为北天半球和南天半球。太阳的运动轨迹称为黄道，它仅在春分和秋分越过天赤道。

牛顿将一种新的时间观念作为他的新科学的基础。根据他的观点，时间不是由天体的周期性运动或自然界的其他变化所创造的。相反，所有这些变化都发生在一个独立于现象的时间之中：一个"绝对的、真实的和数学的时间"。

第三部　数学的时间

脑海中的曲线

17世纪最重要的数学发现可以追溯到
牛顿和莱布尼茨。两位科学家不谋而合?

数学这座思想大厦建立在数字的基础之
上。人们从规定整体也就是"一"开始,通过
不断重复进行,可以达到名称各异的"多":
1+1=2,2+1=3,3+1=4,以此类推。想要做这
样的加法,只需要知道这些接连不断的数字按
照定义该如何称呼。只有在不是加1,而是加2
时,计算才真正地开始。为什么2+2=4而不是
5?莱布尼茨的证明很简短。根据前述定义,他
迅速得出了清晰的结果。因为2+2就是2+1+1。

根据定义，它也符合 3+1，即结果为 4。[1]

思考难度更大的是拆分。整体分解为部分，好比将一大拆分成 24 个小时、1440 分钟或者 86400 秒。如果谁像耶稣会神父里乔利和他的帮手那样数秒，就无法看到一天的完整性。那些拆分后的小单元依次排列，几乎无穷无尽。

17 世纪的数学家凭借级数理论和微积分引入了无限分割的方法，以此将上述分析推向高峰。基于这些计算方法，牛顿阐述了其普遍的天体力学。对于本书主题而言，被牛顿称为流数术而被历史学家简称为微积分的术语具有特殊意义：它引发了牛顿与莱布尼茨之间一场激烈的优先权之争，使我们得以近距离考察这两位主角对时间的理解。

π 倍拇指

一开始，莱布尼茨和牛顿研究的是数学经典问题，比如求圆的面积和神秘的 π 的数值。如果您在阅读本书时身边有只咖啡杯的话，就请把它拿在手中，并观察一下它的圆形。

一只咖啡杯的直径通常有食指那么长。想要

完全握住杯子，仅靠食指和拇指还不够。请您尝试一下！差不多需要第三根手指才能填补缺口。从中可以看出，圆周与直径的长度大约是三倍关系。

数学家不满足于这样 π 倍拇指的近似值。为获得表示圆的周长和直径的比例关系的 π 的确切数值，伟大的阿基米德利用了几何形状。他考察了六边形和十二边形、二十四边形和九十六边形，使它们分别外接和内接于给定的圆。通过这种方式，他缩小了 π 值的范围。据此，π 应大于 3.14084，而小于 3.14289。[2]

一些数学家，比如克里斯蒂安·惠更斯希望获得更准确的结果。他使用的摆就沿着圆弧轨道运动。因此，摆动周期也取决于圆周率的值。π 究竟是多少？

在数学史上，无数人试图朝着该数值更进一步，希望在某个小数位数上发现某种规律性。17 世纪初，数学家鲁道夫·范·科伊伦[①] 把阿

———

① Ludolph van Ceulen，1540~1610，荷兰剑术教师和数学家。由于他将圆周率计算到小数点后 35 位，π 直到 19 世纪仍会被称为"鲁道夫数"。

基米德的方法用到了极致。他在自己的墓碑上为后世镌刻着：π 大于 3.141592653589793238 46264338327950288，但小于用 9 替换该数的末位数字 8 所得的数。

莱布尼茨与其先驱的做法不同。他没有构造近似圆形的多边形，而是逐步摆脱几何学，并发现了一项用于计算 π 的数值的奇妙公式。在莱布尼茨手中，一条接近 1/4 圆周的几何曲线变成了一个无穷级数：π/4=1/1-1/3+1/5-1/7+1/9-1/11 ±……

该级数要求从 1 中不断减去和加上越来越小的分数。减法和加法严格按照顺序进行，所有奇数的单位分数都会出现。莱布尼茨记录称，用这种方式可以获得任意精确度的 π 值。虽然这一级数永无尽头，但是它作为整体非常直观，因为每一项都产生于一个确定的构成法则。

借助"莱布尼茨级数"，圆跳出了阿基米德的樊篱。π 成为一项无穷序列的消失点。"莱布尼茨级数"标志着，数学在 17 世纪达到了抽象化的新高度。它对于像 π 这样比自然数和有理数更难以理解的数的研究越来越多，莱布尼茨将后者称为"超越"数。

自然数产生于对整体的重复，有理数则是那些可以表示为分数的数，也就是产生于自然数的拆分，比如1/2或3/4。这些有理数能够对应数轴上的点，比如0.5或0.75。如果从这个点集里选择任意两个紧密相邻的点，就始终能在它们之间找到第三个点，换句话说：点的多样性趋向无穷。[3]

尽管如此，有理数依然不产生连续统。也就是说，它们无法组成连贯的整体。正如我们已经看到，存在着 π 这样不属于有理数的数。而且，π 绝不是特例。这样的数有无穷多个。只有当数学家将这些数都包括进去时，他们才获得一个连续统，才能够对持续不断的变化进行描述。

*

1674 年 10 月，莱布尼茨向他的导师克里斯蒂安·惠更斯展示了圆周率公式。[4] 荷兰人对此赞不绝口。在曾经引起众多思想家关注的谜题上发现了新方法，这可不是件小事。

莱布尼茨重新点燃了进入无人涉足过的新领域的希望。他也向皇家学会秘书通报了他的数学发现。在那里，他已经有些不受待见。伦敦方面有一整年没有听到他的任何消息，尽管他曾向亨利·奥尔登堡承诺，将尽快给后者寄去一台运转良好的计算机。他还多次对皇家学会保证说，那台自动装置很快就能完工。但是，从完成设计到做出成品，其中的困难远超预期。几个月过去了。令人不快的拖延和托辞逐渐变成了双方的沉默。

有时，不断涌现出新想法的莱布尼茨在事后才会发觉，技术创新绝不是灵光乍现那么简单。几乎无法想象，他在向钟表匠说明转轮与齿轮的啮合时会有多大困难，后者再把那些主意付诸现实时用的不是技术图纸，而是精确到毫米的角尺。

1675 年 1 月，漫长的苦思、改进和调试终于告一段落。通过一根曲柄，黄铜材质的计算装置能够在弹指间完成乘法运算。据说，路易十四和他的财务大臣以及巴黎天文台等潜在买主分别收到了一部样机。[5] 按照他的座右铭"理

论与实践（Theoria cum praxi）"，发明家很快
设计出升级版方案，它"最多可以容纳12位
数，特别符合数学的需要"。[6]这部机器可以进
行百万位的乘法，未来或许能在银行和金融业
派上用场。这一次技术攻关同样困难重重。虽
然莱布尼茨多次提到订单，但看起来，那些可
能的买家还是疑虑重重。直到18世纪，莱布尼
茨计算机的技术设计才成为后世的典范。

莱布尼茨找工作

伦敦方面对来自巴黎的消息的反应也比较冷
淡。亨利·奥尔登堡没有进一步研究会做乘法的
"小算术机（machinula arithmetica）"，而是告知
莱布尼茨，后者为 π 推演出的无穷级数并不
是此类发现的首创。艾萨克·牛顿和詹姆斯·
格雷果里同样发现了计算圆弧和其他曲线的面
积的方法。[7]在海峡两岸之间的后续通信往来中，
双方开始为获得对方细节而讨价还价。莱布尼
茨不得不担心，他的发现可能来得太迟，并在
不断加速的知识生产中再次落在了其他数学家
后面。

1673 年 2 月，他在法国国都的政治任务随着美因茨选帝侯离世戛然而止。之后，他又自费停留了一段时间。有一阵子，他受聘为一位年轻贵族的教师，但后者完全无法接受被莱布尼茨安排得满满当当的课程表。在这个收入来源也断绝以后，他可怜巴巴地谋求一份工作，包括为离婚诉讼提供法律服务，考虑买个一官半职，并向他在莱比锡的亲戚借款。他的异母兄 ① 没有给他寄钱，反而骂他是个没有祖国的家伙。

莱布尼茨给自己留了条后路，那就是返回德意志。一位潜在的雇主是约翰·弗里德里希·冯·不伦瑞克 - 吕讷堡 ②。公爵十分器重他的法学知识、神学修养和对现代科技的熟稔，迫不及待地想将这位学者请入宫廷，一天都不愿耽误。

莱布尼茨向汉诺威寄去礼貌的书信，连续数月与对方商谈薪酬的问题。他让这位公爵了解

① 指约翰·弗里德里希·莱布尼茨。
② Johann Friedrich von Braunschweig-Lüneburg，1625~1679，出身韦尔夫家族，1665 年继任不伦瑞克 - 吕讷堡公爵，由于以汉诺威为统治中心，故俗称汉诺威公爵。

到，他的唯一兴趣在于"凭借艺术和科学上的重大发现赢得名声，并通过有益的工作规范公众"。[8] 一位诸侯的顾问，这个角色仿佛是为他量身定做的。"我唯一的愿望就是找到一位大人物……并通过他的保护、声望、帮助和鼓励，使各种有用的想法得以推进。如此，我就能摆脱其他烦扰，全心全意地为他的荣耀和喜悦服务。"[9]

不过，他未能下决心舍弃巴黎的科学和文化环境。为了留在法国并在科学院干一番事业，他再次权衡了所有因素。他研究课题的数量之多令人印象深刻。除了计算机，他还模仿惠更斯设计了一只装有游丝的钟表，并探讨了将这样一个计时器用于远洋的所有不利因素。此外，他还思考过一种航海设备，它能够自动记录航行路线并把它绘制在图纸上，以便修正航向。

法国科学院以技术为导向，并且服务于国家利益。但是，学者们在此作出的奇思妙想早已无法全部付诸实践。比如，惠更斯和他的助手丹尼斯·帕潘研究将塞纳河水抬高 162 米并经由一条引水渠输送至凡尔赛宫的园林的可能性，原因是国王希望在新落成的花园里布置许多喷泉。在制造水泵时，两位科学家成功地借助火药爆炸的威力使活塞运转起来。后来，帕潘用蒸汽代替了火药。他的蒸汽机却停留在实验阶段，未能取得突破。法国财政大臣柯尔贝尔 [①]在首次用火药进行实验后就已经表示拒绝。"证明他注重实际的是，他这时不是向科学院，而是宁可向公众求助，并在法国所有城市以国王的名义公开宣布，人造喷泉领域的任何发明都必须向柯尔贝尔报告"，科学史家安德烈斯·克莱纳特 [②]如此说道。[10]

最后，在马尔利建造巨型泵站 [③]的任务被委托给一名工匠。得益于他的经验，这座壮观的设施在 1685 年完工。它由 14 个直径 12 米的水轮和超过 200 个隆隆作响的水泵组成。耗时不到 30 年，第一部正常工作的蒸汽机就将被安装在不列颠的矿山上，用以抽排地下水。迟至 1817

---

① Jean-Baptiste Colbert, 1619~1683, 路易十四时期著名政治家，重商主义代表人物。他还是科学和艺术的赞助者，支持成立法兰西科学院。

② Andreas Kleinert, 德国作家和导演，生于 1962 年。

③ Machine de Marly, 俗称"马尔利机器"，第一部水力机使用至 1817 年，之后短暂使用蒸汽机，第二部水力机使用至 1963 年，现均已拆除。

年，蒸汽驱动的水泵才开始把塞纳河水搬运到凡尔赛的园林。

曲线与坐标

德意志人也加入到巴黎的技术和数学辩论中。此外，莱布尼茨还打算公开 π 的无穷级数。他多次向皇家学会秘书求助，因为牛顿和格雷果里显然已进行过该领域的研究。

由于自己不熟悉无穷级数，亨利·奥尔登堡向牛顿的多年笔友、数学家约翰·柯林斯请教。莱布尼茨从他那里获得了一些解答。此时，他对不列颠同行的数学方法几乎一无所知。因此，他不知道牛顿已经发明了一种普遍的微积分，而他自己仍在摸索。无穷小领域的两位大师走上了不同却从一开始就被预设好的道路。在两三年内，他们以令人窒息的速度跨越了整整一个世纪的数学发展。

法国人勒内·笛卡尔已经留下了通往微积分的线索。他的研究方案是：将所有自然现象统一到数学的保护伞之下。笛卡尔没有区分物质和空间，而是将物质简单地视为空间的延展，也就是广延物（res extensa）。通过这种方式，他把物理变成了几何。[11]

笛卡尔的宇宙是完全稠密无洞的连续统，其中的一切事物都符合压力和碰撞的简单法则。无论是在天体之间，还是在他认为组成物质的各种微粒之间，都不可能存在空无一物的区域。一个地方如果发生运动，就必将给另一个地方施加推力。微粒就像在液体里一样，在彼此的直接触碰中被挤来挤去，每个运动都将引发下一个运动，其间必然会产生旋涡。整个太阳系据说就是这样一个牵引着行星运动的旋涡，这一论点先后给牛顿和莱布尼茨留下了深刻印象。

自然哲学家笛卡尔是 17 世纪的代表人物之一。在他把所有现象都归结于微粒的运动之后，对运动过程的分析成为科研的首要课题。牛顿和莱布尼茨沿着他的足迹前进，但也看出了其物理学的缺陷。它不只是由笛卡尔的受局限的物质概念，也是由数学上的不充分产生的。这位法国人未能提供一种用以描述物体在其时间过程中运动的恰当算法。

不过这不会矮化他的成就。恰恰相反，笛

卡尔作为数学家堪称卓越。例如，一种为制图学所借用的方法可以上溯到他和其他学者：他运用坐标系标明点的位置。

一幅标有刻度 A、B、C……和 1、2、3……的市区图用两条相互垂直的坐标轴撑起平面。坐标参数如 A3 或 C2 使我们得以轻松找到图上的位置。在数学里，两条坐标轴通常叫作 X 轴和 Y 轴。通过这个外部的参照系，笛卡尔及其同时代者架设起一座从几何学到抽象尺度关系的桥梁。从此，几何问题就可以转化为简便的方程式，反之亦然。几何与代数开始融为一体。无论是关于皮球的飞行轨迹还是月球的运行轨道，一道公式都对应着一条曲线。

莱布尼茨在 20 岁时第一次读到笛卡尔的《几何学》，但觉得它太过复杂，于是暂时将其搁置。当坐标的使用已经在英格兰数学界推广开来时，年纪相仿的牛顿也接触到这部重要作品。在开始阅读后不久，他第一次在描述曲线时使用了代数术语。从那时起，他就经常运用坐标研究曲率和切线，并在曲线和方程式之间来回变换。[12]

关于曲线的讨论

谁如今要是开车进山，就会在许多地方见到标明道路坡度的交通标志。山路越陡，经过地图上固定距离需要爬升的高度就越大。因为数学家不是在山里，而是在带有垂直的 Y 轴和水平的 X 轴的笛卡尔式坐标系里活动，他们不会计算单位距离的爬升高度，而是将垂直方向和水平方向的变化分别称为 dy 和 dx。在这个由莱布尼茨首创的书写方式中，曲线的斜度表现为 dy 和 dx 之间的比例关系。

山路与数学曲线的区别也在于，道路一般来说在相当长的一段距离内坡度不变。相反，多数数学曲线，比如椭圆、抛物线或正弦曲线，根本就没有笔直的部分。它们的斜度不断改变。如果有谁想象自己在这些曲线上运动，就肯定会看到交通标志接连不断地出现。不过，怎样才能算出某个确切位置的斜度呢？

我们回想一下阿基米德：他试图通过将十二边形、二十四边形和九十六边形内接和外接圆的方法估算圆周率。牛顿和莱布尼茨也用这种方式研究其他曲线。他们将弯曲视为直线的临界状态。

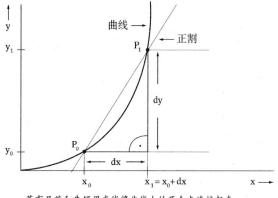

莱布尼茨和牛顿用直线将曲线上的两个点连接起来……

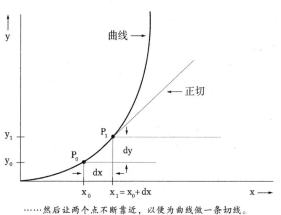

……然后让两个点不断靠近，以便为曲线做一条切线。

　　为了给任意一条曲线作切线并算出它的斜率，牛顿将曲线上两个紧挨着的点连接起来，使之成为一条直线。然后，他让上述两点不断靠近。[13] 在牛顿之后大约 10 年，莱布尼茨也采取了相同的办法。对他来说，找到一条紧贴曲线的切线就等于是"画出一条连接曲线上彼此距离无限小的两点的直线"。[14]

无限小距离令他们费了不少脑筋。如前所述，每条几何曲线都对应一道公式。因此，牛顿和莱布尼茨也运用了带有无穷小数值的方程式。不过，那里的 dx 和 dy 已经与几何学范畴无关，人们也无法再直接看出它们等于切线斜率。

莱布尼茨为带有 dx 和 dy 的计算搭建了一个规则框架。比如，它包含关于它们什么时候相对于方程式中的其他项可以被略去的说明，大约就像 x+dx=x。dx 在此相当于 0，这对莱布尼茨和牛顿来说都不奇怪。

想要理解无限小非常困难，以至于莱布尼茨为了给它下定义而付出了多年的努力。一开始，他把无限小描述为小于所有可言说的数量的事物。这样的话，就只有 0 符合条件。最后，他把无限小定义为小于所有既定的数量的事物。任意给出一个实数，比如 0.0001，则变量 dx 比它更小，"因为，无比小总是可以从任意小的数中获取，而我们有能力为此选取足够小的数"。[15]

19世纪的数学家将会考虑莱布尼茨的这一思想，以保护微积分免遭质疑。

由于受到几何学背景的影响，他的同时代者，包括克里斯蒂安·惠更斯，均对新式数学涉足不深。莱布尼茨认为这种计算方法是有理有据的。虽然从纯粹的大小来看，dx 和 dy 小到几乎消失，但依然可以算出 dy 和 dx 之间的比例，因为趋向切线的极限遵循着一种规律性。为了简化计算过程，人们可以放心地利用这种规律。

反过来，从斜率的变化中得到曲线，这一问题要求对无穷小的瞬间求和，即所谓的积分计算。渐渐的，莱布尼茨将微分和积分计算整理成一种符合他对通用数学的设想的符号语言。在1675 年 10 月底和 11 月中旬之间，他先后将积分符号 ∫ 和被描述为 dx 和 dy 的微分引入数学。[16]与牛顿的方法不同，他的规则体系不但为专业者所私用，而且被设想为数学领域的扫盲工程。微积分应该让外行人也能接受，就好像它是在自动进行并能够迅速求得数学曲线的目标性质：它的曲率、峰值（最大值）和谷值（最小值）。

为了准确解决棘手的问题，莱布尼茨和他

的学生扩充了抽象的方法，将微积分及其灵活的符号发展为一项多功能的数学工具。今天，微积分常见于课堂教学，也是世界各地的人们在进行计算和规划时所不可或缺的。物理学家用微积分的语言阐述他们的法则，比如用来描述行星轨道或热传导，医学家用它计算传染病的扩散情况，经济学家则用它预估股价的走势或一国的经济发展。无论是关于激光在眼科中的精准应用，还是空间探测器在一颗小行星上着陆，没有其他任何数学方法能够为科学家预先测算系统进程作出如此巨大的贡献。

追寻"绝对时间"的踪迹

新式数学工具从根本上改变了科学。牛顿的《原理》是一部彻底的数学作品，它将成为未来数百年间可靠知识的圭臬。几何学和力学在其中组成了一个不可分割的整体。牛顿认为，几何学涉及一些源自经验的原理。它们以实践中的力学为基础，后者已经事先构建和确定了几何学的基本概念。[17]

按照牛顿的观点，一个数学上的点的运动能够产生任何一种几何图形。正如铅笔尖可以画出圆、椭圆和抛物线，几何曲线是通过点的不断运动产生的。同理，面产生于线的运动，而体产生于面的运动。人们每天都可以在自然界中观察到这种不断发生的创造。比如，某只动物的脚印连成了一串足迹，或者月球的持续运动在天空画出了白道①。

不过，还是请您观察一下您手中的这本书，将它视为三维物体。它由许多层独立的书页组成。如果您用拇指快速翻动这些页面，便能看出，书体是如何通过面的持续运动产生的，而且它的体积在随时间增加。

尽管莱布尼茨也将各种轨迹都看作一个流动的点的连续位置，这种连续性对他来说却只是一种想象。移动的物体有时会在雪上或者另一个静止的物体里留下痕迹，这些痕迹可能激发了人们的想象力，觉得即使不存在静止的物体，仍会留下一道痕迹："正是这个类比引发了对位置、轨道和空间的想象，尽管这些事物实际上只是由关系构成的，而决非由绝对的现实。"[18] 相反，对牛顿来说，数学对象与理论上

① 天文学术语，指月球的运行轨道。

的力学实体具有相似的地位：正如他没有把看不见的原子视为虚拟的构造，而是与莱布尼茨认为它们确实存在不同，他在数学对象的问题上也是位现实主义者。

在两位数学家看来，流动的点能够连续不断地创造出线条。牛顿通过将动态的曲线点和力学直接关联，把"运动"、"速度"和"时间"等运动学概念引入数学。既然与运动有关，他自然会提到"瞬时速度"。这种观察方式是他所独有的。[19] 为计算物体的运动、速度和加速度，他已经将一种均匀、连续、线性的时间作为前提，后者是其数学的固定组成部分。[20]

他的数学老师艾萨克·巴罗把时间比作一条可以被认为由彼此连续的时间点组成的直线。无论事物运动还是静止，无论我们睡着还是清醒，时间都在均匀地行进。[21] 这是一种关于时间本身的想象。据此，时间的流逝完全独立于我们和所有物质实体。

起初，牛顿在他的微积分中只是以抽象方式运用时间。不过，他将会在《原理》中写出"绝对的、真实的和数学的时间"，这使人强烈地回忆起巴罗的想法。牛顿从几何空间出发，把时间理解成某种将所有事件容纳其中之物。就像他把所有粒子在其中各就其位的绝对空间视为既有，并且不同于莱布尼茨而将它归入物质现实，一切变化也都在一个绝对时间之内徐徐展开。

兔子和刺猬

莱布尼茨和牛顿的首次通信是如何变成一场捉迷藏的？

艾萨克·牛顿没有公开他的微积分运算。虽然皇家学会秘书劝告他不要在公布发现这件事上拖延太久，以免被别人抢先，[22] 但牛顿更愿意把他的知识保留给自己。在1670年代至1680年代，他甚至疏远了其更早的流数术，而把它改写成几何学语言。由于他的同事固执地追随着他，这使他将数学的进一步发展局限在一个小圈子里。

这时，他明确地反对将代数与几何混为

一谈，认为这"与上述学科的最初目的背道而驰"。方程式属于算数，它在几何学中没有位置。古人将这两门学科区别开来，而今人将其混杂在一起，结果失去了赋予几何学全部美感的简洁性。[23]

当牛顿仔细发掘从古典时代流传下来的神秘知识时，亨利·奥尔登堡和约翰·柯林斯也没有放弃努力。他们希望对大陆公布英格兰数学家的成果，并向剑桥寄去了莱布尼茨来信的一些片段，进而请求牛顿解答德意志人关于无穷数列的问题。

牛顿不情愿地拿起了笔。不过，他在短短数月之内向那位陌生的数学家写了两封信。第一封信就已长达 11 页，内容全都是颇有趣味的数学，莱布尼茨评价它"包含的相关内容比许多大部头更丰富，分析也更独到"。[24]

牛顿同样赞叹不绝。在读过对方的文字后，他不怀疑莱布尼茨掌握着普适、便捷并能将所有数值还原成级数的计算方法，"如果不是比我们的方法更好，可能也很相似"，他在 1676 年 6 月致信中间人奥尔登堡时写道。"因为他想知道，英格兰人在该领域找到了什么，又因为我在几年前发现了此类方法，我便作了一番整理，至少可以部分满足他的愿望。"[25]

简短的开场白之后，牛顿进入正题。这封信不仅很长，内容也非常紧凑。如果不熟悉那个时代的数学概念，那么除了惊叹于数学当时已经达到的形式化程度之外，可能将完全无法看懂那些论述。牛顿提供了一份此前论文结果的完整清单。他从二项式定理开始写起，后者在这次通信中首度出现。虽然牛顿没有费力描述发现二项式定理的过程，但他借助9个例子说明了它的应用范围。

他在信中的多个地方隐约透露出存在着秘密的知识宝藏。他表示，如果到目前为止所介绍的方法失灵，他仍然可以借助自己所拥有的其他分析技巧找到解决方案。不过，他在现有时间内无法说明在这些情况下应当怎么做。

告别巴黎

奥尔登堡将后世所称的"前一封信（Epistola prior）"转送至法国。他没有通过邮

寄，而是将它交给一位旅行者，后者抵达巴黎
后在莱布尼茨的住所扑了个空，于是将信件存
放在一位德意志药剂师处。几周后的 8 月 24 日，
莱布尼茨才碰巧进入这家店铺。[26]

等到原本没有恶意的通信在几十年后转变
成一场法律争端，这些细节才被赋予重要意义。
牛顿将会声称，莱布尼茨过了太长时间才回信。
至少，这些时间足以让他安心处理来信的数学
内容，然后宣称所有内容都是他已知的。

不过，莱布尼茨没有机会去花费数周时间
检查牛顿的杰出成果。他在巴黎已经时日无多。
过去几个月间，他申请过法国科学院的一个空
缺席位、皇家公学会①的一个数学教席和一个由
基金会提供资助的教席，但都无功而返。他也
已经打出了最后一张牌，请病榻上的惠更斯为
自己说些好话。

四年半前，莱布尼茨作为宫廷法学家和
非官方政治使节来到法国。他在巴黎脱胎换
骨，成长为那个时代领先的数学家和机器发明

---

① Collège royal，今法兰西公学会（Collège de France），
成立于 1530 年。

家之一。尽管如此，他还是准备重新接受德意志的宫廷生活，那里用来争夺名誉和影响的不是理性推论和新知识，而是奴颜婢膝和阴谋诡计。

人们已经在汉诺威等待了他半年。7月，约翰·弗里德里希·冯·不伦瑞克－吕讷堡要求他最终决定是否愿意前来，否则就要优先考虑另一位申请者。在此期间，公爵的驻法国大使也介入此事，并提供了一笔旅费补助。尽管如此，莱布尼茨还是一周接一周地延后启程。他的内心舍不得巴黎，在这里"能够找到当代所有科学领域最聪明的人物"。[27]

在他勉为其难地作着出发准备期间，他忽然拿到一封数周前放在药剂师那里的信：牛顿的来信，里面写满了引人入胜的数学思想。这封信读起来像是书中的一个章节。牛顿使用无限级数计算长度、面积和体积的技巧给莱布尼茨留下了深刻印象。他觉得英格兰人是自己在级数理论方面的老师，于是立刻寄出回信且不吝赞誉。"牛顿的发现配得上已通过他的光学实验和反射望远镜所展现的那份天才。"[28]

最重要的创新是应用范围广泛的二项式定理。莱布尼茨想要进一步弄清这个定理的来源，并在其中加入了自己的思考。他的计算方法将会明显不同于牛顿的处理方式。此外，他阐释了他早就考虑公布的 π 的无穷级数。他只是没有空闲对臃肿的材料"进行整理，使它得以出版"。[29]

9月中旬，公爵命令他要么立刻返回汉诺威，要么就彻底放弃。于是，莱布尼茨把已经完成的文稿留给一位朋友，请后者将关于求圆面积的手稿交付印刷。这事拖延了很长时间，直到这位朋友1678年去世。第二年，一位商务旅者获得了这些始终没有发表的论文，打算带去汉诺威并交给莱布尼茨，却在旅途中遗失了行李。经过一番周折，这些手稿最后还是回到了莱布尼茨的手中。[30]

面对牛顿，他在回信中写道，关于圆周率，他不相信能找到一种比他自己的更为简单的表述：$\pi/4 = 1/1 - 1/3 + 1/5 - 1/7 + 1/9 - 1/11 \pm \cdots\cdots$[31]

英格兰人却有不同的看法。他根据实用价值对级数进行评判，在这种情况下，它的结果并不理想。在他的第二封信中，牛顿要求他考虑近似计算：利用该公式，即使只想要使 π 的数值精确到小数点后 20 位，也得计算大约 50 亿项。"这项计算需要进行上千年。"[32] 相反，如果选择其他级数形式，就能够快得多地获得所需的精确度。牛顿就有许多种现成的建议。他的那些定制化级数只有一个缺点：远不如莱布尼茨级数那么优美。

如果有人未曾领略过级数之美，就应该请他在此处看一看凡尔赛的花园。无穷级数的逻辑结构——级数法则也体现于这座巴洛克园林。在令人赞叹的凡尔赛花园里，由精心修剪的灌木和树木组成的树墙没有尽头，构成了一条条视线轴。"树木如廊柱般分立两旁，树篱、石砌的花盆和依次排列的雕塑——它们全部追随着一个目标、一项计算，后者出现在空间深处和图画的消失点"，文化史家马丁·布克哈特[1] 这么认为。在法国的园林景观里，视线遵从一种新式逻辑，它将一切拆解并继续推演，直至无

① Martin Burckhardt，生于 1957 年，德国作家和文化理论家。

穷。目光获得引导，"从一处转到另一处，从这里转到那里，一步一步，永不止息"。[33]

与空间秩序同样严格的还有华丽宫殿中的时间表。宫廷生活就像钟表那样运转顺畅。在早晨的"叫起"①——路易十四的官方起床活动——和晚上的舞会之间，无数身体做着周而复始的运动，甚至脚步位置、手指方向和头部姿势都有相应规定。宫中的一切活动都必须遵照程序进行。

在凡尔赛宫，每天都开始于同样的仪式："陛下，（起床）时间到了！"8时整，宫廷侍从拉开窗帘，唤醒法国国王陛下。还没等路易十四抬起头，王室成员和御医就获准进入寝室。朝见还要继续，接下来是高级贵族的"庄严觐见（Grande Entrée）"。能够在大清早走进国王的居所，这被认为是巨大的荣耀。

何人在何时、何地允许接近欧洲当时最有权势的统治者，这是根据钟表时间严格规定的。钟表作为一种理性的、所有部分共同作用的秩

---

① Lever，本意为起床，后指在国王卧室内举行的小范围早朝。

序的化身，俨然是太阳王的统治工具。为了彻底控制他的宫廷上下，他从早到晚都离不开钟表。路易十四和他的侍从是最早将钟表时间如此深入地内化的人，以至于他们自己在某种程度上获得了嘀嗒的节奏，就像机器一样。其他贵族宫廷效仿了法国的模式。在许多地方，王子和年轻的贵族们是严格按照课程表接受教育的。

在 1680 年代，凡尔赛大约有 4000 名仆从和 1000 名廷臣随着太阳王的指挥棒翩然起舞。相反，英格兰国王查理二世及其继任者詹姆斯二世从未成功地建立起以法国为代表的绝对主义统治。英格兰人没有学会小步舞曲，却从更自由的乡村舞蹈中收获了乐趣。在园艺设计方面，他们也比法国邻居随性许多。而且，驱动英格兰经济的也不是国家统制，而是私营企业家。在伦敦，提升社会地位的机会较少取决于一位绝对统治者的恩惠，而更多依靠巧妙地经营流动资本——时间和金钱。

在皇家学会的档案室里

莱布尼茨是一位深受法国影响的学者。在

动身前不久，他还梦见自己有朝一日得以进入法国王宫，作为"两栖生物"时而在此、时而在彼地生活。他把汉诺威之行计划成一次壮游（Grand Tour）。他没有选择最直接的路线。他仿佛看到自己在回到公爵的都城后将要面对的孤独，因此希望在此之前再与一些欧洲的有识之士建立联系，包括赴海牙向哲学家巴鲁赫·德·斯宾诺莎介绍自己，赴代尔夫特看一眼安东尼·范·列文虎克（Antonie van Leeuwenhoek）的无与伦比的显微镜，但他首先要乘船前往英格兰，目的是拜访皇家学会。

后人对莱布尼茨 1676 年 10 月在伦敦度过的 10 天的情况几乎一无所知。对亨利·奥尔登堡来说，这次来访的时机不太合适。皇家学会秘书此时处境艰难。为了保住地位和声誉，他正忙于争取学会会长和成员们的支持。原因是罗伯特·胡克当众指责他从事秘密生意，出卖英格兰科学家的点子。

胡克在一本新书的附录里就摆轮游丝的发明向奥尔登堡发起了猛烈抨击。他说，后者不是为英格兰学者的专利要求辩护，而是在他们背后捅刀子。胡克的日记让人感到，当时气氛非常恶劣，皇家学会内部的裂痕很深。他想象中的幕后指使和科学间谍奥尔登堡每天都会作为"格鲁本多"出现在日记里，那是后者接收外国邮件时使用的假名。

如果莱布尼茨没有结识牛顿的长期笔友、数学家约翰·柯林斯，他的伦敦之行将不会引起任何回响。柯林斯此时是皇家学会图书馆馆长，不过在 1676 年秋季多次患病。他也无法为德意志客人抽出许多时间。不过，他为莱布尼茨打开了科学院的宝库，使他能够阅览牛顿留存在这里的一些论文。

重要的是，莱布尼茨得以查阅牛顿《论分析》（De Analysi）的手稿，这本书目前只为少数人所知晓，直到 35 年后才会付梓。莱布尼茨作了大量笔记。他复制了看上去重要的内容，抄录了牛顿作品的完整章节。然而，他面前的这份手稿也介绍了计算切线和处理无限小数值的方法。他难道偏偏忽略了与他自己的研究对象有关的内容？或许，柯林斯只向他展示了牛顿的部分成果？我们不得而知。

几个月后，图书馆馆长似乎不再挂念这件事情。1677 年 3 月，他告诉牛顿说，莱布尼茨 10 月曾经到访伦敦。不过，他只是说与这位德意志数学家谈论了格雷果里的作品。关于莱布尼茨大规模抄写牛顿手稿一事，他没有吐露半个字。[34] 在微积分发明之争的过程中，调查委员会将坚持认为，柯林斯把自己从牛顿处获得的信息毫不犹豫地告诉了莱布尼茨。

我希望这能让莱布尼茨先生满意

当莱布尼茨在皇家学会的档案室里翻找的时候，牛顿草拟了给他的第二封信，但此信却未能在伦敦送到他的德意志同仁手中。同样用拉丁文写成的"后一封信（Epistola posterior）"共有 19 页，是牛顿写过最长的数学书信。[35] 这位剑桥大学教授费心地探讨了他的同行提出的所有问题。本着一贯认真负责的态度，他对这封信作了反复修改。

在 1676 年 10 月 24 日致亨利·奥尔登堡的

附函中，牛顿为他的言辞冗长表示歉意。不过，与再次修改相比，他宁可将信件完整寄出。"我希望这能让莱布尼茨先生满意，并且将不再需要为他书写关于该主题的任何内容。因为我还在考虑其他问题，思考这件事目前意味着我要被不愉快地打断。"[36]

两天后，牛顿对于耗费大量时间阐述他的数学研究的不悦似乎已经烟消云散。至少，他在 10 月 26 日写给皇家学会秘书的信听起来远没有那么激动："我在两天前给您寄去了一份对莱布尼茨先生的出色来信的回复。"他还想作几处调整，因为他担心自己的批评有些过头。"如果您认为我在任何方面表达得过于尖锐，请告诉我，我将尝试缓和，如果您自己不愿意用三言两语加以修改的话。"等到他稍微有点空闲的时候，他将会向莱布尼茨进一步解释曲线积分。随后是一句不可缺少的补充说明："如果没有我的明确许可，请您不要印制我的任何数学论文！"[37]

牛顿在该信的开头表达了惯常的恭维。莱布尼茨的级数求和法"非常美妙，充分体现了作者的天才，即使他除此之外什么也没有写"。他自己已经知道三种获取级数的方法。因此，他未曾预料到能从莱布尼茨这里了解到另外一种。

接着，牛顿透露了二项式定理的发现过程，并描述了他走过的弯路。"我惭愧地承认，在我没有其他事情要做的时候，我曾将计算推进到小数点后许多位。"那时，数学发现给他带来了极大的乐趣。

他坦诚地表达了对自己至今发表的作品的不快。在他公布了关于光和色的研究成果之后，他责备自己干了蠢事。因为从那时起，五花八门的人都给他写信，使他备受干扰，再也无法消停。"我追逐一片光影，却牺牲了我的安宁。"

几段话之后，有一个段落正好涉及莱布尼茨的最新研究领域——微积分——他此时的进度差不多是牛顿在 10 年前所处的位置。英格兰人指出了一种给曲线做切线并计算其最大值和最小值的方法。这几行文字直接引用了一篇已经在 5 年前完成，但牛顿始终没有发表的关于流数术的手稿。[38] 不过，牛顿没有公开该方法的根据，而是退了一步，充分利用加密手段遮掩微积分，目的是隐藏他的发明，同时确保自己对该项发现的优先权。

> 由于我不能在此处继续解释这项运算，我决定用以下方式把它转写成密码：6accdæ13eff7i3l9n4o4qrr4s8t12vx。在此基础上，我继续尝试简化关于求曲线围成的平面面积的理论，取得了某些普遍定理。[①]

这封信还包含更多这样的字谜，莱布尼茨不可能破解它们。牛顿还没有打算公开他的知识。回过头看，他的诸多成就中缺少一项数学上的壮举。如果他在此处或别处确认自己是微积分的发现者，与莱布尼茨的那场不幸的优先权之争就可以避免。结果是，牛顿的支持者后来将会反复推敲这两封写于 1676 年的信，目的是把莱布尼茨作为剽窃者钉在耻辱柱上。不过，那些所谓证据的内容几乎没有超出级数理论的范围。

---

① 通过打乱字符顺序加密是当时的常见做法。

汉诺威宫廷图书馆馆长

在抵达汉诺威很久之后，莱布尼茨才收到第二封信。他试图继续保持通信，但是没有成功。对德意志学者来说，牛顿近乎僧侣般的与世隔绝始终让人捉摸不透。

作为廷臣，他现在需要为别的事情操心。他的新职位一点也不符合他自己的想象。莱布尼茨原本希望成为枢密院参事[①]和喜欢法国的约翰·弗里德里希公爵的私人顾问。结果，他却不得不接受宫廷参事[②]的地位和不太显要的图书馆馆长[③]一职。

在美因茨的经历使他熟悉宫廷规矩。与大约 300 名公职人员中的每个人一样，他很快学会了在面对司库总管和宫廷总管到御医、御花

---

① Geheimrat，枢密院是神圣罗马帝国境内邦国的常见机构。在君主国，它直属于君主，是重要的决策辅助机关；在自由城市，它被称为"小议会"，是主要的权力机关。

② Hofrat，字面意思是君主的参谋，有时等于枢密院参事，有时地位较低。歌德和席勒均担任过此职。

③ 约翰·弗里德里希公爵于 1665 年建立宫廷图书馆，莱布尼茨从 1676~1716 年担任馆长。

园主管和掌马官再到拭银员和捕鼠工时，自己该向谁鞠躬，该让谁先行，见到不同的人该如何打招呼。他的能言善辩和广博学识使他得以接近身体超重的公爵，后者通常在床上睡至中午，并在那里处理恼人的政务。

莱布尼茨的薪金是 400 塔勒，他并不比舞蹈教师和贴身侍从挣得更多。[39] 之后的多年间，他一直在争取增加报酬和被提拔进相府。另一方面，官僚主义宫廷内的西西弗斯式苦役 ① 吓得他绝不肯全力投身其中，即使他能够从中分享最高荣誉。无论如何，他作为图书馆馆长仍有许多让思想自由发展的空间——他也知道如何利用。他向公爵报告了他对重整邦国档案馆的看法，并制定了旨在改善基督教诸派别关系的改革建议。

改信天主教的约翰·弗里德里希乐意听取这位学者的意见，并批准他为图书馆大量采购物资。1678 年夏天，莱布尼茨前往汉堡，在那里收购了一位学者死后留下的 3600 册藏书，使宫廷图书馆的馆藏顿时翻了一番。[40] 有时，他甚至获准在重大场合测试自己的政论才华。在

---

① 语出希腊神话，指永无休止的重复劳动。

一篇散发于1678年奈梅亨和平会议^①的文章里，莱布尼茨为诸侯在帝国内的主权及其主张的特权进行了辩护。

同年，他完成了一项发现，它的影响直到今天才为我们所知：他发现由0和1代表全体数字的二进制具有优越性。莱布尼茨想用在中国流传已久的二元体系完善数论，没想到他很快就至少在纸面上设计出第一台二进制计算机，进而向现代计算机技术迈出了决定性的一步。

早在1673年，他就从法国向公爵报告了他的"活计算机"，它在巴黎和伦敦被誉为"这个时代最值得关注的发明之一"。有了它，任何计算都将变得简便、迅捷和确定。"说迅捷，是因为只需一个齿轮转换一次，就能立刻将无论多长（根据机器尺寸比例）的一大串数字组成的数乘以一个给定的数字……说确定，是因为只要机器完好无损，它就不可能出错，因此也不需要进行检测。"[41]

---

① 奈梅亨是荷兰东部城市，签订于1678~1679年的《奈梅亨和约》结束了法荷战争，标志着路易十四在欧陆建立霸权。此外，奈梅亨和会首次用法文替代拉丁文作为条约文字，奠定了法语作为外交用语的地位。

上述计算机以十进制也就是从 0~9 的十个数字为基础。在本书中，我们已经认识了另一种有用的数字系统，即林肯郡牧羊人使用的二十进制。法国人布莱兹·帕斯卡也将他的一些计算机设定为二十进制，使它们与法国的货币制度相符①。因为，当时的 1 利弗尔② 相当于 20 苏（Sou，早期作 "Sol"，相当于先令）。

莱布尼茨开始用象征完整和虚无的 1 和 0 表述全部的数。在一张概览图上，他把递进的数字 1、2、3、4、5……以新的表现形式 1、10、11、100、101……罗列出来。他的主要目的是通过这种方法揭开质数的奥秘。

质数在数学和密码学领域具有重要地位，原因是所有自然数都能被分解成质数，而且分解过程非常清晰，比如：$42 = 2 \times 3 \times 7$。莱布尼茨设想，我们使用的所有概念或许也可以被拆分为简单概念。这样，通过把简单概念借助质数逐一编号并运用逻辑联系彼此组合，就能

---

① 法语本身就带有二十进制的色彩，例如标准法语中的 "80" 等于 "4 个 20"。

② Livre，法国古代货币单位之一，1795 年被法郎取代。

使我们的全部思维和语言按照数学模式实现合理化。最后，如果能将所有质数都表述成二进制数，那么仅凭数字 0 和 1 就能够代表我们的观念和思想世界。

莱布尼茨没有止步于这个想法。格外有用的是在自动化程序中使用 0 和 1 进行计算。为建造一台十进制计算机，莱布尼茨冥思苦想多年，尽管完成了卓越的发明，但仍始终无法造出令人满意的自动装置。当他在汉诺威继续努力完成他的"活计算机"时，二元系统的优点立刻引起了他的注意。

以机械方式表示 10 个不同的数字并用它们进行计算，这注定会带来只有极其熟练的钟表匠才有能力解决的精密机械问题。而如果只用两种状态（0 或 1，空或满，关或开，抬起或放下操纵杆）进行上述程序的话，其中的一些困难几乎会自行消失。

为实现二元系统中的机械式计算，莱布尼茨想出了一种带有滚珠的自动装置。这听上去有些离奇。其实，从古典时代起，使用下落的球珠进行计算就不是稀罕事。比如，古罗马的

莱布尼茨计算机的内部，可以看到他发明的阶式滚筒，它们装有长度不等的棱条，分别代表不同的数字。

测量车在记录行进距离时，会使小珠在车轮转动特定次数后通过孔洞落入一个容器内。最后只需要计算小珠的总数，便能知道行驶的距离。

1679 年 3 月，莱布尼茨对潜在的二元计算机作了如下描述："这是一个匣子，装有可以开关的孔洞。它们在相当于 1 的位置上开启，在相当于 0 的位置上关闭。"小珠穿过开启的位置，落入凹槽。"这些凹槽应该彼此隔开，以免有小珠从一个凹槽进入另一个，除非是在机器被启动以后。接着，所有小珠会滚入最近的凹槽。同时，每当有一个小珠落入空洞，它就会被取走。"[42]

根据已知情况，发明者从未将这张草图付诸实践，使之成为一台会计算的机器。只有等到它在 20 世纪被重新发现后，球珠计算器才被注入了生命。在汉诺威韦尔夫宫①的常设展览里，有一台能够正常运转的莱布尼茨自动装置可供观赏，其中的数值是由在倾斜轨道上滚动的小珠传送的。

如果一个小珠处于 1 的位置，此时又添上

————————

① Welfenschloss，建于 19 世纪中叶，1879 年以来一直是汉诺威大学主楼。

一个小珠，也就是加上 1，那么第二个小珠会滚过一个微型跷跷板，实现进位。作为机械开关，跷跷板使第一个小珠如莱布尼茨所述穿过孔洞，落下并被取走：1 + 1=10。[①]"在建造这样一台机器时，必须使斜面尽可能完善，并注意让部分小珠优先通行"，埃尔文·施坦因[②]如此说道，他与弗朗茨·奥托·科普[③]一起将莱布尼茨的方案变成了现实。"否则就会发生碰撞。"他们制造的球珠计算机会做加法和乘法，能够同样轻松地算出 15+1 和 13×5 的结果。一部多么迷人的装置！

另一份非凡的手稿可以证明，莱布尼茨早在 17 世纪就执着于二元计算机的设想：这是一

[①] 莱布尼茨没有说明装置的技术构造，只得根据他的描述加以推断。结合上文内容，或许是如下情形：有一个小珠的位置标记为"1"，没有小珠的位置标记为"0"。每个位置配有一个阀门，它在"1"上开启，在"0"上关闭。当一个小珠落入凹槽，它会被阀门挡住，留在该位置并开启阀门；当第二个小珠落入凹槽，它会穿过阀门，翻越一个跷跷板，滚向更高数位；同时，跷跷板作为开关，使第一个小珠落下并离开系统，而阀门再度关闭。

[②] Erwin Stein, 1931~2018, 汉诺威大学工程力学教授。

[③] Franz Otto Kopp, 1937~2015, 汉诺威高等专科学校教师，汉诺威大学高级工程师。

部机器的草图，它能够把所有十进制数转化成二进制数，也就是让数字 87 自动变成 1010111，让 88 变成 1011000。这部机械式数字转换器的图纸也是在他的遗物中找到的。[43]

在 0 和 1 这两种稳定状态之间来回转换是如今实现高速、可靠的数据处理的前提。直到吃力地鉴定过他的笔迹，莱布尼茨才获得了现代计算机系统结构和计算机逻辑的先驱者的地位。这位巴洛克时期的博学家已经在脑海里设想过能够自行辨位、知觉和感受的机器："设想存在这样一部机器，其构造使它能够思考、感觉和具有感知，那么就可以想象，在保持相同比例的情况下把它放大，使得人们能够进入其中，如同走进一座磨坊。"然而，进去之后就会立刻发现，里面只有许多彼此碰撞的部件，而没有任何能够解释它的能力的东西。[44]

不进则退

在汉诺威，莱布尼茨比在巴黎更难以找到能够将他关于计算自动化的想法在技术上付诸实施的专业人士。他在寄往巴黎的信中写到，德意志的工匠懒散迟钝，缺少好奇心。否则的话，他的算术机器早就完工了。他打算邀请一位专家前来，以便完成他的"活计算机"和一只由他设计的钟表。[45]

在这个未来作家和哲人辈出的国度，钟表嘀嗒走时的方式也不同于巴黎或伦敦。虽然德意志钟表匠仍在出口用于古老钟楼、获得普遍欢迎的塔钟，但是一度如此辉煌的奥格斯堡或纽伦堡的钟表世家已经错失了在别处被立刻抓住的发展进程。

莱布尼茨的一位萨克森同胞抱怨说，德意志虽然还有优良的工匠，"但如果这门值得称赞的手艺不是仅把精力用于其部分人造的抹刀，而是在每个地方，特别是大城市里，也能有几位制作教堂塔钟和家用座钟的钟表匠参与其中，那就好了"。一些村庄和城市从未拥有公共钟表。在那里，从古至今的"最佳报时钟都是公鸡"。[46]

如果把莱布尼茨和奥托·冯·格里克排除在外，德意志对那个时代的科技振兴的贡献就相对有限。三十年战争以来，科学和手工业处于衰落。"这里没有像远洋航行那样的外部挑战或者跨洋贸易带来的动力"，历史学家海因茨·杜希哈特[1]评论道。"一些有利于创新活动的社会条件也不存在，以至于德意志帝国[2]境内的科学很久都没有跳出晚期人文主义式博学多才的藩篱。"[47]

尽管如此，这里在 1680 年代初也首次发行了一份名为《学者记事》(*Acta Eruditorum*，德语世界最早的科学期刊，简称《记事》)的科学期刊，其中主要讨论最新出版的书籍。它的创立者之一、莱比锡法学教授奥托·门克[3]在大学学习哲学时便认识莱布尼茨。如今，他向曾经的同窗求助，后者将成为这份月刊的顶梁柱。早在第 2 期时，莱布尼茨就发表了一篇关于 π 的无限级数的论文。

1684 年 7 月，门克告诉作者说，在英格兰有人认为，"在我们的刊物上登载的不知是哪篇求圆面积的文章应该属于他们的剑桥大学教授

---

[1] Heinz Duchhardt，生于 1943 年，德国近代史学家。

[2] 指神圣罗马帝国。

[3] Otto Mencke，1644~1709，出身学者世家。

牛顿"。[48]这让莱布尼茨大吃一惊。他再次拿起笔，在一篇期刊文章中阐述了他的《最大值和最小值以及切线的新方法》（*Neue Methode der Maxima und Minima sowie der Tangenten*）。[49]从此，他一点一滴地把微积分发表在《记事》上。

牛顿的名字没有出现。莱布尼茨把微积分视为自己的发现。他向门克明确解释说：无论是牛顿还是皇家学会秘书，都在他们的信中向他承认了这一结论。剑桥大学教授虽然也有基础，使得他"可能已经从中推论出微积分，只不过没人能立刻得到所有结果，每个人的推论各有不同"。[50]

莱布尼茨·牛顿与发明时间

*

由于牛顿这些年来一直没有出版他的数学论文，一些研究者这时已经赶了上来。比如，苏格兰数学教授大卫·格雷果里①向剑桥寄去了

———————

① David Gregory，1659~1708，詹姆斯·格雷果里之侄，牛顿的坚定支持者。在牛顿引荐下，他于1691年成为牛津大学萨维尔天文学教授，1707年成为苏格兰铸币厂厂长。

一份关于级数理论的 50 页的论文。他认为，其内容对于大部分数学家来说肯定是新颖的。不过，他从其叔叔的回信中得知，牛顿在很早以前就完成了相似的发现。[51]

当牛顿对几位同事说起这封信的时候，他们建议他公开保密已久的知识，拖延下去只会更加不利。不过，牛顿自己宁可放弃再阐述一遍他的级数理论。他最多只考虑过评论和出版 8 年前他与莱布尼茨之间的通信。"最重要的是因为其中也包括莱布尼茨获得级数的美妙方法，它与我的明显不同。"[52] 但就算是整理汇编这些信件，他也没有做到。

*

当莱布尼茨 1684 年首次向学界介绍他的微积分时，牛顿还是没有采取行动。听说期刊文章的时候，他正在撰写《原理》。他在书中令人意外地没有直接运用流数术，而是完全以其同时代人更加熟悉的几何学为依据。

尽管如此，莱布尼茨的名字还是在《原理》

中突然出现："在我 10 年前与杰出的几何学者戈·威·莱布尼茨的通信中，我就认定自己掌握一种用来计算最大值和最小值、做切线以及进行类似运算的方法，它既可以用于无理式，也可以用于有理式。我在信中将此法加密，它的结论是下面这句话：'在包含任意一个流量数值的既定方程式中可以找到流数，反之亦然。'这位著名的男子答复我说，他也找到了这样一种方法，并向我透露了这种与我的几乎没有区别的方法，除了他的用语和符号不同以外。"

在给莱布尼茨写出最后一封信 10 年之后，牛顿解开了那个曾让收信人抓耳挠腮的字谜：6accdæ13eff7i3l9n4o4qrr4s8t12vx。他突然公布自己藏掖了这么久的事情，却不是通过私人信函，而是在他的划时代巨著中。他写下这几行字的目的究竟是什么？

与面对格雷果里时一样，牛顿无意在莱布尼茨之后再次详细阐释他的流数术，而只是想要澄清，莱布尼茨没有在任何方面领先于他。他的这种做法并无明显的敌意，这主要是因为剑桥大学教授没有把"在此期间为汉诺威公爵负责公共事务"的德意志廷臣和格雷果里中的任何一人视为需要认真看待的对手。此时还根本无法预见，在两位数学家之间将要爆发一场优先权之争。

一个新的世界体系

从钟表专家罗伯特·胡克那里，牛顿获得了一种新重力理论的关键思想启迪。

如果说起 17 世纪末的一场"科学革命"，那就肯定要提到牛顿的《原理》和建立在其基础上的空间与时间、力与运动的概念。牛顿的引力理论不再区分发生在宇宙中和地球上的事情，而是在天地之间架起了一座桥梁。出于同样的原因，行星和彗星被拽向恒星，而苹果落到地上。群星的运动与皮球的飞行轨迹都遵循着普遍的数学法则。过去的科学家们根本没有想到，天体的运行竟然能够以力的叠加作用为基础。天文学曾经是一门从事观测的科学。刨根问底本是哲学家的任务，而非天文学家的任务。

至于自然哲学家，他们主要依靠日常生活经验。他们对物理学的认识很少建立在实验之上，因为在没有合适的技术辅助手段的情况下，即使是像球体下落这样简单的过程也难以计量。17世纪初的伽利略仍然没有可以用来测定和划分自由落体运动所需的极短时段的钟表。无奈之下，他只好改用水钟。如果遇到极小的时间间隔，爱好音乐的他也会依靠自己的听觉。另外，他想方设法破解这一两难局面。他不再从高处掷下小球，而是研究相对缓慢的运动，比如球体在斜面上滚动或者摆锤的摆动。

伽利略去世几十年后，摆的运动成为精密计时的基础。此时，新的数学概念为全面分析运动过程提供了可能。随着牛顿《原理》的问世，这一发展在1687年迎来了一个阶段性高潮。

不过，新理论的基本特点在《原理》出版前很久就已经有所呈现。1674年，有一篇关于地球运动的论文在伦敦出版。作者表示，他有朝一日会设计一个在许多细节上都不同于目前已知的所有事物的世界体系。它是以三重猜想为基础的："第一，所有天体都具有一种指向其中心的吸力或引力。如此一来，它们不但吸引它们自身各部分，阻止其脱离自己，就像在地球上所见的那样，而且吸引处于其作用范围内的其他天体。"因此，能对地球及其轨道施加影响的就不仅是太阳和月球，还包括水星、金星、火星及其他行星。

第二重猜想是：所有物体只要开始运动，就会一直保持直线运动，直到它在另一个力的作用下被引到一个正圆、椭圆或其他曲线轨道上去。

"第三重猜想称，如果受力物体距离力的中心越近，吸引力就越强。"[53]阐述以上观点的不是艾萨克·牛顿，而是罗伯特·胡克。这位喜欢争论的皇家学会首席实验员一度几乎要被科学史家忘记了，但在刚刚过去的世纪，许多文件浮出水面，为他的生活和成就提供了另一种认识。

胡克虽然启发了牛顿，却很少获得与此相称的评价。他不幸被埋没在从伽利略和开普勒到笛卡尔和惠更斯，再到牛顿和莱布尼茨的一批科学巨匠之中。伽利略为他所处的时代提出了一条著名格言，即自然之书是用数学语言写就的。正是凭借这种语言，伽利略撰写了《对话》(*Discorsi*)，开普勒撰写了《新天文学》(*Astronomia nova*)。但是，它并不是胡克的语言。

胡克早年是罗伯特·波义耳的助手，他后来担任皇家学会实验员，通过自己的技术能力和发明才智赢得了名声。与上述所有科学家相比，他的数学知识有限。作为科研人员，胡克属于另一种同样不失新颖的类型：或许，他是那个时代的首位专业实验家。[54]

加速度就是一切

从这个角度上看，伽利略也堪称楷模。胡克着迷地回顾着他的实验。比如，他和罗伯特·波义耳共同确证了伽利略的假说，即所有物体，不论是鸟羽还是铅球，在不含空气的空间中将以相同的速度下落。在真空容器中，它们的速度在自由落体过程中不断增加，并且它们以恒定的加速度落向地面。

加速运动与匀速运动的区别将成为新式物理学的根本问题。如果马车突然启动或强行制动，乘客就能切身体会到这种区别。物体只要加速，就会产生一个力，这可以从下文还将提到的牛顿的著名定律中推导出来。

17 世纪初，伽利略的物理学研究的还不是力，而是"自然运动"和物体的"自然倾向"。不过，佛罗伦萨人也清楚地向加速运动与匀速运动的区别发起了挑战。他举过一个著名的例子，关于船舶甲板下方一间屋内的封闭社会：

> 你们弄些蚊子、蝴蝶和类似会飞的小动物过来；再找一个容器，在其中放些水和小鱼；在上方悬挂一只小桶，其中的水一滴滴地落入下方的另一个细颈容器中。请仔细观察，在船舶处于静止期间，小动物是如何以不变的速度在屋内飞来飞去的。可以看到，鱼儿无差别地朝着各个方向游动；下落的水滴也将全部流进下方的容器中……

但是，如果船开了，那又会如何？伽利略认为，对于甲板下的观察者来说，这并没有引起什么改变。"在运动仅保持匀速而非到处摇摆的情况下，你们就不会看出上述任何现象发生了最细微的变化。你们无法从中判断，船舶是处于运动还是静止状态。"[55]

伽利略已经认识到，我们无法赋予速度以客观意义。一位在稳定运动的船肚子里的观察者将不会有任何察觉。只有当船舶突然制动、启动或转向时，人们才会发觉。原因是物体具有惯性，它们会抗拒运动状态的上述变化。

开始运动的物体将会始终保持匀速直线运动，直到它受到一个新的力的作用。描述这一惯性定律的是伽利略的接班人。它远远超出了我们的日常经验，因为没有任何事物一直沿着直线运动。如果一艘船收起风帆，它虽然还能按照原有方向行驶片刻，但很快就会恢复静止或者被水流带走。如果马儿筋疲力尽，任何一辆马车就都会停下。因此，亚里士多德的经典物理学更加符合我们感官的感知。这种理论认为，维持任何运动状态都需要一个力的持续作用。

实验分析与数学分析打开了一个全新的视角。自然科学家想象自己处在一艘船或者一个太空舱里，尽可能使其实验室中的运动物体免受外部影响，并同样将对抗空气、水或者某种运动载体的摩擦力作为实验对象。如果空气阻力、摩擦力和重力都不存在，物体又会有怎样的表现？按照惯性定律，它只要获得某种速度和方向，就会将其一直保持下去。

一个做圆周运动的摆作为世界模型

惯性定律是胡克用来搭建他的“世界体系”的三个猜想之一。早在1666年5月，他就向皇家学会成员解释说，他经常思考行星为什么围绕太阳转动，尽管它们既没有像古人想象的那样被固定在一个永恒的水晶天球里，也没有用某种绳索与太阳相连。在唯一动力的作用下，每个稳定的物体都会保持它一开始选择的方向。天体也是稳定的物体，但是它们不是沿直线飞行。为什么地球、火星和木星会在既定的轨道上围绕一个共同的中心运动呢？[56]

胡克最后觉得，直线运动的天体"转向曲线"的可能性只有一种。其原因必须要到那个位于中央的物体的富有魅力的性质中寻找。[57] 在他提出引力假说之后，纯粹受到实验科学的影响，他打算将其直观地表现出来：通过一个摆动实验。

为此，他用绳线把一个木球悬挂在天花板下方，并使它在摆动时不具有任何优先方向。不同于伽利略的摆动实验，木球在此需要做的不是往复摆动，而是圆周运动，仿佛一颗行星骑着旋转木马。

这个圆锥摆的行为与伽利略的摆不同。尽管就圆锥摆而言，推动木球返回静止位置的力也只有一种。但是，它一刻不停地围绕这一静止位置转动。根据球体起始运动的情况，可以观察到一条正圆或类似椭圆的轨道。

通过对惯性定律的了解，胡克将球体的旋转拆分为两个相互独立的运动："它们的圆周运动由一个沿着切线方向直线运动的力和另一个指向中心的力所组成。"[58] 胡克认为，这一指向中心的力与那个将地球及其他行星束缚在太阳

绳线

绳线
拉力

木球

重力

　　用一根绳线悬挂一个木球。如果将它推开，它就会返回并越过中心，然后在回复力的作用下再次被拉回中心。这样就构成了一个简摆。与此不同，圆锥摆中的小球被引向一侧并被沿切线方向推动，它始终围绕中心位置转动。

周围的力相似。

　　在这里，钟表专家和天文观测者的想法以令人惊讶的方式汇聚到了一起。在胡克的演示中，力学和天文学融合成为天体力学。他找到了一个对于行星运动具有指引性的，即使只是质的解释：仅凭单一向心力的作用，就足够将直线运动转变成圆周或椭圆运动。他对实验设定如此入迷，以至于尝试加装第二个摆，用以模拟月球围绕地球转动。

　　圆的数学问题统治了天文学数百年的时间。如果没有它，就连哥白尼的理论也无法成立。

对伽利略来说，圆周运动依然是一种"自然运动"。由于所有天体看上去都在做圆周运动，它便不需要提供更多物理学依据。美第奇家族的御用思想家（指伽利略）在此问题上固守传统，同时代的开普勒则已经冲破了这个狭隘的思想牢笼。作为当时最优秀的数学家之一，他多年来仔细分析所能获得的最佳的天文学观测数据，第一次将行星置于椭圆轨道，而不是圆周或球面轨道。

伽利略既不接受椭圆形的天体轨道，也不相信开普勒关于月球影响地球上的潮汐的论断。他将德意志同行的观点称为"幼稚之举"。[59] 这主要是因为开普勒未能对椭圆运行轨道作出令人信服的物理学解释，而只是提出了关于太阳与行星的吸引力作用的模糊推想。

开普勒去世35年后，胡克重新拾起这项课题。他也和"自然的"圆周运动保持了距离。不过，他是作为机械专家着手处理是什么在牵引着行星运行这一棘手问题。想要使飞轮旋转，哪些力是必不可少的？胡克知道，可以用一个笔直向下的重力驱使该轮运动。所以，引起自转的力也能够还原成一个直线作用的力。[60]

天体运动的特别之处在于，它们自古以来始终以一成不变的方式持续进行。有些巴洛克时期的自动装置已经相当接近这一理想模型。比如，摆钟所依赖的外部供能可以被降低至最低水平。那么，没有什么比摆钟与肉眼观星推测时间更相近的了！

绕圈的摆能够直观地说明直线运动如何在一股向心力的持续作用下转变成圆周运动。在此过程中，胡克意识到他的类比存在局限性。圆锥摆有一个指向中心的力，它产生于摆绳的拉力和摆锤的重力。如果旋转的木球距离中心越远，绳线上的张力也就越大。就此而言，摆的向心力不能简单地与太阳的吸引力相提并论，因为后者随着距离的增加而减弱。[61] 但在回顾历史时，这一模型的优势依然清晰可见。

离心器里的行星

近现代科学开始于哥白尼的变革和自我方位的相对化：从地球上看，星辰总是依照相同的秩序划过夜空，而行星轨道使人感到迷惑。

例如，一颗像火星那样的行星在夜空中时而向前，时而又短暂向后，其行踪令人难以理解。为什么会这样？

尼古拉·哥白尼及其后的约翰内斯·开普勒和伽利略·伽利雷依靠数学的帮助摆脱了自身所处位置的局限。他们引入了一个全新的角度，后者属于人类历史上最伟大的文化成就之一。他们站在数学的视角，从外部观察太阳系，这几乎破解了整个难题：所有行星都在正圆或椭圆轨道上以相同的方向绕太阳旋转。

引入外部观察者对于现代自然科学发展的深远意义再次体现在对那个引起行星运动的力的分析上。作为实验家的胡克看到一种模型，它不再区分地球上和太空中的运动。他的圆锥摆实验相当于一位观察者的哥白尼式视角，他从外部观察，因而特别容易感知行星的运动。对他而言，只存在一个吸引力，它阻止行星径直向前飞行。

与此同时，克里斯蒂安·惠更斯和艾萨克·牛顿等研究者正在努力分析圆周运动。数学家牛顿已经在1660年代计算出了离心器内部运动所产生的那个力。这种离心力也会伴随月球运动出现。牛顿认为，月球有摆脱地球的倾向。[62] 那么，月球为何没有消失在茫茫宇宙中呢？

与惠更斯、莱布尼茨和同时代的大多数其他科学家一样，牛顿将力的平衡作为前提：向外的离心力必须被一个相应的牵引力抵消。在他的模型中，发挥作用的不是一个力，而是两个。

这种亦可见于胡克作品的观点是有漏洞的。牛顿借助离心力选取了一个特别的视角：他置身于一个自转的系统，就像一位旋转着投出金属球的链球手。当他把球体投出时，后者在他看来就会飞走。如果从外部观察这位链球手，能够确定的不是向外的离心力，而只是链条上向内的牵引力，它使金属球无法进行直线运动。一旦投手将球掷出，它从外部看来就会沿着切线飞出。

圆周运动在日常生活中也让人感到伤脑筋。由于身体的惯性，在旋转系统或加速系统中会产生额外的力。比如，在马车启动时，乘客会感到被推了一下。如果驾车人急向左拐弯，他旁边座位上的苹果就将不再保持静止，而是会以车夫的视角向右滚动。从外部看，情况有所不同：马车改变了行驶方向，而苹果做的是直线运动。

　　两种视角都是可能的。不过，在旋转系统中观察到的离心力极大增加了数学描述的复杂性。就此而言，胡克对圆周运动的简单阐述首先铺设了通向引力理论的道路。

　　可是，这位实验家未能使他的定性研究发展为定量研究。他在1674年承认自己还无法证明这些吸引力的强度有何不同。不过，如果天文学家想要把所有天体的运动都归结为一种确定的规则，他的思想可能极有助益。"那些懂得摆动的摆和圆周运动的本质的人，将能够轻松理解这一原理的整个基础。"为了严肃处理这个问题，他自己也研究了许多其他事物。"我可以向从事这项研究的人担保，他将会领悟世界上的所有运动，它们都处在这一原理的影响之下。因此，真正理解也将意味着天文学的真正完结。"[63]

天文学的完结

虽然胡克既无法根据行星轨道的走向计算

吸引力的大小，也无法根据吸引力的大小计算行星轨道的走向，但他没有理由感到沮丧。胡克在奥尔登堡死后被指定为皇家学会新任秘书，他在担任新职务时向那些他认为有望最先使天文学完结的人寻求支持。1679 年 11 月，他把他的引力假说放到了牛顿面前。

首先，他请求剑桥大学数学教授抛开以往的意见分歧。那些事情不是自然科学家相互敌视的理由。"如果您友好地告诉我您对我的假说的批评或意见，我将会把它视为重大的友善之举。特别是，如果您愿意与我分享您如何思考由沿着切线的直线运动和一个指向中心物体的吸引力组成的行星运动的话。"[64]

牛顿回复之迅速令人意外。1679 年春季，他的母亲汉娜在经历了严重的高烧之后离世。接着，36 岁的数学家在伍尔斯索普着手处理遗产继承事宜。他对胡克写道，他在林肯郡待了半年，前一天才返回三一学院。他表示，自己目前对伦敦学者所关心的问题还不熟悉，也不记得曾经听说过胡克的假说。[65] 牛顿仅仅介绍了一些关于物体在指向地心的重力的影响下将会如何运动的数学思考。

胡克不同意牛顿的计算。他没有松懈，而是多次回归他的初始问题，他现在能够更加具体地表达它。据此，吸引力大小与距离的平方成反比，也就是距离中心物体三倍远的物体所受到的吸引力只有 1/9。

在一封落款为 1680 年 1 月 17 日的信函中，胡克写道，找出由一个与距离的平方成反比的中心吸引力产生的曲线的性质将是独一无二的。他坦率地承认了牛顿在数学问题上的优势，后者将被证明是发现引力定律和普遍运动方程的关键。"我毫不怀疑，您将用您绝妙的方法算出这应该是哪一种曲线。"[66]

在胡克将天体物理学简化为这一核心问题之后，牛顿便专注于寻找它的答案。[67] 他的微积分完全是为存在的问题量身打造的。根据惯性定律，每个物体都有保持匀速直线运动的倾向。因此，行星在任何瞬时的运动方向都与其飞行曲线的切线方向一致。我们已经看到，切线计算居于新式算法的中心。

牛顿首先尝试通过给定的椭圆轨道计算太

阳作用在行星上并将其拽离飞行方向的力。[68]
为此，他用多边形也就是一连串直线段替代了
椭圆轨道。这样，牛顿把椭圆变成一个多边形，
并将其每个角同位于椭圆焦点的太阳相连。用
这种方式，他将椭圆平面拆成了一幅由众多三
角形组成的拼图。

牛顿在这里沿用了德意志天文学家约翰内
斯·开普勒的处理方法，后者在该世纪初曾经
令人惊叹地算出了这类三角形的面积。开普勒
的一则行星运动定律表明，恒星与行星之间的
连线在相等时间内扫过相等的面积。于是，相
应三角形的面积相同。

牛顿在想象中将这些三角形的数量扩展至
无穷大，并集中精力研究以下问题，即在无
穷短时段内，行星的飞行轨道会在多大程度
上偏离直线的惯性轨道。牛顿表示，天体也
会落向太阳，并且符合伽利略创立的自由落
体定律。

牛顿大胆地将开普勒的面积定律和伽利略
的自由落体定律、近现代天文学和力学联系起
来，这使他在再完成几步计算后获得了其著名

的引力定律：吸引力的大小与行星到太阳距离的平方成反比。这就是罗伯特·胡克此前摆在他面前的那个定律。

其他科学家也已经通过离心力公式隐约地感到存在这样一种关系。但最后只有牛顿证明了这一定律是对椭圆轨道进行数学描述的必要前提。如果预先规定了力的法则，他最后也能够反过来确定天体的椭圆运行轨道。

神秘莫测的以太

胡克徒劳地等待着这一解答。直到 7 年后，他才在一本厚达 510 页、数学外行难以理解的《自然哲学的数学原理》中获得了答案。为什么经过了那么久，牛顿才阐述这一普遍的运动原理和引力理论？

将作为世纪巨著载入自然科学史册的《原理》不能被简化为几个令人印象深刻的数学公式。它们是一系列缜密思索的结果，牛顿在1679 年还远没有准备好这么做。尽管他的数学计算的目的性很强，他起初并不能将其与他的自然哲学观念统合起来。

其间，引力假说令胡克再也无法平静。他和他的同事克里斯托夫·雷恩、埃德蒙·哈雷①在咖啡馆谈论此事。为了激励科学讨论，雷恩接下来就这个问题的数学解答发起了一项象征性的悬赏：一本价值 40 先令的书。

如今，哈雷也决定试试运气。他是环球旅行家和天文学家，在两年前发现了以他的名字命名的哈雷彗星。一段时间之后，他也求助于那位同时代的领军数学家。由于需要在剑桥附近处理一些家事，他便利用机会在 1684 年夏季前往三一学院拜访牛顿。

这是一个极其幸运的决定！哈雷的青春热情感染了这位大家，后者为此在《原理》的前言里向他表达感谢。哈雷不仅帮忙修改了他的作品并配备了版画插图，"他也正是那位促使我撰写这本书的人，因为他要求我为天体轨道所具有的形状提供证明"。[69]

虽然哈雷提出的问题与胡克的并无差别，

---

① Edmond Halley，1656~1741/42，1720 年接替佛兰斯蒂德成为第二任格林尼治天文台台长。他制作了南天星表，并正确预言了哈雷彗星将于 1759 年回归。

但前者恰逢其时。自从与胡克的通信在很久之前中断以来，牛顿的自然哲学观点在许多方面都发生了变化。比如，牛顿当时仍相信宇宙充满以太——一种类似空气，但远远更加稀薄和富有弹性的物质，它甚至如此细微，能够穿透不同尺寸的稳定物体。

牛顿设想，以太就像空气中遇冷凝结的水蒸气一样可以冷凝。那么，我们的地球就肯定会持续冷凝和接收数量庞大的液体以太。更多以太将从宇宙的四面八方源源不断地涌向地球，这种以太流会对一般物质产生直接影响，因为以太在穿过稳定物体时可能会遇到阻力，所以后者将被推向地球。

牛顿起初将重力现象归因于假想的以太微粒，并认为能够找到以太存在的证据。[70] 当一个摆在不含空气的玻璃器皿中摆动时，其运动逐渐放缓的速度几乎与在空气中摆动时相同。[71] 即使在被抽去空气的空间中，这种往复运动也由于某种物质而减速。如果不是由于一种类似以太的不可见物质，又会是什么呢？早在1769年2月，牛顿就在一封写给科学家罗伯特·波义耳的信中强调了他的以太假说。由于对摆钟不够熟悉，他未能想到，即使是悬挂的摆也会产生明显的摩擦力。

不过，这些以太微粒果真能成为理解全部自然现象的关键吗？牛顿是炼金术士，因此绝不相信生机勃勃的自然奇迹仅仅是粒子运动的结果。在他看来，碰撞和粒子结构的变化不足以解释诸如金属表面生出植被或者一粒谷种长成植物等现象。牛顿相信存在一种有活力的动因（Agens）。他不知疲倦地进行金属嬗变之类的实验，这据说使他发现了散布在宇宙中的"植物之灵"的踪迹。

1679 年底，当他收到胡克的来信时，他对以太的想象依然是形成一种普遍的引力理论的阻碍。不久，他再次通过摆动实验对以太进行验证，只不过此次实验要复杂和精细得多。牛顿这回尝试计算不可见的以太物质侵入所有固定物体的孔隙时所产生的阻力。

他以一只空盒子为摆锤，把它固定在一根细绳上，测量它在第一次、第二次和第三次摆动的幅度。紧接着，他在盒中依次放入铅和其他金属，并多次重复相同的实验。然而，盒子在装满后的阻力始终与空空如也时相同。那么，与外表面的阻力相比，以太在盒内产生的阻力可能小得无法计算。以测量仔细著称的牛顿估计这一比例为 1∶6000。

如此，未经证实的以太也可能并不存在。[72]无论如何，以太假说彻底动摇了，这使他在炼金术实验中观察到的许多现象显得比以往任何时候都更加令人费解。或许，它们产生的原因不是以太，而是某些看不见的力量？如果这些力量具有超距作用，它们是否也能够为解释重力提供可能性？牛顿渐渐熟悉了以下思想，即行星原本就在一个空虚的宇宙空间中运动。

天空的标记

这时，一颗巨大的彗星在 1680 年 12 月初划过剑桥的天空。牛顿为那条在学院大楼山墙上方闪烁的长长彗尾勾画了草图，并夜复一夜地追踪这颗天体的行动。格林尼治皇家天文台台长拥有比他更好的天文学工具。约翰·佛兰斯蒂德一直在向牛顿通报他的观测情况。他在

12月15日告知牛顿，彗星在11月间就已经能够在日出前看见。当时，他根据自己对于彗星的全部认识得出结论，说它肯定会绕着太阳运动，并将在12月重新出现。如今，这确实发生了。[73]

佛兰斯蒂德猜想，彗星的行为或许和行星相似，即这类外来的扫帚星亦属于围绕太阳运行的天体。与前人约翰内斯·开普勒一样，他推测彗星或许是由一种不断消耗的可燃物质组成的。他还思考，它之所以闯入太阳系的旋涡中，是否因为受到太阳的某种磁力的吸引。[74]

直到1681年2月底，牛顿才在另外两封信中向他解释了自己对于此事的看法。我们又一次看到，剑桥数学家距离万有引力理论依然相当遥远。牛顿怀疑上述两颗彗星是否为同一颗，并且建议佛兰斯蒂德不要发表研究结果。[75]

在这次短暂的通信过程中，牛顿自己的观测数据被证明存在错误。他虽然没有再回应佛兰斯蒂德的修改意见，但开始尝试自己计算彗星的绕日轨道。之后，他收集了关于彗星现象的历史数据，为利用下次机会尽可能精确地算出这类扫帚星的轨道作好准备。

　　1685 年 9 月，正在撰写《原理》的牛顿最终告诉佛兰斯蒂德，他认为后者的彗星理论"很有可能"是正确的。他现在想要检验的正是这一点，但缺少关于那颗 5 年前出现的彗星的数据。与往常一样，佛兰斯蒂德立刻向他提供了准确信息。[76]

　　彗星完善了新的世界图景。它们过去被当作有别于其他所有天体的沿直线运动的漂泊旅者，而如今也和行星一道被置于相同的法则之下——这是对牛顿的天体力学的惊人证明。至少，佛兰斯蒂德收到了一封感谢信。但是，他和胡克——牛顿在其万有引力理论方面亏欠最多的这两位科学家终将变成他的对手。特别是胡克，他觉得自己完全受到了牛顿的冷遇。

绝对的、真实的和数学的时间

牛顿的世纪杰作使时间成为物理定律的对象，它与空间共同构成了一种让所有事件发生于其中的容器。

运动是用时间计量的。亚里士多德把时间称为运动的尺度。反过来，时间也是用运动计量的，具体说是像摆锤那样不断回归相同状态的周期性运动。计数这类周期便是测定时间的经典方法。

恒星每天的转动是一种比较可靠的时间尺度。这些星辰夜复一夜地返回原处，保持着它们之间的相对位置。在个人的一生中，星座不会发生变化，而行星与太阳的相对位置却一直在移动。从地球上看，全部恒星仿佛被牢牢固定在一颗旋转的圆球上。

亚里士多德将这颗恒星天球的转动视为绝对永恒的运动，它无法通过任何其他钟表校准。可是，它的周期是否完全等长？就像莱布尼茨所强调的，从不同时存在两种周期，仅凭此点就无法证明前述问题。

亚里士多德在其宇宙观的框架下有充分理由相信，最外侧的恒星天球绝对均匀地围绕地球转动。为了排除任何怀疑并确保时间的均质性，他把天球的驱动力归功于神——一位岿然不动的推动者。"那位岿然不动的推动者是一位负有特殊目的的上帝"，哲学家汉斯·布鲁门贝格[①]如此写道。他既没有创造世界，也没有以其他方式干预世界。"规定他的性质仅仅是为了给时间的可能性提供绝对根据。"[77]

---

① Hans Blumenberg，1920~1996，德国哲学家和史学家，隐喻学奠基人。

哥白尼的新纪元

对于这种亚里士多德式的时间认知而言，哥白尼的转变意味着一场深刻变革。在哥白尼的宇宙观中，群星之所以看似围绕地球旋转，是因为地球以相反方向绕着地轴自转。哥白尼认为，此时必须反过来，将地球的转动归为完全均匀的运动，并将地球自转的规律性归结于地球近似完美的球体，[78] 理由是一切高山和深谷在地球的周长面前都可以忽略不计。

150 年后，牛顿恰恰对这一球体提出了质疑。按照他的理论，即使从宇宙尺度来看，地球也可能不符合完美球体的定义。正是因为地球绕轴自转，所以肯定会产生导致球体变形的离心力。

不久以前，借助望远镜进行的天文观测表明，像木星这样的天体并不是正圆形。这颗行星在赤道处略宽，而在两极处略偏。[79]牛顿觉得，转动中的地球应该具有相同的形状。对此也有证据，比如前述的在赤道地区进行的摆动实验。牛顿尝试了各类精密计量，其结果均显示，重力是随着纬度变化的，而地球在赤道比在极点要厚大约 17 英里。[80] 但是，这种不规则形状对地球自转来说又意味着什么？它会对地球时钟的运转造成影响吗？

自摆钟发明以来，天文学家自认为有能力直接检验地球是否在匀速自转。格林尼治皇家天文台配备了两台特殊的摆钟，它们每年只需要上一次发条。在天文台落成后的最初几年，台长约翰·佛兰斯蒂德经常遇到上述计时器发生故障。它们长达 4 米的钟摆在没有任何除尘和防潮措施的情况下摆动，二者有时在一天内就相差好几分钟。佛兰斯蒂德多次请求钟表匠托马斯·汤皮恩上门服务，后者会清洁齿轮机械或最小程度地调整摆长，使两台钟重新保持同步。终于，佛兰斯蒂德又可以开始他的测量工作了。

只有结合周围的宇宙空间，才能测出一次完整的地球自转是什么时候完成的。在哥白尼的宇宙观中，只有当一颗从前夜就开始关注的恒星再次达到它的最高点时，一个周期才宣告完成。这一周期的时长被称为恒星日。

恒星日和太阳日略有不同，原因是当地球

绕地轴自转时，它也继续绕太阳公转。因此，地面观察者在次日中午看到的太阳已转过了一个微小的角度。它需要略长的时间，才能重新回到观察者所看到的至高点。因此，太阳两次达到最高点所需的 24 小时周期比恒星每天完整运行所需的时间间隔长出近 4 分钟。

可惜，在事实上这还要更加复杂，主要是因为地球公转轨道不是标准的圆形。上文已讨论过，用恒星日计算的太阳日并非总是等长。太阳日的长度在一年之内会不停改变。那么，能否至少采用恒星日作为时间标准呢？

佛兰斯蒂德为他的一系列观测选择了苍穹中最明亮的天狼星。他定期将望远镜对准它，测量它达到最高点的时间间隔。经过数个月的观测，在 1678 年 3 月得出的结论完全支持哥白尼的猜想：在摆钟精确度所允许的范围内，地球匀速地围绕地轴自转。[81]

对牛顿来说，这些数据仍不足以让他相信地球自转是绝对匀速的。莱布尼茨也始终认为地球非匀速自转是可能的。虽然地球的绕轴转动是迄今为止最佳的时间尺度，各类钟表只是用来将这一尺度拆成部分，"但即使是地球每天的旋转也会随着时间改变。如果一座金字塔能够屹立得足够长久，或者人们通过翻修使之长存，那么只要我们在它上面记录下这个摆现今摆过特定次数所需要的摆长，就能发觉这一点"。[82]

实际上，凭借今天的原子钟就可以知道，地球自转并不是匀速，而是逐渐变慢。这主要是由于引起潮汐的月球引力的作用。潮起潮落就像制动瓦一样与自转的地球发生摩擦，使每天变得越来越长。

在时间长河之中

当牛顿在 1680 年代撰写《原理》的时候，他缺少一种用来测量匀速运动的绝对可靠的时间标准。与亚里士多德不同，他未曾面临用绝对时间为一种等级制宇宙的完美秩序提供依据的问题。在此期间，古典时代的封闭宇宙观瓦解了，转变成一种开放的、或许无限的宇宙。然而，牛顿的力学仍然依赖于一种绝对可靠的时间尺度。

到目前为止，本书中的时间主要是在时间计量的背景下加以观察的。我们能够在世事迁流之中找到方位，是因为存在着或多或少具有秩序的自然和人造周期。这些单元就是借助历书和钟表进行的时间计量的基础。

牛顿自己对变化寻根究底。自然界中的持续变化是如何产生的？他的答案是：作用于物体之间的力是一切运动的原因。身为科学家，他之所以能够在物理现象世界中辨明方向，是因为他知道物体在不受外力的情况下将会如何行动。"如果没有在力的作用下被迫改变其状态的话，每个物体都将保持静止或匀速直线运动状态。"[83] 这一新的物理时间概念的基础是惯性定律。

在此能够很快看出，牛顿为什么采取了还原主义的研究方案：严格来讲，只有单个物体的运动才可能不受任何外力。只要涉及两个物体，它们就会互相影响。因此，牛顿将世界拆解至它的最小元素。他的《原理》开始于一个白板（Tabula rasa），一个典型的近现代的末世图景，就像也能在笛卡尔、霍布斯和其他巴洛克时期学者的哲学著作中看到的那样。为了洞察自然，彻底摆脱感官错觉，他把现象剖析至无穷无尽，直到一无所剩，除了一个可以在虚空空间中不受任何阻力运动的物体。

登山时，气压和阻力会一直下降。牛顿估算，200英里高处的空气肯定要比在海平面上稀薄750亿倍。在这种介质中，一颗木星般的行星即使在100万年的时间内也不会损失百万分之一的运动。[84] 因此，行星和彗星在宇宙中受到的阻力应该是微不足道的。

在这一虚空空间中，牛顿首先放入相同质量和体积的物质微粒，并赋予它们最普通的性质。这些基本粒子质地坚硬，可延展，可移动，不可穿透并具有惯性力。"全部自然科学的基础就在于此。"[85] 牛顿把自然界的变化归结为这些粒子的分离、运动和重新组合。

在没有外力作用的情况下，惯性定律决定着单个粒子的运动。可是，如果一个微粒的运动没有任何参照物，又怎么能说粒子在匀速运动呢？按照牛顿的说法，它在绝对空间和绝对时间中运动。这一绝对时间与亚里士多德在

2000年前为恒星天球的旋转所安排的那种理想模式相符。后来，数学家牛顿将和他的先哲一样，用形而上学支持他的时间观念。他称时间为"神的感知"，这种观念将受到莱布尼茨的激烈批评。

亚里士多德认为恒星的转动遵循一种所有人可见的周期性运动，而牛顿的绝对时间不再具有周期性特征。它的流逝呈线性，彻底摆脱了我们的经验。"绝对的、真实的和数学的时间自身流逝，它的本质均匀，不与外界事物发生任何联系。"[86]

在17世纪技术和数学发展的背景下，牛顿所说的"时间本体/自在存在的时间"的含义徐徐展现。新的钟表技术使一天能够被划分成越来越小的单位。在这张由1440分或86400秒组成的愈发致密的时间网格里，各个时刻仿佛在时间轴上依次排开。这在牛顿的物理学中成为一个数的连续统。牛顿将"绝对的、真实的和数学的时间"和"相对的、表观的和通常的时间"区别开来。相对的、表观的和通常的时间是一种可感和外部的时间尺度。人们习惯使用的是它，例如时、日、月或年，而不是真实的时间。因此，我们用钟表和历书计量的是一种（可反映我们在感知的）世俗的时间，它与数学科学描述所要求的时间并不相同。

天文学家虽然能获得一种"真实的"时间，也就是平太阳时，但不能认为他们的修正程序到这里就结束了。就此而言，绝对时间作为可知物的一种极限值，闪烁在我们奋力开拓认知的遥远地平线上。牛顿承认，能够用于准确计量时间的匀速运动可能根本就不存在。一切运动都可以被加快或减慢，但绝对的时间之流是不会被改变的。[87]

对此，空间和时间共同成为让所有事件发生于其中的容器。就位置而言，一切都在空间之内；就次序来说，一切都在时间之中。绝对空间和绝对时间独立于任何物体而存在。

牛顿对待空间和时间的方式并非完全相同。在他的思想实验中，他总是将个别物体置于虚空空间，而从未置于一个没有时间的世界。另外，他已经在定义绝对空间时引用了时间：只有那些"永永远远保持同样的相互位置"的地点才是静止不动的。[88]

　　这似乎适用于恒星。根据牛顿的知识水平，星座自古典时代以来就没有发生过变化。尽管如此，他没有选择它们作为参照系。在这一点上，他再次表现了特有的谨慎。在他生前，天文学家埃德蒙·哈雷已经借助古代记录断定恒星会相对运动。比如，大角星在 18 世纪初已经不再位于古希腊天文学家喜帕恰斯[①]曾经观测到的位置。在近 2000 年间，它的方位相对于其他星辰偏移了 1.5 度，约等于 3 个满月的直径。

　　那么，绝对空间的基准是什么？牛顿似乎意识到，一个适用惯性定律的系统是不确定的。伽利略已经阐述过，在船舶甲板下方一间屋内的封闭社会无法通过实验确定船舶是否处于静止或匀速直线运动。但是，与牛顿的著名格言"我不杜撰假说"相悖，《原理》中出现了所谓的第一假说："世界的中心处于静止。"[89] 按照他的观点，宇宙的引力中心是那个永永远远保持

----

　　①　Hipparch von Nicäa，即 Hipparchus，约公元前 190~前 120，生于比提尼亚（小亚细亚西北部）的天文学家、地理学家和数学家，被视为三角学的创始人和岁差的发现者。

静止的地点。

"绝对时间"和"绝对空间"共同构成了描述物理过程的固定参照系。正如运用微积分和其他计算方法所需要的那样，从过去到未来，这个数学的时间每时每刻都在均匀和线性地"流逝"。时间不断"流逝"的比喻虽是同义反复，因为词语"流逝"已经在描述一种时间变化，但它完全符合我们现代的时间知觉。

牛顿通过一种匀速直线且不受外力干扰的运动从物理上定义了依次接续的时间段的等同性。作为哥白尼式转变的迟到结果，时间在科学中成为普遍法则的参变量。从外部观察太阳系也使对于地球上的生活至关重要的昼夜更替具有了相对性。在天体相互施力的过程中，地球自转不再比其他运动更加特殊。

万有引力

我们在《原理》中遇到一个"数学的"新式时间，它也被牛顿称作"真实的"时间。在他看来，获取"真正"知识的唯一方法是对现象进行数学描述。只有数学才能够提供一幅行星运动的可靠图景，并从少量基本看法和一小撮环环相扣的规律中推导出大量经验事实。具体是哪些规律呢？

每个物体都会在力的影响下改变其运动方向和速度。对此，牛顿想到的不只是碰撞力，就像台球游戏中的两球之间的力。他关于力的新概念也包括参与物体完全无需直接接触时的相互作用①，比如太阳、地球和月球之间的吸引力。牛顿第二运动定律认为，"运动状态的变化"与作用力成正比，他的后继者将从中推导出常用而不够普遍的公式"力等于质量乘以加速度"。[90]

此外，力总是成对出现。就像牛顿借助两颗相互碰撞的摆球所展示的那样，力的作用总是伴随着一个大小相等、方向相反的反作用。马拉车的时候，车也在拉马。在划船时用桨向后划水，水就会反作用于桨并推船前进。作用于物体间的引力也不例外，它满足"作用等于反作用"的原理。如果地球吸引月球，月球也吸引地球。

在他提出引力定律之前，牛顿曾经在尽可

---

① 物理学称为"超距作用"。

能最普遍的意义上分析过中心力及其对物体的作用。显然，地球由无数物质微粒组成，它们作为整体才能发挥重力作用。所有地球粒子和遥远月球之间的距离大体相等，因此对它施加的作用没有实质差别。与此不同的是作用于树上的苹果的地球引力，因为苹果与树下的物质微粒距离很近，但与大多数的地球质量相距遥远。一个像地球这般巨大的物体对苹果的吸引力又该如何计算呢？

牛顿也用几何方法着手处理了这一棘手问题。他把整个地球分成无穷多层，又将每层分成环状，再将环状分成更小的片段。接着，他把上述所有部分对一个对象的吸引力加总，得到一个令人吃惊的简单结果：一个密度均匀的球形地球对另一个物体的作用力与假设地球全部质量集中在地心时所施加的力一样大。[91] 因此，牛顿在计算时可以近似地把地球和其他行星看作质点。他自己大概没有料到会得出这样一种结论。

牛顿立即尝试用测量数据证明，地球上的重力作用会越过苹果树而延伸至月球和太阳：月球围绕地球旋转一周需要27天7时43分。

在计算地球周长时，牛顿采用了最新的法国标准，得到 123249600 巴黎尺，并估计地月距离相当于地球半径的 60 倍。在此基础上，他算出一只苹果或另一个落体在受到将月球拽向地球的同一个力吸引时的加速度。该结果与惠更斯在巴黎进行摆钟实验时所获得的数值相吻合。

牛顿在此隐瞒的是：他刻意选择了能够除尽的地月距离。数学和实验之间过于美妙的一致性是伪造的。理查德·韦斯特福尔在牛顿的著作中发现了一些"花招"。[92] 因为伽利略也出现过类似情况，我们必须认为，造假并不是现代科研事业才有的陋习。为了让他们的理论更加可信，17 世纪的学者们已经无法抗拒偶尔操纵数据的诱惑。

*

在预测自然现象方面，牛顿的物理学在此后几个世纪始终没有被超越。他的数学论文汇集成一个他已在《原理》的前言中宣告的世界体系：他将由行星运动推导出重力，并反过来由同一种力推导出行星、卫星和彗星以及潮汐的运动。

牛顿解决了胡克交给他的那个课题，并首先证明了开普勒的行星运动定律。随后，他再进一步，抛弃了行星做着周期运动的那些规则轨道。他的作品中最困难的问题在于：如果行星不但受到太阳的影响，而且相互吸引，它们的运动会发生怎样的变化？

即使是对于只有三个天体的系统，也只能找到近似解。行星轨道虽然接近正圆或椭圆，但在这种情况下不再是封闭的，而是开放的。因此，行星在每次运行过后不再回到同一个地点。一个难以预见的动态系统取代了稳定的秩序。在他试图理清这个相互影响的网络的过程中，牛顿始终面对着一片混乱。尽管如此，世界的结构依然稳定，这被牛顿归功于设置了行星系统的造物主的秩序之手。

关于他的新天体力学的解释能力的另一个例子是被称为"柏拉图年"①的宇宙周期，长度

---

① 又称大年或岁差，指天体的自转轴方向在重力作用下发生缓慢而连续变化的周期。

为 26000 年。牛顿将这一周期归因于地球质量的不完全均匀分布。据此，两极扁平和赤道凸出导致地球在月球和太阳引力的作用下表现得像一只陀螺。它的转轴不再指着天上的同一个点，而是会画出一个小圈。

因此，在几千年之后，织女星将作为北极光占据今日北极星所在的北天极。只有经过一个 26000 年的周期，地轴才能回归它的出发点。牛顿能够证明，一个绝对球形的地球不会发生这样的现象。

彗星也能够极好地适应他的引力理论。尽管它的运动横越过其他天体，牛顿的法则也描述了它的轨道。这位剑桥数学家计算出 1680 年的彗星前进到多么接近太阳的位置，以及它当时肯定处在多么炎热的环境中。如果那是一颗类地天体，它的大气层将会在高温下完全蒸发。这样就能产生那条壮观的长尾。牛顿认为，只需要少量的水汽，就能够制造出一个彗尾般的宏大天象。[93]

一部"神作"

1687 年，天文学家埃德蒙·哈雷在皇家学

PHILOSOPHIÆ

NATURALIS

PRINCIPIA

·MATHEMATICA·

Autore *JS. NEWTON,* *Trin. Coll. Cantab. Soc.* Matheseos
Professore *Lucasiano,* & Societatis Regalis Sodali.

IMPRIMATUR·

S. PEPYS, *Reg. Soc.* PRÆSES.

Julii ʓ. 1686.

LONDINI,

Jussu *Societatis Regiæ* ac Typis *Josephi Streater.* Prostant Vena-
les apud *Sam. Smith* ad insignia Principis *Walliæ* in Cœmiterio
D. *Pauli,* aliosq; nonnullos Bibliopolas. *Anno* MDCLXXXVII.

牛顿的《自然哲学的数学原理》第一版封面，1687 年出版。

会的《自然科学会报》中得意地说，还从来没有一位学者获得过如此大量和重要的物理学知识。《原理》出自一位无与伦比的作者之手。哈雷亲自监督这部"神作"付梓。[94] 没有一行文字能够逃脱这位热情的科学家的检视。特别是他有理由居功，因为是他促使那位矜持的数学家在 3 年内用他的知识写就了一部史无前例的思想力作并将之公布于世。

在皇家学会，哈雷这么做不只为自己带来了朋友。面对牛顿把发现引力定律的功劳仅仅归于自己，罗伯特·胡克感到气愤。他不是为前者提供过线索吗？

牛顿在致胡克的一封著名的信中写道，如果说他比别人看得更远，那只是因为他站在巨人的肩膀上。[95] 这几行字想要表达的完全是肯定。当然，这封信不是关于引力定律，而是关于光学，落款为 1676 年 2 月。

10 年后，牛顿不想再理会胡克的任何要求。他在写给哈雷的信里宣泄着他的怒火：哲学是一位如此喜欢斗嘴的小姐，以至于人们与其和她交往，宁愿进行一场法律诉讼。[96] 胡克一无所获，而是以忙于其他事务辩解，尽管他早就应该为他的能力不足道歉。胡克寻找过解决办法，但是徒劳无功。"那现在呢，这不奇怪吗？发现和解释了一切并承担全部工作的数学家不得不满足于做一名枯燥的计算员和低级劳工，而另一个除了利用和抢夺这一切以外什么也没有做的人却获准将整个发明占为己有。"[97]

牛顿在自己的手稿中还曾赞许地谈及胡克，却在印刷版本中删去了关于他的所有表述。哈雷勉强能够说服他，至少在一处与引力定律相关的地方提到胡克的名字。在那里，胡克与雷恩和哈雷被共同称为从开普勒的作品中得出平方反比定律的人。[98]

今天，如果说起新的宇宙体系，我们只会联想到牛顿。他和前人伽利略一样，懂得改写他的发明史并塑造其个人形象。直到晚近，科学史家才能够揭示，他们分别用什么途径取得了他们的知识，在什么地方摒弃了传统做法，以及为什么在批评者面前表现得如此无动于衷。与伽利略及其他许多人相比，牛顿卓越的数学才能使其格外出众。正是他的深刻数学思想为物理学指明了新的方向。

光荣革命

《原理》问世后，牛顿的职业生涯发生了一次令人惊讶的转折：他离开了自己在剑桥工作了超过 25 年的研究室，并在"光荣革命"的进程中成为一名国会议员。

英格兰的革命时期原本似乎已经过去了。在经过 1640 年代的内战恐怖和接下来的军事独裁之后，君主制在 1660 年回归。从那时起，国王查理二世在把他从流亡中迎接回国的国会支持下进行统治。不过，每当君主想要提高税收或战争开支，议员们总是用他们的资本向王权施压。

查理二世一度在国外找到一位强有力的出资人：路易十四愿意为共同针对荷兰的英法联盟付出一些成本。邻近法国和天主教明显使英格兰民众感到不安。许多岛民认为，他们的国家被拣选为在此期间仅占约四分之一欧洲人口的新教的保卫者。当人们开始讨论继位问题，而王位恐怕要落到查理之弟、在 35 岁左右改信天主教的约克公爵詹姆斯①的头上时，对天主教复辟的恐惧进一步增加。

继位问题将议会分裂为两个阵营：辉格党人想要依法将天主教公爵排除在继承人之外，并提出国王的一位私生子作为候选人。相反，托利党人坚持世袭君主制和贵族优先权。后者认为，国王的绝对权力以神权为基础，所以人民没有选择或罢免国王的自由，即使他是位天主教徒。

最后，陷入困境的查理二世解散了国会。他自己在临终前也改信了天主教。随后，当他的兄弟詹姆斯在路易十四取缔法国境内的新教的同一年加冕为王②时，不同信仰之间的对抗加剧。就像人们所担心的那样，新国王詹姆斯二世解除了许多国教徒的职务。甚至在艾萨克·牛顿尚未完成他的《原理》之前，军队和大学里的许多重要职位已经被天主教

① James II，1633~1701，查理一世次子，查理二世之弟。

② 1685 年，詹姆斯成为英格兰、苏格兰和爱尔兰国王詹姆斯二世；路易十四颁布《枫丹白露敕令》，废除由亨利四世颁布的《南特敕令》，宣布取缔新教，以进一步加强法国中央集权，结果导致人才大量流失。

徒占据。

比如，1687 年 2 月在剑桥，一位本笃会僧侣根据国王陛下的指示被授予文科硕士，尽管他没有接受常规考试，也没有对国教会宣誓。牛顿被激怒了：虽然所有诚实的人都有服从国王命令的义务，但如果君主要求的事情违反法律，就不应该以拒绝服从为由惩罚任何人。[99] 当人们还在伦敦等待他为《原理》作最后修订时，这位数学教授正在仔细研究大学章程和法律条文。1687 年 4 月，他加入了一个在英格兰国都捍卫大学自治权的代表团。

当詹姆斯二世愈发公开地攻击国教会，宣布他的儿子，即潜在的王位继承人出生，使一个天主教王朝看上去不可避免时，辉格党人和托利党人团结起来，向荷兰执政、娶了英格兰国王长女的奥兰治的威廉①求援。1688 年 12 月，荷兰舰队兵临伦敦。短暂抵抗之后，詹姆斯二世出逃法国。

---

① Wilhelm von Oranien，1650~1702，荷兰国父"沉默者"威廉的曾孙，1672 年就任荷兰执政。他是查理一世的外孙、詹姆斯二世的女婿。

1689 年 1 月，剑桥大学理事会推选牛顿为学校在新议会中的代表。[100] 两天后，牛顿与其他议员已经在伦敦和未来的国君共进晚餐。此时，奥兰治的威廉和他的妻子玛丽还没有批准《权利宣言》[①]——一份现代议会制度的基础性文件。《权利宣言》保障所有议员的豁免权和言论自由。从现在起，所有法律都需要经过议会批准。

牛顿在伦敦西区租了一间屋子，他定期向大学通报议会决议和他对此的理解。于是，他在 1689 年 2 月写道，向国王宣誓效忠的唯一依据是国家法律。"因为，如果忠诚和顺从超出了法律所要求的范围，我们就等于宣布自己是奴隶，而宣布国王为绝对的统治者。与此相反，我们在法律面前人人自由，无论这个誓言如何。"[101]

他没有使用自己在下议院的发言权利。英格兰最著名的科学家没有一次作为演讲者出现

---

① Declaration of Rights，由英国国会于 2 月向威廉和玛丽夫妇提出，它是将于同年生效的《权利法案》的重要依据，后者奠定了英国君主立宪政体的法律基础，确立了议会权力高于王权的原则。

在议会记录中。根据一则轶事，牛顿在下议院只有一次申请发言：由于害怕着凉，他请求侍者关上窗户。

牛顿的敏锐才智与一种同他形影不离的沉默寡言和忧郁消沉相伴而生。尽管这样，他依然散发着巨大的感染力。他的朋友和追随者包括：保守派萨缪尔·皮普斯，他在海军部的平步青云随着革命戛然而止；哲学家和国家理论家约翰·洛克（John Locke），他是现代自由主义的奠基人之一；还有辉格党议员查尔斯·蒙塔古 ①，他是英格兰银行的创立者之一。他将为牛顿在皇家铸币厂谋到一个职位，并长期与牛顿的侄女、为其料理家务的凯瑟琳·巴顿 ② 交往。

伦敦的社交生活要求牛顿扮演一个令他感到陌生的角色。他在 1689 年邀请伦勃朗（Rembrandt）的学生、当时著名的伦敦宫廷画

---

① Charles Montague，1661~1715，第一代哈利法克斯伯爵，曾任财政大臣。

② Catherine Barton，1679~1739，牛顿异父妹汉娜的女儿，1696 年起与牛顿共同生活。

师戈弗雷·内勒 ① 为自己画像，此举也与上述角色相符。在这幅现存最早的牛顿肖像画里，他身处一种充满张力的明暗对比之中，灰发垂肩，衣着朴素。这位正处于其科学创造巅峰的学者没有追随鬈曲假发的时代潮流。他透过观察者身旁，注视着远方，双目炯炯，显出深深的孤寂。（见文前人物图中的牛顿肖像）

---

① Godfrey Kneller，1646~1723，生于吕贝克的艺术家庭，曾在尼德兰学画，先后服务于三任英国君主，获封男爵，其代表作还包括路易十四、沈福宗、辉格党团体吉特·卡特俱乐部（Kit-Cat Club）等人物肖像。

第四部　躁动的时间

"现在"有多长？

> 莱布尼茨认为，回忆激活了现在，现在孕育着未来。这位学者将时间秩序归结为因果关系。

牛顿的简单着装和未经修饰的自然发型与50 岁的莱布尼茨在一幅同时期的肖像画中向我们呈现的奢华浮夸形成了最鲜明的对照。（见文前人物图中的莱布尼茨肖像）后者身为廷臣，穿着贵重的丝绒，戴着绚丽的假发。这幅由沃尔芬比特尔①的宫廷画师伯恩哈德·克里斯托夫

---

① Wolfenbüttel，不伦瑞克以南城镇，曾是不伦瑞克 – 吕讷堡公爵驻地，1572 年在此建立奥古斯特公爵图书馆，莱布尼茨于 1691~1716 年兼任馆长。

·弗兰克 [①] 完成的画作展现了一位高贵、饱经世故的学者，他面容柔和，小而敏锐的双眸凝视着观察者。这是一个自愿留在权贵身边的男人。

莱布尼茨在汉诺威宫廷待了 40 年，从 1676 年底直到去世。在此期间，他先后服侍过 3 位在国际权力博弈中精明地变换着阵营的主君。这个小公国升格为选帝侯国，发展成帝国内部的重要邦国。与此同时，尽管莱布尼茨的图书馆馆长职位没有提供有利的条件，他的影响范围还是在扩大。最后，汉诺威选帝侯竟然将登上英格兰国王的宝座。结果是，此时已经完全闹翻的莱布尼茨和牛顿突然间变成了同一位主人的臣仆。

莱布尼茨的第一位雇主约翰·弗里德里希公爵娶了较自己年轻 27 岁的本尼迪克塔·亨利埃特·冯·德·普法尔茨 [②]。她在巴黎长大，并将许多法国的宫廷侍从带到了汉诺威。在她的

---

① Bernhard Christoph Francke, 1660~1729, 曾做过军官。

② Benedicta Henriette von der Pfalz, 1652~1730, 为普法尔茨选帝侯腓特烈五世的孙女。

那座改建自修道院的莱纳河畔宫殿①里，人们说的是法语。公爵夫妇收集艺术品和书籍，容许上演歌剧，并在他们的小凡尔赛——海恩豪森（Herrenhausen）②——开辟了一座带有巨大花园和喷泉的消夏别墅。在此期间，多数用于支持法式奢华排场的资金也来自富有的"表兄弟"③法国国王。

乍一看，莱布尼茨可以很好地适应宫廷生活。但是这无法掩盖，假如他没有在困顿中养成良好品德并主要通过与其他学者通信发展其思想的话，他将会在刚满 10000 居民的汉诺威荒废掉自己。他的通信范围越来越大，最后远及俄罗斯和中国。这位最喜欢收集和重整全世界知识的博学家患有近视，他把字写得密密麻麻，拥有超过 1000 个笔友。

他给后人留下了包括今天成为世界文化遗

---

① 莱纳河（Leine）是流经汉诺威的主要河流，属于威悉河水系。此处指莱纳宫（Leineschloss），始建于 1637年，二战后重建，现为下萨克森州议会所在地。

② 位于汉诺威西北郊，拥有多座园林，其中的"大花园"是欧洲最重要的巴洛克式园林之一。

③ 公爵夫人如此称呼路易十四，但二者并无亲戚关系，故加引号。

产一部分的超过 1.5 万封信，以及用各种语言写就的 5 万篇文章和论文。编辑他的作品是一项浩大工程。到目前为止，最终将超过百卷的莱布尼茨全集已经约有一半艰难地实现了出版。否则的话，您面前的这本书也不可能完成。它集中于较年轻的莱布尼茨，这不完全是因为内容的缘故。与他创作哲学、神学和史学作品的后期相比，近来得以公开的更多是关于他的巴黎时期和他主要致力于数学和技术工作的汉诺威头几年的细节。

除了他的表达欲望，他的思想之流在新的环境中同样势不可当。对于教会和帝国改革、终身养老金和火灾保险，莱布尼茨有一套自己的方案。他坚持不懈地读书，给每本书做笔记，接着却把它放到一边，因为他能够牢牢地记住写过一遍的所有事物。[1]

未等完全融入宫廷生活，他便目标明确地投身到该地区要求最高的工程项目。他向公爵提议，以科学为基础，更好地开发哈茨山矿区①，正如那句口号："大地上果实飘香，哈茨山

---

① 哈茨山（Harz）位于德国中部，最高点布罗肯峰海拔 1141 米，拥有超过 3000 年的采矿史。

塔勒作响。"[2]

开采哈茨山银矿发展为一项大型技术工程。为了把灌入坑道和井道的矿井水从深处运上来，抬水工原先需要逐一传递水桶。不过，由于克劳斯塔尔（Clausthal）和采勒费尔德（Zellerfeld）的矿井越来越深，矿工们渐渐地需要依靠机器的帮助，才能赢得与矿井水的斗争。[3]

为了驱动水车，在降水量丰沛的克劳斯塔尔高地，沟渠和池塘中的雨水被收集到一起。这些水车通过数百米长的传动杆与活塞泵相连，后者将矿井水搬运上来。这时，莱布尼茨建议，提举矿井水时不仅要利用水力，同时还应该动用风车。通过"水与风的组合"，即使在旱季也能够确保坑道正常排水。他没有费多少功夫，就吊起了公爵对他的风车工程的胃口，特别是因为他表示愿为此投入私人资金。作为回报，约翰·弗里德里希许诺向他提供一笔终身年金。

他踌躇满志地前往哈茨山，那里的"多罗泰·兰德斯克伦（Dorothea Landeskron）"①坑

---

① 得名于矿工的主保圣人圣多罗泰，其开采活动起于
   1601 年，止于 1886 年。

道被指定为建造一座风车的地点。其间，约翰·弗里德里希告别了汉诺威。这位艺术收藏家和音乐爱好者前往威尼斯，他在那里为自己、他的夫人以及后者的 90 名随从包租了一座宫殿。他打算在那儿待上一整年。

这支豪华旅行团于 1679 年底启程，却只行进到奥格斯堡，因为公爵在那里突然死去。继承其遗产的是他的弟弟、奥斯纳布吕克主教恩斯特·奥古斯特[1]。他不是改宗者[2]，而是路德宗新教徒，不是文艺爱好者，而是老谋深算的弄权政客。他首先顶住亲属的激烈反抗，在汉诺威家族内部实行长子继承制，然后压倒德意志选帝侯们同样激烈的异议，半买半抢地为他的邦国赢取了选侯权[3]。

---

[1] Ernst August, 1629~1698。

[2] 由于奥斯纳布吕克教区在宗教改革期间形成了天主教和新教势力并存的局面，1648 年《威斯特伐利亚和约》独特地规定，该教区必须由天主教徒和新教徒轮流担任主教。1662 年，恩斯特·奥古斯特成为首位新教徒主教，此处旨在强调他是天生的新教徒，既没有天主教背景，也没有为了谋求主教职位而改信天主教。

[3] 他成为帝国的第 9 位选帝侯。

与风车作斗争

恩斯特·奥古斯特的登基开启了对城市宫殿（即莱纳宫）漫长的改建工程。图书馆干脆被关闭了。担心职位不保的莱布尼茨在 1680 年春季就向新任公爵提交了他的风车方案，并向他说明，"我们虽然拥有这两种巨大的动力……也就是风和水，但是我们在矿山上仅将瀑布用于驱动水泵、人造装置之类，而没有利用风力"。[4]

恩斯特·奥古斯特也批准了这项雄心勃勃的计划。不过，这次分配给莱布尼茨的是另一座矿井"圣卡塔琳娜（St. Catharina）"，它不是位于高处，而是在不宜建造风车的山谷里。从此，他在哈茨山停留的时间比在汉诺威更多。可是，在接下来与风车作斗争的过程中，这位祖父就曾受雇于萨克森矿山的宫廷参事将一无所获。他既没有建造风车的经验，也没有矿山管理局的支持。

较高级别的矿务官员作为矿业股票的持有者亲自参与了对风车的投资。正是因为如此，他们从一开始就反对他的计划。按照莱布尼茨的方案，矿务当局计算出会有 128100 塔勒的损失，而他自己却乐观地估计将在未来 12 年里获得 115509 塔勒 12 格罗申（Groschen，一种曾在神圣罗马帝国流通的银币，价值为 1/24 或 1/30 塔勒）的收益。[5]

风车的建造进度比他计划的迟缓许多，工程成本则远远超出了预期。当它最终开始转动，莱布尼茨却不得不眼睁睁地看着它的叶片顶不住风力而折断。它有时转得太快，有时又停止不动，原因是他低估了传动杆、机轴和活塞内部的摩擦力。

于是，他再次审视了工程整体。如果还是像现在这样用水车驱动水泵，而只用风车将下方接收的水重新运回上方，结果是否会更好呢？通过这种方式能实现水的循环利用。此外，他这时倾向于一种水平轴风车。"这种风力装置本身花费不超过 200 塔勒，它不需要比水车更多的维护，并且可以日夜运转，不管风的方向和位置如何。它对大风的承受度也很高。"[6]

在他于哈茨山深处等待建造新风车所需的部件期间，他没有一日不在草拟政论、琢磨他的形而上学、计算养老金数额或者求解方程组。

另外，他还研究那些可以用于采矿的动力，特别是水力。磨坊技工们把"死水"中具有的潜能称作"死力（tote Kraft）"。[7]莱布尼茨则认为，如果在人造池塘中收集的水得以释放并下落，这一"死力"就能化为"活力（lebendige Kraft）"，并能够驱动水车。2个世纪后，人们将把它称为从势能到动能的转化。

摆特别直观地表现了这一转化过程：从一侧释放摆，它就会失去高度而获得速度。如果不考虑摩擦，在最低点的速度最大。接着，"活力"便再度减弱，直到在折返点消失，并完全转化为摆锤由于其高度而具有的"死力"。"如果空气阻力和其他细小障碍没有稍微减少它所获得的力的话"，它将会不断回到下落之前的相同高度，莱布尼茨写道。[8]

他向公爵解释说，风和水一样具有势能。"可以把风力收集和储存起来。这就好比将水引入池塘并保存在那里，之后再分配给矿山的设施和捣矿机等使用。"[9]因此，池塘中的每一滴水都是金钱——考虑到风力装置至今没有给公爵带来任何回报，还耗尽了他的宫廷参事的多年薪资，这真是个勇敢的说法。在遭受了一系列挫折之后，恩斯特·奥古斯特在1680年代中期退出了风车工程。

看上去，莱布尼茨正处于其事业的最低谷。1679年以来，他总共31次前往哈茨山，在那里工作了165个星期，并始终对风车建造怀有强烈的责任感。如今，面对幸灾乐祸的矿务官员，他只好打包走人。虽然他未能运用科学使采矿获益，也没有借助数学实现最优的技术解决方案，他却反过来通过研究水车和风车拓展了自己对技术物理的理解。

与惠更斯、帕潘和同时代的许多其他研究者一样，莱布尼茨在大型工程中误入迷途，但通过这种方式积累了独一无二的经验。哲学家汉斯·布鲁门贝格强调，文化的意义正是在于"增值和奖励"这些弯路。"如果走的是弯路，不是每个人都能经历全部；但如果走的是直路，每个人的经历也不会完全相同。"[10]

在牛顿历经许多弯路而终于完成《原理》的同一年，莱布尼茨发起了一场关于如何理解"力"的学术讨论。这场围绕"力的真正尺度"

的国际辩论将会持续几十年，伏尔泰和年轻的康德也将加入其中。它在科学史文献中有时被视为无益的争论，却为一直以来把意思模糊的称谓"力"逐渐划分为科学家后来所称的"动量（Impuls）"（质量乘以速度）、"力（Kraft）"（质量乘以加速度）和"能量（Energie）"（质量乘以速度的平方）①等概念作出了贡献。

在哈茨山期间，莱布尼茨开始坚信，"活力"是决定性的运动量，并能在物理过程中得以保存。即使是在两个物体的非弹性碰撞，也就是那种产生形变的碰撞中，"活力"也不会减少。它会继续存在于物体内部最小粒子的运动中。

能量守恒的想法是以他对机器的研究以及对凡事皆有原因的认识为基础的。无论我们何时观察自然界中的变化，它都能够用因果关系加以解释。"结果必须符合它的原因"，他在1686年致一位法国学者的信中写道，并在其中首次系统地阐述了他的形而上学。11

这一形而上学原理带来了影响深远的结果，比如永动机不可能存在。反过来，如果我们注

---

① 动能等于质量乘以速度的平方再除以2。

意到某些看上去违反因果关系的事物，我们便可以断定自己的感知出了差错。在此意义上，能量守恒思想至今适用。当宇宙学家在 21 世纪来临之际发现宇宙在加速膨胀时，他们立刻开始谈论一种据说是其原因的"暗能量（dunkle Energie）"。

单子的世界

莱布尼茨的《形而上学序论》（*Abhandlung zur Metaphysik*）是他的一篇典型的即兴作品，产生于其众多旅行中的一次，"因为我在一个地方，数日无事可做"，而且采用了完全不同于牛顿《原理》的语言。[12] 为了对两个球体的碰撞进行数学描述并提出力的一个新概念，实验家牛顿进行了无数次摆锤实验。莱布尼茨不熟悉这种实验性的自然研究，他一直不够重视定量分析。

他的形而上学作品没有汇集成一套完整的物理学理论。物理学理论的特别之处正在于它们能够进行定量预测，并且其他研究者也能够运用、检验甚至证伪它们。在牛顿的重力理论最能够满足这一要求并逐渐获得其他科学家的采纳时，莱布尼茨关于空间、时间和物质的文章却始终支离破碎，它们将在数十年后被人遗忘。

哲学家莱布尼茨在描述世界时重在探求表达得最准确的概念。在其他方面，他的目标与其英格兰同事很相似：用尽可能少的独立原理推导出一切其他事物。因为上帝创造世界时必然会选择"最完美的，也就是那个假设最简单，同时现象最丰富的世界"。[13]

使世界从最根本上聚合在一起的是什么？牛顿的结论是物质的基本材料，他认为它具有绝对的硬度和刚性。与这种微粒相对的是虚空的空间，它们在其中自由地运动。

"我承认，如果物质是由这样的部分组成的，那么在满盈的空间内就不可能运动，就像在一间装满了石子而没有留下丝毫空隙的房间里那样"，莱布尼茨答道。[14]但是，既不存在坚不可摧的原子，也不存在任何一种无法分割的质量。

在一个真空实验开始流行、原子论广受欢迎的时代，莱布尼茨为微观宇宙绘制了一幅完全别样的图景："人们必须想象空间充满一种物质，它本身是液态，每个部分都能够被无限分割。"[15] 尽管我们的观念要求存在一个静止点，并倾向于为物质材料的无限分割设定一个尽头，物质的连续统就算是在不断进步的分析中也不会分解成原子。宇宙是被完全填满的，而虚空空间被放逐到梦想之境。[16]

在此需要注意，莱布尼茨没有把物质说成是数学意义上的连续统。数学的对象是同质的空间、平面和线条。相反，真实事物的世界已经被以特定方式分割，而且从未精确地等分。在自然界中，从不存在两个完全相同的物体。

对此，他最喜欢举的例子是无法找到两片相同的树叶。即使是在按照几何学法则设计的、哲学家在其中陪伴选帝侯夫人索菲·冯·汉诺威[①]散步的巴洛克式的海恩豪森园林中，也无法找到两片一模一样的树叶。两滴水或两滴奶也总是会表现最细微的差别。

---

① Sophie von Hannover, 1630~1714，普法尔茨选帝侯腓特烈五世之女，英格兰国王詹姆斯一世的外孙女，未来的英格兰国王乔治一世和普鲁士王后索菲·夏洛特的母亲。

此外，物质的各部分总是处于运动中。莱布尼茨认为绝对静止是不可想象的，因为若非如此，从静止到运动的过程将成为纯粹的跃变。如此，物体也就失去了稳固的形态或表面。

"如果尝试直观地想象这个宇宙观的轮廓，人们可能会立即陷入无法解决的困境"，哲学家恩斯特·卡西尔 ① 在评论莱布尼茨的哲学时说。"无限分割的想法在观念上废除了个体。"[17] 按照莱布尼茨的说法，无限分割将导致超然于常规物质的单个实体，他在 10 年后将为这种实体创造"单子"概念并把它描述为形而上的、具有灵性的点。

自然界没有空虚之物、单调之物、贫瘠之物。所有仅占物质微小份额的运动着的部分可以被理解为集合或者机器，也就是与整体无关或者有关的部分。莱布尼茨生动地改写了这一点，他把每个物质片段称为"一座满是植物的花园"或"一个满是游鱼的池塘"。有机体是一种无限超越一切人造自动装置的"神圣机器"，

---

① Ernst Cassirer, 1874~1945, 德裔犹太哲学家, 马堡学派代表人物。

"因为一部人工创造的机器并非在其中所有部分都是机器。"[18]

在荷兰人安东尼·范·列文虎克的显微镜下，德意志学者曾经见过丰富多彩并延伸至最细微结构的生物。仅仅在一滴水里，就存在着如此五彩缤纷和五花八门的世界！在代尔夫特的拜访长久地影响着他对世界多样性的看法。一切都是多种多样的，"在它的每一部分都浓缩着整个宇宙"。[19]如果自然科学家有一天通过更好的放大设备探究至更小的维度，这条生命之链会不会中断？难道不可以想象，我们会在微观宇宙中遇到反映宇宙无限性的无穷吗？

到了21世纪，科学家已不再像在19世纪时对这种设想完全陌生。人类越深入物质内部，相互关系就越简单和明晰——这一希望推动着物理学不断向前。但是，它已被证明具有欺骗性。即使不含任何原子或原子核的空间也不是空虚的，即使最缺乏能源的状态也是运动的。举一个在臆想的真空中有许多混入物的例子：在地球上，每秒有数以十亿计来自太阳内部的中微子涌过您的拇指指甲大小的面积，而没有在您身体里留下任何可辨认的痕迹。

随着量子力学的兴起，基本粒子的经典图景也瓦解了。如果今天哪位物理学家探究微小物质材料的内部结构，他将会发现一个复杂而动态的微观宇宙。比如，质子的内部排列由于短暂的"虚拟粒子"而在不断变化。那些最接近牛顿所说的坚硬基本粒子，也就是3种被称为价夸克的质子成分，从来不能被描述为传统意义上的部分，因为无法再以任何方式使它们彼此隔绝：它们只有在系统内才共同出现。

自然界无跳跃

莱布尼茨在自然界的变化过程中观察到一种因果秩序和发展的无穷序列。"自然界无跳跃。"如同数学上的数列，所发生的事情可以被一直划分至最细小的环节。每一小时包含无数瞬间，每个瞬间又包含无数事物，"其中每个都包含无穷"。[20]

由于凡事皆有原因，是故任何新的状态都通过一项数学法则与此前的状态相关。因果关联的作用贯穿于变化的每个瞬间。"我认为，凭借形而上的原因，宇宙中的一切均以这样的方式彼此连接，即现在始终孕育着未来，而每个状态只有通过直接相邻的前置状态才能获得必然解释。"否认这一点，世界就会出现缺陷，它将推翻充足理由原则，迫使我们不得不在解释现象时求助于奇迹和纯粹的偶然。[21]

现在"始终孕育着未来"，这是莱布尼茨的形而上学最引人入胜的含义之一。它体现了他的严格的理性主义和他对超越极限的深入考察。自然界不存在状态的突然变化。相反，一切都以符合规律的顺序依次发生。

因为无穷序列也存在于此时此地，被体验的现在表现为那个包含着直接相邻的过去和将来的细分秩序的部分。[22] 时间易逝。此刻仅存在于一项时间序列之内，而以未来者观之，变化的方向总是已被预先确定。按照这种莱布尼茨式的思考方式，现在被压缩成一段无限小的时间间隔。

面对海洋的咆哮，这位哲学家解释道，不是每个瞬间的所有感知都会到达我们的意识：

当我们听到浪涛声，我们会感受到唯一的大海呼啸，尽管有无数拍岸的波浪对此作了贡献。任何声响，无论多么轻微，肯定都会以某种方式为我们所知。"否则，人们对千万道波浪也不会留下印象，因为千万虚无仍是一无所有。"[23]莱布尼茨把这种情形称为"微知觉（petites perceptions）"，即细微的感知或意识的微分，它们只有通过共同作用才能组成意识并被整合为总体印象。

当我们没有意识到自己的想法的时候，我们的精神仍在活动。无论怎样，我们都不能将其比作一张白板。该比喻是由英格兰哲学家约翰·洛克提出的："让我们设想一下，精神如人所言是一张白纸，没有任何字符，不带任何思想。"那么，精神是从哪里获得用于其思考和认识的材料的？它又如何装备它们？"我的答案只有一句话：来自经验。我们的全部认知都建立在它的基础上。"[24]

更进一步，洛克的前提即在表明，我们的理智无一不是来自于感觉。莱布尼茨补充了一句话，决定性地限制了该论点的范围："除了理智本身。"[25] 否则就无法解释数学和许多其他事物的理性真实，因为它们的基础尽是些原理，其证明"不依赖感觉的见证，尽管在没有感觉的情况下绝不可能想到这些真理"。[26]

就连我们的感知也源自一种精神的自发性。比如，感知需要注意力。我们的注意力却基本集中于新奇、变化或差异。如果我们已在附近居住了一段时间，我们就无法再注意到磨坊或瀑布的运动。因为它们一旦失去了作为新事物的吸引力，所产生的印象就不足以再唤起我们的注意。[27]

那么，为什么我们的周围并非始终有新事物发生？对这一答案的寻找将返回到莱布尼茨的连续性原理：自然界无跳跃。不存在非连续的状态变化。我们的周围不是一片混乱。相反，所有过程都接受自然法则的引导。

"现在"有多长？

对莱布尼茨而言，时间是一种意识现象。他试图用微分和积分计算剖析人的意识。在某种意义上，他所描述的"微知觉"在今天可以用实验技术加以研究。此时，呈现在研究者面前的是一种多层次的逻辑和我们大脑的整合能力，它们是 17 世纪的哲学家不可能预想到的。

根据现代实验结果，我们的大脑大约每两三秒就会打探一番世界上的新事物。所有这些两三秒的时间窗口都标志着意识的感觉，心理和生理学家恩斯特·珀佩尔[①] 解释道。[28] 对此，我们描述为笃笃或嘀嗒的摆钟敲击声是一个典型例证。我们会将钟表的声响整合为两次敲击形成的小单元，正如我们不会把较长的语句或者乐章作为整体感知，而是将它们拆分为长度为两秒或三秒的较小单元。[29]

那么，"现在"有多长？无论如何，有意识的当下绝不是时间点，而是一小段时间间隔，也许并不比一次呼吸更久。哪些事物能够进入意识，总是取决于那些直接相邻的前置意识状态。只有把接连发生的事情和我们的情感关联起来，才能制造出对时间连续性的感知。

不过，在该意识层面下，我们的大脑还完

---

① Ernst Pöppel，生于 1940 年，长期任教于慕尼黑大学，欧洲科学院院士。

成了更加多样的分析和综合工作。如此，它出于经济原因将事件长河拆分为短暂而不连续的段落，珀佩尔解释说。[30] 比如，只有其中的时间间隔达到至少3毫秒，我们才会将两波海浪制造的声音当作分开的信号。如果时间更短，这两个刺激就会在脑中合并为一个声音。

可是，我们所感受到的不仅有世界上所发生之事，还有发生顺序。尽管我们已经能在3毫秒之后区分出是一个声音还是两个声音，我们仍需要至少30毫秒才能确定它们孰先孰后。只有经过这一时间间隔，我们才能分辨"较早"和"较晚"的时间顺序。大脑遇到其他感官刺激时的行为与此相似，只是相应的时间窗口有细微差别。

为了正确汇总来自不同感官渠道的信息，我们的大脑需要依靠已经被加工过的经验。请您暂时放下正捧在手中的书，然后打个响指。您会觉得，您同时感受到响指的声音和手指的运动，尽管听觉刺激比视觉刺激传播得略快。您的大脑将它们合成为一声"啪！"只不过：大脑是如何判断出不是先有声音而后才打响指的呢？是什么决定了有些感官刺激被同时体验到，而有些则不同时呢？

"可以证明的是，大脑在不断调整它对于到达时间的预期"，脑科学家大卫·伊格曼 ① 解释说。[31] 如果我们亲自实施行为并与周围环境融为一体，它的效果就最好。当我们打响指或敲桌子的时候，我们期待既看见手指的运动，同时又听见声音信号并感受到触觉。伊格曼认为，只有通过持续地平衡新来的感官刺激和既有预期，我们的大脑才能正确地估计"先"与"后"并准确地判断时间顺序。

因果的时间理论

我们对因果关系的期待，也就是对于相同过程出自相同原因的认识，每天都会在我们的生活中得到反映。但是，我们是否能从因果关系中推断出时间顺序，或者反过来从时间顺序推断出因果关系？这个问题是否会让我们不可避免地陷入循环？

---

① David M. Eagleman，美国神经学家和畅销书作家，生于1971 年，在时间知觉、联觉和神经法学领域多有创见。

看上去，时间第一性符合我们的日常经验。只有通过审视事件甲和事件乙是否在时间和空间上彼此相接，以及是否始终按照"如果甲，那么乙"的相同模式重复发生，我们才能看出上述事件是偶然连在一起，还是其中存在因果关系。这就是说：我首先倾斜水壶，然后咖啡开始向下流淌。

莱布尼茨的观点与此不同。他认为，时间顺序不是事先规定好的。按照他的充足理由原则，一种状态甲的出现必然带来状态乙。如果我们此刻环顾四周的事物，便能认出它们不断变化的状态之间存在这样的因果关系。只有这种因果之间的区分才能产生时间顺序。我们的精神一直在活动，包括创造事件之间的关系并将发生过程归纳为单元。例如，假设某人投掷一只球，我们的精神就能将从扔出到坠地之间的各种感知联系起来。凭借我们的记忆，我们有能力通观这样一个过程。已经过去的事情也让我们感到历历在目，否则的话，我们不可能把坠地的球和扔出的球视为同一个。

莱布尼茨把他的主要注意力放在我们将单个事件联结成因果链条的能力上。我们对因果关系的判断力为正确认识我们在其中区别"先"与"后"的结果顺序提供了可能。"被认识的是因果关系，时间顺序只能被定义"，哲学家汉斯·赖欣巴哈①如此总结莱布尼茨的时间理论。[32]

莱布尼茨在《数学的形而上学基础》（ *Metaphysische Anfangsgründe der Mathematik* ）中写道："如果两个非同时元素中的一个包含着另一个的原因，那么前者就被视为在先，后者则被视为在后。我的较早状态包含着我的较晚存在的原因。既然万物相连，由于我自身的较早状态也包含其他事物自身的较早状态，所以它也包括其他事物的较晚状态的原因，并因此先于它们。"故而，一切存在物相对另一个存在物而言或是同时，或是较早，或是较晚。[33]

那么，莱布尼茨和牛顿对空间和时间的理解有什么区别呢？

在牛顿的物理学中，空间和时间是所有事

---

① Hans Reichenbach，1891~1953，德国哲学家，纳粹掌权后前往美国，被视为逻辑实证主义运动的代表人物。

物和事件的基础。一切都附着于一个固定的空间和时间结构中。特别是虚空的空间能够存在于穿行其中的微粒之间。对牛顿来说，空间和时间都是某种独立事物。他的"绝对时间"不依赖我们的感觉经验而存在。

与此不同，莱布尼茨从认识的主体出发，认为空间和时间不是实体本身，而是"思想物"。我们自己在事物之间建立思想秩序，比方说，把所有同时存在者总结为某一物，即空间。我们以此为自己创造了一个参照系，它显著降低了我们辨别方位的难度。尽管如此，还是有两种延展不可想象，即空间的抽象延展和物体的具体延展。[34] 在莱布尼茨看来，空间不是真实的，而只是一种思想上的关系设定的结果，也就是那些同时事物的相对位置的总和。这可以概括为一个简易表达：空间是共时存在物的秩序。

莱布尼茨认真看待世界的复杂性及其多样化的联系。如果我们想要沿着他的思想路径再前进一步，我们就不得不使自己破除习以为常的观念，并思考我们是如何获得空间和时间经验的，我们的意识是如何构建空间和时间的。莱布尼茨认为，从根本上讲，不存在"空间"和"时间"量，而只有事物之间的空间关系，就像它们的相对位置，以及表达为"较早"或"较晚"的事件之间的时间关系。[35]

他对时间的理解合乎逻辑地产生于空间概念，且同样是关系的某种反映。莱布尼茨再度将他的观点归纳为一个极其精简的表述："时间是非共时存在物的秩序。因此，它是普遍的变化秩序，与变化的具体方式无关。"[36] 我们借助时间把发生过程引入一个"结果秩序"，使事件彼此相联，并将它们区分为较早、同时和较晚之物。

我们更熟悉对过去、现在和将来的划分。这3种时间形态与我们的时间体验、我们的记忆、我们的瞬时感觉和我们的预期直接相关。其中，过去始终关联已不存在的事物，而未来始终关联尚未发生的事物。

奥古斯丁①得出结论说，我们对过去的了

---

① Augustinus，指希波的奥古斯丁，350~430，基督教早期教父和思想家，天主教圣人，其理论对后来的新教思想提供了重要启发。

解只是我们对它的现时记忆。就连未来也不过是作为现时的预期活跃在我们的精神中。于是，在任何情况下都可以说"过去的现在"和"未来的现在"。

那"现在"又是什么？奥古斯丁进一步观察发现，现在坍缩成了一个点。他的最终结论是，时间只存在于我们的想象里。过去、现在和未来仅出现在人类的精神之中。[37]

莱布尼茨也把时间视为我们精神的一个构造物。主观的时间概念是其哲学的实质部分，它始于我们对自我意识的理解：我们不断使我们的知觉和感受与作为知觉者和感受者的我们自身相关联，并通过这一反射活动获得对我们自己身份的认识。我永远保持不变，因为我的完整概念"包含我的现在的、过去的以及未来的全部状态"。[38] 在我说到我自己的时候，一个完整的想象的结果秩序就已经一道融入了这一表述。

不过，主观时间体验的结果是一种几乎无法通观的视角多样性，就像它特别是在莱布尼茨的单子论中表现的那样。过去、现在和未来取决于观察者各自的位置，而观察者本身也被包括在变化之内。对个体而言，此刻属于现在的事物，刚才还属于未来，很快将属于过去。换句话说：思考过去、现在和未来之人，已同时在一种时间过程中思考。

在过去、现在和未来随着所经历的变化发生时间上的推移的时候，先与后的关系保持固定。先于另一事件者将永远在先。因此，这一区别使时间能够不仅为个体或共享"此时此地"的一个小群体所体验，也能为许多彼此分离的人们所共同想到。而且，如果较早的事件由于参与者都能理解的因果链条而与较晚的事件分离，也不会有什么不同。

莱布尼茨通过把人类的精神辨识发生过程中的因果关系的特殊能力纳入他的思考，架起了从一种所经历的当下，也就是从一种主观时间到另一种社会时间的桥梁。在现代社会的共同生活中，钟表正具有向所有人指明事物先或后的功能。它提供了一个有约束力的参照系。于是，物理学只剩下尽可能准确的钟表所展示的时间间隔，而"现在"不再拥有其中的位置。莱布尼茨对空间和时间的理解不止于此。他还从根本上允许彻底的视角多样化，其贡献是，人们可以从不同视点建立事物及其变化之间的关系。

我们未能从莱布尼茨那里得知，我们的时间意识最后是怎么产生的。这位哲学家仅仅用他的"微知觉"提示说，其中有无意识过程的参与。直到今天，"过去"、"现在"和"未来"这类有意识体验的时间形态与"较早"、"同时"和"较晚"这类顺序之间的对立关系仍贯穿于许多哲学辩论。

从事实真理到理性真理

对莱布尼茨来说，我们的主观时间概念表达的是某种真实：也就是事件之间的因果关系。但我们是否必须接受凡事皆有原因这一原理，把它作为其哲学最后无法解释的残余？

莱布尼茨大致区分了理性真理和事实真理。理性真理可见于数学。"数学的决定性基础是矛盾性原理和同一性原理，也就是说，一个表达不可能同时既真又假。故有：甲是甲，则甲不可能是非甲。"[39]

相反，在日常生活中，我们经常能够遇到我们不难接受并被莱布尼茨称为事实真理的情况。如果我们仅把它当作事实，那么我们就基本上看不出自然现象之间的关联。如此，科学就成了经验的松散集合。"为了从数学过渡到物理学，还需要另一个原则"，莱布尼茨因此继续说。"这就是充足理由原则，也就是说，如果不存在一个说明为什么是这样而不是那样的理由，就什么也不会发生。"[40] 必须要探求这些原因。每个因皆有其果，并能够从中被识别出来。莱布尼茨指出，这样的因果分析可能会很困难。由于总有许多原因共同作用，产生的效果会相互叠加。

我们的精神是否已经在寻找这样的原因，科学家还在继续研究：在实验室的特殊环境里受到控制和记录的条件下，物理学家不断改变个别状态，以检验对现象产生的影响。如此看来，整个实验物理都建立在对世界因果结构的信仰的基础之上。自然科学家观察变化，并且用因果关系与之关联。接下来，就是以微分方程的形式描述变化过程或者差异。关于如何从这样的法则中推导出一段可测得的时长，本书稍后还将进行讨论。

由于每种新知识背后都潜藏着无数疑问，物理学的研究过程无穷无尽。这没有吓住莱布尼茨。因为这位哲学家相信，就像一个无穷数列不断接近极限值，如果我们不断破解因果关系之网，我们就是在接近真理，最终就能将事实真理还原为理性真理。

对此，牛顿要谨慎得多。作为实验家，他知道在为数不多的事物之中找到某种确定性的难度。"在我看来，我自己就像一个在海边玩耍的小孩，以不时发现一块比寻常更光滑的卵石或一片比寻常更美丽的贝壳为乐，而对我面前的浩瀚的真理海洋全然无知。"[41] 这与把所有限制都抛在身后的莱布尼茨是多么不同："向着更远（Plus Ultra）！"这位乐观的理性主义者装备着必需的逻辑，扎进海里，并已经徜徉于对彼岸的想象。

节约"时间"可能吗？

与其相反，让我们回归日常用语，以重新

获得脚下坚实的土地。我们每天使用的许多时间表达都让人感到时间是一种事件之间的关系："如果孩子睡觉了，我就回电。"或者："今天下午过来一趟。"第一种情况关系到一个具体的行为过程，第二种情况则关系到太阳的运行。不过，这样的时间表达是模糊的：孩子要过多久才会睡觉？"今天下午"是什么时候？

我们用作标准的钟表则要精确得多，比如我们说："我在8点一刻到家接你。"据此，门铃声将会在指针可预见地移至8点一刻的同时响起。这样的精确表达使我们免于更加漫长地等待。

在流动性高、日程紧张、其中的等候和休息时间都被视为不创造价值的现代社会，钟表时间作为标准化的参照系具有了某种约束力。与此相对，涉及哄孩子睡觉等具体行为的事件时间显得不再重要。我们把它嵌入由钟表时间预先规定的时间框架内，在某些情况下会提前中止哄孩子睡觉，因为向前移动的指针已经宣告了下一个事件。

固定的社会时间尺度在许多方面都会对我们的思维产生反作用。在看到无所不在的、其单位在彼此间自由转换的钟表和历书时，我们所体验的时间是固定的量。只是因为如此，我们的时间观念与牛顿观点的契合度就要比与莱布尼茨的高出许多。

不过，莱布尼茨的时间概念有助于理解如此简化和物化时间的另外一面。

那些把时间理解成事件之间的关系的人将得出无法节约"时间"的结论。人可以加快进度，更专注地工作，以求在一天内完成更多的事情。不过，谁若想节约"时间"，也会省去经历和经验，特别是那些通过遵守、等待或绕路才有可能获得的经历和经验。因此，对于时间的原则性理解也可能影响我们的生活感受。

不同于牛顿，莱布尼茨否认时间是一种不依赖于物质的存在。他从主体出发，把它视为"思想物"。此外，空间和时间也作为事物之间可能的秩序而存在于上帝的观念中。

上帝在创造宇宙时选择了尽可能最优的方案，兼顾多样性和有序性，并使空间和时间得到最佳利用，目的是以最小的投入获得最大的效果。[42] 宇宙具有创造力。莱布尼茨认为，空间中的所有相容之物都是真实的。如果有什么不相容，它在时间上就不能同时存在，而只能先后存在。

由于现在状态和未来状态以清晰的方式在功能上彼此连接，在莱布尼茨身后发表的"地球的史前史"中看不到什么超自然的事物。这位哲学家以丹麦地质学家尼尔斯·斯丹森①的决定性研究为依据，推想出一个由太阳物质生成的地球。它起初是熔融状态，水从其中蒸发出来并形成了大气层，而山脉却是较晚才产生的。

他在哈茨山矿区看到岩石中镶嵌着无数贝壳和鱼类的印迹，他认为这是古代生命的遗物。"我自己曾经捧着一条鲅鱼、一条鲈鱼和一条白鱼（Weißfisch），它们都嵌在石头里。"[43] 我们人类与动物、动物与植物以及它们与化石都是相互关联的。[44] 一切可能的事物都为了存在而奋斗。它也因此存在，除非另一个追求存在之物由于不与前者相容而阻碍了它的存在。

---

① Niels Stensen，1638~1686，解剖学和地质学家，被誉为地质学之父。晚年皈依天主教，1677 年被教会派往汉诺威担任领衔主教和宗座代牧，故与莱布尼茨相识。

在一个万物都受到自然法则规范的世界里，即使是"植物形动物"或其他中间物也不值得大惊小怪。"连续性原则在我脑海中的力量是如此强大，以至于假如发现了在饮食和繁殖等某些性质方面既有理由视为植物，也有理由视为动物的生命，我也丝毫不会感到惊讶。"他甚至相信，如果藏在地球内部和水域深处的生命的无穷性得到进一步探索的话，这样的动物注定存在，并且有朝一日将被发现。接着，他带着令人惊讶的现代性继续说道："我们昨天才开始观察；我们如何能在符合理性的情况下否认某种我们至今没有机会观察的东西？"[45]

争吵开始了

莱布尼茨在维也纳访学期间接触到牛顿的时代杰作，并很快被后者的支持者谴责为剽窃。

1687 年秋季，莱布尼茨开始了一场历时数载的旅行。恩斯特·奥古斯特公爵委托他研究韦尔夫家族的历史。这位宫廷学者需要根据有关来源证明汉诺威王室的古老渊源和高贵出身，以便意图和各选帝侯平起平坐的公爵能够强化他的权力主张。

在哈茨山受挫之后，这项任务对莱布尼茨而言来得正是时候。他没有透露自己的旅行计划就启程前往慕尼黑和维也纳，并打算从那里乘车去罗马和摩德纳，目的是根据文献资料仔细检索意大利的档案。这都是为了有望很快成为选帝侯的恩斯特·奥古斯特的荣耀！以及为了他自己的荣耀。

莱布尼茨于 1688 年春季抵达维也纳。他不满意在汉诺威的事业发展，于是想要觐见皇帝以表示愿意为其效力。由于他所处的地位，他需要经过长达数月的等候和疏通才有望获得接见，他便暂住在这座数年前曾被土耳其人包围甚至差点攻陷的皇都。在接下来的几周里，他制定了关于成立皇家矿业集体①、提供街道人工照明和建造一座赌场的方案。另外，他还与主教见面，讨论改善教会关系的可能性。[46]

莱布尼茨想要扮演政治顾问的角色。1688年 10 月底，他终于通过宫廷宰相②的引荐获得了盼望已久的朝见机会。在皇帝面前，他用一

---

① 矿业集体（Bergkollegium）是当时矿务最高管理机构，存在于萨克森选帝侯国，但帝国层面没有类似的机构，因此莱布尼茨建议成立一个。

② Hofkanzler，哈布斯堡皇朝所属邦国的最高行政和司法官员，此处应指奥地利大公国宰相。

番天马行空的演说描述了他在各个科学领域的知识。然后，他又在霍夫堡①附近逗留了数周，却没有等来所盼望的职位。即使在维也纳，人们也只愿意聘用他为史官。[47]

在此期间，他听说了发生于英格兰的新教徒反抗天主教国王的革命和牛顿的大作。期刊《学者记事》（*Acta Eruditorum*）为英格兰数学家备受瞩目的作品提供了一篇详细的书评。[48] 莱布尼茨向该刊物的发行者写信说，他怀着好奇而激动的心情阅读了关于牛顿《原理》的评论。"这个杰出的男人是推动了科学发展的少数人之一。"他在其中读到的许多内容都相当新颖，而且意义重大。[49]

话虽如此，莱布尼茨的当务之急是趁热打铁，完成一部堪与《原理》竞争的作品。他宁可沉浸于自己的思想长河，也不愿钻研属于别人的物理学解释模型。他向《记事》的发行人强调说，英格兰人的作品促使他把自己的一些观点写出来，尽管他在维也纳需要为完全不同

① 霍夫堡是欧洲最大的非宗教建筑群，位于维也纳旧城中心，自 13 世纪起不断扩建，是哈布斯堡君主的主要宫殿。现为奥地利总统府、国家图书馆和许多博物馆的所在地。

的事务忙碌。[50]

《原理》是关于空间、时间和物质的许多猜想的基础，它们为世界的数学描述和未来事件的预言提供了可能。恰恰是这些前提受到莱布尼茨的质疑。他所认可的只是数学家牛顿。相反，在他看来，这部高度复杂的著作是以不清晰的概念和不全面的自然哲学考察为基础的。

原子论、"绝对空间"和"绝对时间"对于莱布尼茨来说都是陌生的想法。在他看来，更加难以捉摸的是重力假说。莱布尼茨无法相信，所有物体仅凭借其质量就能超越任意距离而相互吸引。"这事实上意味着重新回到那种隐藏的，或者可以说，无法解释的性质。"[51]究竟是什么能产生这样的超距作用呢？

1688年夏季，法国科学院提出了同样的批评。牛顿的作品讲的是人们所能想到的最完美的力学。"提供更加透彻和准确的论证"是不可能的。不过，牛顿是作为数学家而非物理学家进行论述的。[52]人们在巴黎也认为，一个实体对另一个实体的直接作用是对魔法和神秘的回归。

牛顿觉得自己完全被误解了。他虽然承认自己不知道重力的发生原因，但他同时认为，它肯定来自于一种根据某些法则持续发挥作用的动因。"不过，至于这个动因是物质的还是非物质的，我留给读者去判断。"[53] 他不杜撰假说。

莱布尼茨看重理性的假说。他与欧洲大陆的许多自然科学家一样喜欢法国数学家勒内·笛卡尔的行星理论，后者认为，宇宙空间不是真空，而是充满了天空物质。该物质和行星都在一个旋涡里围绕太阳转动。这个旋涡牵动着一切。就像漂浮于河上的草叶在旋涡附近开始打转，靠近太阳的行星围绕中央星体旋转的速度较快，距离较远的则较慢。

莱布尼茨将这一定性观察转化为一个数学模型。还在维也纳的时候，他就向《学者记事》寄去了两篇科学论文。其中，他仅在边缘位置提到了那位来自剑桥的数学家，而且只是为了证明《原理》的核心成果已融入他自己的理论。他丝毫没有表达对牛顿的尊敬。因此，这两篇期刊文章看上去就像一句固执的："我也能！"

另一方面，他在 1689 年 2 月发表的《关于天体运动原因的研究》（*Tentamen de motuum Coelestium Causis*）已经具有独创性，理由是莱布尼茨在此首次使用微积分的语言阐述了一项物理学理论。尽管如此，他对修改后的旋涡理论仍不满意，因为他只能复制出开普勒的行星运动三大定律中的两个。这几条从无数次观测中得出的法则是他和其他研究者在计算时参照的标杆。

至少，他成功仿制出了引力定律。在整个出版物中，牛顿的名字仅出现在这一处："正如我已看到，这一定律已经为大名鼎鼎的艾萨克·牛顿所知"，莱布尼茨写道。他声称自己从《记事》的一篇评论得知这件事。不过，他从这篇书评里无法看出，牛顿是如何发现该定律的。

莱布尼茨在维也纳真的不熟悉牛顿《原理》的原作，而只是读了关于它的书评并用数学方法构建了他自己的模型吗？每一位看过《记事》的读者肯定都会这么理解。毫无疑问，德意志人的这番表态将会在同行中引发猜疑。

极其尊敬牛顿的成就的克里斯蒂安·惠更斯对此也很反感。收到《原理》后不久，他在给自己兄弟的信中写到他多么希望自己此刻就在英格兰，只为见到牛顿先生，后者的伟大发现令他敬佩不已。[54] 接着，荷兰人在 1689 年夏季乘船前往伦敦，希望亲自结识《原理》的作者。他们一同参加了皇家学会的会议，就光的传播和重力的原因交换了彼此的看法。

返回海牙后，惠更斯联系莱布尼茨，询问他是如何能在不了解《原理》的情况下写出《记事》上的文章的。[55] 半年后，他再次打听，莱布尼茨在读过《原理》之后是否仍没有放弃旋涡理论。其间，莱布尼茨已结束了收获颇丰的调查旅行并回到了汉诺威，他答复惠更斯说，他"在罗马头一次见到"牛顿的书，也就是他在《记事》刊文几个月之后。[56] 这可能吗？

对此，人们至今没有统一意见。20 世纪末，科学史家多明尼各·贝托洛尼·梅利[①] 根据现有的莱布尼茨手稿整理出若干证据，它们显示，莱布尼茨尽管已经在维也纳研读过《原理》，却仍坚持着自己的原创性。[57] 那么，莱布尼茨是否

---

① Domenico Bertoloni Meli，当代历史和哲学学者，在美国任教。

争吵开始了

不正当地利用了一次快速发表的机会？他自己的说法与此相反。

显而易见，在需要把功劳归于别人的时候，他和牛顿、伽利略以及其他科学宗师都不愿意松口。从科学史研究中产生的这一认识至今没有得到足够重视。不过，它或许正有利于将科学进步更多地理解为许多人的共同努力，而不是个别人物灵光一闪的结果，并能够相应地修正科研人员的业绩评判标准。无论如何，从那时到今天，发表文章的效率和数量始终是有待商榷的质量标志。

惠更斯没有继续追问此事。他最喜欢用发问对付同行的过度表现欲。1690 年代，当莱布尼茨夸耀他的微积分是决定性的创新时，他也多次用这种方式考验过这位德意志数学家。惠更斯表示怀疑，他要求举例说明微积分。不过，当他看到，德意志人能够用多么轻松和巧妙的方法解决棘手的数学问题时，他没有吝惜对"美妙算法"的赞扬。[58]

另外，惠更斯在行星运动方面也坚持旋涡假说。它的优势在于能够令人信服地解释为什么所有行星的公转方向都相同。相反，牛顿的理论既不能解释旋转方向的一致性，也不能说明太阳系内的天体究竟为什么运动。

但是，牛顿物理学的长处正是来自于对问题范围的限定。如果一颗行星出现在夜空中的某个位置，并且在此刻具有特定的运动方向和速度，牛顿的力学和运动定律就能准确描述它围绕太阳运动的轨道的后续走向。通过相同的程序，它能够预测卫星和彗星的移动，解释潮起潮落、炮弹的飞行曲线或者摆的往复运动。很明显，天上和地下的运动遵循着相同的自然规律。

相反，笛卡尔哲学的旋涡理论无法计算单个天体的轨道，牛顿对此的批评是恰当的。不过，这并没有损害将行星公转方向和太阳系结构理解成由更高原则产生的整体的尝试的声誉。恰恰是旋涡观念被证实为理解地球起源和我们整个行星系统的关键。

浴缸里的物理学

想象一下，您正躺在浴缸里。当您惬意地

徜徉在思绪的海洋里时，您周围的水完全静止。接着，您拔掉了塞子。发生了什么？

在水位逐渐下降的过程中，排水口上方的水面起初只是略微倾斜，使您能看出某种凹陷。很快，排水口上方的液体开始旋转，细小的水管将转得越来越快的水流汩汩吸入。这个旋转是无中生有的吗？

在此之前，您浴缸里的水已经在悄悄运动，而且略微偏向某个方向。但是，如果一个同样从容而宽广的旋转被挤压至极狭窄的空间，转动速度就会迅速提高。最著名的例子是一位滑冰女子的冰上旋转动作：一开始，滑冰者随着伸展的双臂缓慢转动，但只要她把手臂缩回，她就能够以极大的速度自转。这样一个转轴也可能位于排水管内、飓风眼或者行星系统的中心。[59]

21 世纪的天文学家已经能够在望远镜的帮助下观察到遥远行星系统诞生过程中的各个发展阶段。这些影像带来的结论是，我们自己的太阳系也产生于宇宙中的一团由气体和尘埃组成的星际云。45 亿年前，当这团巨大的原始分子云在自身重力的作用下崩溃并不断收缩，就发生了和浴缸里相同的事情：一个看似不甚重要、范围广大的初始运动转变成一个席卷一切的有力的涡流。唯一不同的是，它的吸力不是来自水管，而是来自重力。

崩溃的物质围绕系统的重力中心越转越快，后者的内部形成了太阳。同时，气体和尘埃汇聚成一张围绕太阳旋转的圆盘。这张圆盘上的物质不是均匀分布的。重力作用导致更多较小的旋涡出现，其中产生了自转的地球和其他行星。在物质越来越集中到少数天体的时候，行星系逐渐变为真正稳定的状态。直至今日，依然有飞来飞去的彗星、小行星和陨石为那段纷扰的诞生史作证。

牛顿的物理学不但缺少对行星共同公转方向的解释，而且缺少对于单个天体自转的解释。太阳为什么绕着它的轴转动？我们的地球为什么自转？牛顿无奈之下选择忽略这些问题。在某种程度上，他觉得天体自转是一种"自然运动"。

直到窥见宇宙的历史，数千年之久的圆周运动天文学的这丝最后记忆才彻底消失。现代宇宙学终于认清，天体的自转不是天生的，而同样是引力的结果。

牛顿的水桶

与此相反，牛顿依然严格区分旋转与非旋转运动。旋转运动与使我们在乘坐旋转木马时感觉到被推向外侧的离心力相关。牛顿认为，这种力的作用可以让我们认识到，一个物体不只是相对另一个物体运动，而是真的加速，并且参照的是"绝对空间"。

牛顿把离心力的作用归因于一个"绝对空间"的存在。他如何会猜想，一个我们所不可见的"绝对空间"能够对自转客体施加影响？他的水桶实验在此语境下名声大噪。这项简单得惊人的实验还将被物理学家持续进行数个世纪：

有一只水桶，它被拴在一根被事先捻转的线上并开始转动。开始时，桶中的水没有一起转动，因为它的惰性太大，不能立刻跟上桶的运动。在此第一阶段，水面是平整的。在第二阶段，桶和水一起转动。此时，水沿着桶壁上升，水面涌起形成凹弧形。接着，某人突然使桶停转。尽管如此，水在这第三阶段仍在转动，水面也保持凹弧形。是什么使水面如此弯曲？

水相对于桶的运动被排除在原因之外。因为无论是在第一还是第三阶段，水和桶都在相向运动，但只有第三阶段中的水面是弯曲的。所以，牛顿的结论是，"水的那种倾向"不取决于桶壁或周围的物体。他认为，如果在一个此外空空如也的宇宙空间里转动，上述实验情况也不会发生改变，水面依然会保持弯曲。也就是说，起决定作用的不是水相对于其他任何物体的运动，而是相对于我们虽然看不见，但能够通过离心力作用所认识的绝对空间的运动。

这当然无法加以证实。转动的桶在虚空的宇宙中会发生什么，这超出了我们的经验。这样一张白板注定只能作为思想实验。

但对牛顿来说，水桶只是许多例子中的一个。地球转动时使其改变球形的离心力也可以在虚空空间里得以维持。这一使地球扁平化的原因依然要在地球以外寻找。其他行星自转的情况类似。除了绝对空间之外，牛顿最后没有发现其他可能的原因。

在浴缸经验和现代宇宙学的背景下，想象一个天体在完全虚空的空间内转动看起来并不合理。整个太阳系是拥有无数恒星的银河系的一部分。如果没有周围的这些物质，太阳系的原始云团就不会开始转动。如果谁坚持白板理论而排除所有物质，那么谁最终也会抛弃使太阳系、地球和其他行星的旋转变得可能的条件。

只有对宇宙时间发展的洞察才能赋予万物互联的相对视角以更深刻的含义。莱布尼茨认为，无法想象能够从世界中抽离一个物体而不使全部其他事物因此发生改变。尽管如此，作为数学家的他显然是在徒劳地为牛顿的水桶实验寻找一个有说服力的解释。

直到19世纪，物理学家恩斯特·马赫才从一个相对的立场出发解释力的作用。"牛顿的旋转水桶实验只是表明，水相对于桶壁的转动没有引起明显的离心力，而后者是由相对于地球质量和其他天体的转动引起的。"[60] 外部世界是不能被忽略的。马赫认为，如果水处于静止而整个恒星天球围绕该液体运动的话，我们也能观察到离心力的作用。

这一点肯定会被发现！我们在夜空中看见的遥远星辰会对桶里的水产生影响，这可能吗？

当代相对论者多明尼各·朱利尼[①]强调，这样的假说并不像乍一看那么不着边际。虽然恒星的吸引力随着与地球距离的增加而减弱，但随着距离增加，我们遇见的恒星数量和其他宇宙质量也同步增多。"所以总的来看，从中完全可以产生明显的效果。"[61]

*

就这样，我们已经远远超出了物理学和天文学的发展进程。莱布尼茨和其他巴洛克时期的学者特别指摘的是，牛顿通过他的水桶实验和"绝对空间假说"脱离了可能经验的领域。为解释我们行星系统的转动，他们宁可选择笛卡尔的旋涡理论。

———————————

① Domenico Giulini，当代德国物理学家，汉诺威大学和不来梅大学教授。

旋涡理论还将长期阻碍牛顿物理学被普遍接受。伏尔泰在 1720 年代末依然写道，一位来到英格兰的法国人会发现那里的哲学非常不同。"巴黎人认为宇宙是由细小物质的旋涡构成的，伦敦人完全不这么看；我们认为月球的压力导致了海潮，英格兰人认为海洋被吸向月球……你们笛卡尔派认为万物的发生都借助一种难以理解的原动力，牛顿先生则认为是由一种同样原因不明的吸引力所致。" [62]

数学与其他情感

数学语言是如何适用于表达物理学定律的？对年轻的数学家而言，正是牛顿理论的强大预测能力带来了非同寻常的激励。尼古拉·法蒂奥·德·杜伊耶 ① 表现了对《原理》及其作者的狂热崇拜。在牛顿与莱布尼茨之间即将到来的优先权之争中，这位瑞士人将成为关键人物之一。

---

① Nicolas Fatio de Duillier, 1664~1753, 日内瓦数学家, 他对解释黄道光的成因和提出雷萨吉引力理论 [一种试图用粒子流解释万有引力的理论, 由日内瓦学者乔治－路易斯·雷萨吉 (Georges-Louis Le Sage) 于 1748 年提出] 作出了重要贡献。

法蒂奥首先作为天文学家在巴黎天文台闪亮登场，接着在海牙和惠更斯一起钻研切线的数学计算方法。他近来生活在伦敦，精通牛顿物理学，并且紧紧追随着这项惊世伟业的缔造者。

牛顿很快就注意到这位 25 岁的数学家。虽然不知道他们的关系是如何开始的，但从一封写于 1689 年 10 月并被大量引用的书信来看，两人此时应该已十分亲近："我打算下周待在伦敦，如果能与您住在一起，我将非常高兴，"平日里相当拘谨的数学教授要求道。"我将带上我的书和您的信……我请求您用一两句话告诉我，您是否已经找到了可以让我们合住的地方。"[63]

几乎同时，法蒂奥给他原来的老师写信说："我想留在英格兰，与我所认识的最值得尊敬的男人和有史以来最具才华的数学家牛顿先生共同生活。"假如他有多余的 10 万塔勒，他将会立刻为牛顿树立一座纪念碑。但就算是这样一大笔钱，也很难配得上这位伟大的人物。[64]

法蒂奥崇拜牛顿，并通过自己的人脉帮助牛顿在英格兰国都寻找合适的职位。奔波于剑桥和伦敦之间的牛顿绝对愿意在大都市定居，那里还有其他学者追随自己。不过，当一所精英私立学校的领导岗位空缺时，牛顿却没有积极争取。200英镑的年薪和一辆公务马车不足以补偿伦敦的糟糕空气以及据他本人所说的，他并不那么热衷的公共生活。[65]

法蒂奥全身心地投入新式物理学的工作。他想要填补对引力效应的力学解释的缺失，并以尽快推出新版《原理》为己任，梳理出一张错误清单，与牛顿一起逐条审核。除了他的偶像本人之外，其他数学家都没有资格质疑前者的名望。

1691年12月，他告诉惠更斯说，他看到一些旧文件，其中清楚地表明，"牛顿先生是微分计算的首位发明者"，他把该方法运用得和莱布尼茨先生一样好，如果不是更好的话。他认为，那位德意志人在读过牛顿先生当时写给他的信之后，才恍然大悟。"我格外惊讶，莱布尼茨先生在莱比锡的《记事》上竟然对此只字未提。"[66]

三个月后，法蒂奥第一次打算公开牛顿在15年前与莱布尼茨的通信。他对惠更斯宣称，这对那位德意志人来说可能会很尴尬。因为如果没有这些信件，他就无法发现微积分。除了用一套新符号彻底改变了原作的外观以外，莱布尼茨先生什么都没有做。[67]

从这时起，在英格兰开始流传这样一种观点，即莱布尼茨对发明微积分的贡献极少，甚至为零。牛顿把信件交给他的知己，然后就清高地退居幕后。看起来，法蒂奥抨击莱布尼茨剽窃和他没有关系。他避免陷入与数学家的争执，而是把自己的时间用于炼金术和专心研读《圣经》。他花费许多笔墨向哲学家约翰·洛克解释，天主教会是如何在几百年间伪造圣书的。

然而，法蒂奥也不再让牛顿省心。他们之间的关系仿佛坐上了过山车。"我几乎没有希望再见到您了"，一直在折腾的法蒂奥于1692年秋季写道。"回到剑桥后，我的肺部患上重度风寒……如果此生完结，我希望我的兄长……取代我的位置，延续我对您的友谊。"[68]

"我无法表达，您的信让我感到多么不安"，牛顿立刻回信说。他尝试用热情、担忧的词句使朋友振作起来，向他推荐伦敦的医生，还想为他承担费用。[69] 当法蒂奥的母亲后来去世时，这位瑞士人在返回家乡和应牛顿邀请移居剑桥之间犹豫了数月之久，因为都城的空气会损害他的健康。法蒂奥再次向他保证自己最希望与他共度一生，却仍然留在伦敦。牛顿多次去那里看望他，仅在1693年6月就有两次。

这一切在同年夏天戛然而止，其背景尚不明朗。直到秋天，牛顿才走出他一生中最艰难的危机之一。他在这几个月的书信表现了一种深度沮丧、情感困惑和只能被理解为失去挚友之痛的厌世情绪。

牛顿向皇家学会前会长萨缪尔·皮普斯写道，他在过去的12个月间坐立不安、辗转难眠。他也未能恢复到之前的精神状态。他从来没有打算通过皮普斯的支持得到什么。"可是我现在明白，我必须停止与您来往，我不能再见到您和其他朋友了……"[70]

在三天后寄给哲学家约翰·洛克的信中有如下内容："我原以为，您有意把我和女人撮合在一起，并以其他方式让我感到激动，使得有人告诉我您病重而且时日无多时，我回答说您死掉更好。请您原谅这些没良心的话……"[71]

关于牛顿可怜处境的消息通过皮普斯和洛克流传至整个欧洲的学术圈。惠更斯是最早得知牛顿陷入萎靡的人之一。这则消息经由他传到汉诺威，莱布尼茨在那里真诚地表达了同情。

莱布尼茨受到质疑

1693 年春季，莱布尼茨就已再次致信牛顿，称赞他的《原理》和让整个学术界受益的数学知识。关于行星运动的原因，他自己虽有不同意见，但他的计算结果将不会与牛顿的发现有所出入。[72]

他在年底前后才收到回信。牛顿首先对迟复表示歉意。他把信落在了文件堆里，这令他十分尴尬，因为他珍惜莱布尼茨的友情，并认为他是 17 世纪最主要的几何学家之一。"尽管我已尽力避免哲学和数学方面的通信，我还是担心这段沉默可能影响了我们的友谊。"

不过，牛顿立刻否定了莱布尼茨进行计算的物理学基础：天体的运动如此规律，以至于旋涡更可能扰乱它们的轨道，而不是使其稳定。

天体之间的宇宙空间基本上是虚空，没有迹象表明存在液态的宇宙物质。特别是被拉长的彗星轨道和旋涡理论不匹配。"但如果现在有人前来，通过任何一种微妙物质解释重力以及所有相关定律，并能证明行星和彗星的运动不受此物质干扰的话，我绝不会反驳。"[73]

在同一封信里，他提示莱布尼茨注意来自牛津的数学家约翰·沃利斯①在此期间写的一本书。沃利斯请求牛顿提供他们多年前的通信情况。于是，牛顿向他简要地解释了流数术，但是希望没有写下任何会使莱布尼茨不悦的话。如有这种情况，就请莱布尼茨以书面方式告知自己，"因为我把朋友看得比数学发现更加重要"。[74]

此时，牛顿还不了解沃利斯最终为其《数学剧场》（*Opera mathematica*）所作的序言。沃利斯有意在优先权问题上高举英格兰的旗帜。其中写道，牛顿比莱布尼茨早10年掌握微积分，

① John Wallis, 1618~1703, 他既是教士，又长期担任国会和皇家法院的首席解码员，被视为无穷符号"∞"的发明者。

并在两封信里向后者作了介绍。1695 年 4 月，该书作者责备了发现者本人：牛顿太不重视他自己和国家的声誉，独享最重要的成果"那么久，直到别人抢占了应属于您的名誉"。[75]

此处的别人是指莱布尼茨和他的学生。他们在解答悬赏数学问题的竞争中处于领先位置。1691 年发表于《学者记事》的一篇文章就是例证。其中，莱布尼茨描述了一条垂挂于两点的链条的几何形状。[76] 这是个多么复杂的问题！伽利略错误地把悬链线当作抛物线，惠更斯苦思冥想了数十年才得出一个结果。在这里及其他情况下，微积分被证明是极大的进步。莱布尼茨懂得如何概括一整个时代的数学成就。

对此，自从断交以来似乎未再直接联系过牛顿的法蒂奥持有完全不同的评价。当他觉得自己在一场国际数学竞赛中落后时，他将责任推卸给奋发进取的莱布尼茨，并在一切公开场合否认他对发明微积分的功绩。"无论是谦虚的牛顿的沉默不语，还是莱布尼茨意欲将发明微积分据为己有而表现的过分激动，都无法迷惑那些研读了我自己检查过的文件的人。"[77]

　　莱布尼茨立刻向授予法蒂奥的作品出版许可的皇家学会申诉。学者之间经常用支持各自观点的论据争辩，但不是相互辱骂。他自己至今没有和牛顿发生过争执，也未听说这位卓越的男子曾经说过对他不利的话。莱布尼茨表示，他在1684年发表他的微积分时，他对牛顿的方法还一无所知，除了后者本人在给他的信中所写的以外。[78]

　　在1690年代的进程中，越来越多的英格兰数学家对此表示怀疑。在约翰·沃利斯和大卫·格雷戈里附和法蒂奥的观点之后，乔治·切恩 [1] 甚至声称，数学界近几十年发表的作品都不过是对牛顿早就发现之事物的模仿。

　　1696年夏天传开消息说，《原理》的作者接受了皇家铸币厂的一个领导职位。莱布尼茨间接地向他致以美好祝愿。[79] 不过他感到遗憾，因为牛顿将要忙于"思考更重要的事务"了。[80]

　　当牛顿最终彻底搬至伦敦并被选为皇家学会会长时，越来越多野心勃勃的仰慕者聚集到

----

　　① George Cheyne，1672~1743，苏格兰医生、哲学家和数学家。

他的周围。他们盘算着利用他的荣光，希望通过提高他的国际认可度为个人发展谋取利益。挑起这场丑陋的微积分发明优先权之争的既不是莱布尼茨，也不是牛顿，而是牛顿的狂热拥护者。

做自己的裁判

牛顿与莱布尼茨之间的对立变得固化。
这时，时间也成为争论的对象：显示真实
时间的是太阳还是理想的钟表？

科学史家阿尔弗雷德·鲁珀特·霍尔[①]关于
牛顿和莱布尼茨的优先权之争的权威作品题为
《战争中的哲学家》(*Philosophen im Krieg*)。[81]
为牛顿立传的弗兰克·爱德华·曼努埃尔[②]将这
两位学者比作"古罗马竞技场上的角斗士"。[82]

---

① Alfred Rupert Hall，1920~2009，英国作家，他收集和
整理了牛顿未发表的大量文章和书信。
② Frank Edward Manuel，1910~2003，美国历史学家，
凭借《西方世界的乌托邦思想》获得 1983 年美国国家
图书奖。

他们踏上赛场时都已超过 60 岁。他们不是在比拼哲学观点——我们还将看到，这需要一位妇人的智慧才能进行——而是在主张自己对微积分的发明权。

让我们以一位旁观者——扎卡利亚·康拉德·冯·伍芬巴赫①的视角走近这座竞技场。这位来自美因河畔法兰克福的法学家从 1709~1711 年和他的兄弟及一位仆人完成了一次漫长的游历，途经许多德意志城市，还远赴荷兰和英格兰。他最喜欢驻足于书店和图书馆，购买书籍和手稿，翻阅古代抄本。

1710 年 1 月，扎卡利亚·康拉德·冯·伍芬巴赫拜访了"举世闻名、学识渊博的枢密院参事莱布尼茨先生"。就在那一年，莱布尼茨生前所发表的内容最广博的作品《神义论》（*Théodicée*，也译《神正论》）问世了。其中，他将上帝的创造解释为"一切可能世界中的至善世界"。他的假说中还没有哪个受到过

① Zacharias Conrad von Uffenbach，1683~1734，出身于法兰克福的城市贵族，曾担任议员和官员，以其游记和藏书知名。

如此多的争议。特别是伏尔泰对它进行了辛辣的嘲讽。

莱布尼茨认为，我们的世界兼有最简单的原理和最多样的现象。如若不然，它就会与上帝的完美相违背。为了使上帝能够创造出有别于自身的事物，世界也不得不包括一定数量的恶。在乐观主义者看来，这种恶却含有在世界运行过程中达到完美的可能性，并被上帝的恩典所补救。

《神义论》产生于同选帝侯夫人索菲·冯·汉诺威之女、首位普鲁士王后索菲·夏洛特①的谈话。莱布尼茨把与她的交谈视为自己生命中最快乐的时光。尽管如此，他每次前往柏林时都会感到荒废了时间。"看起来，过于安逸并不是好事；它导致人们在不知不觉中虚度生命，而没有充分利用或感受它。"[83]

这位哲学家在柏林同样抓紧时间。他说服索菲·夏洛特支持在那里建立一座带有天文台

---

① Sophie Charlotte，1668~1705，普鲁士王国创立者腓特烈一世之妻，柏林的夏洛滕堡宫以其命名。她和她的母亲都是莱布尼茨的好友。

的科学院。1700年7月12日，他当选为普鲁士科学院首任院长，但由于汉诺威的事务而只能遥控指挥。在年轻的王后突然离世之后，他彻底放弃了掌控。1710年6月3日，科学院章程最终在他缺席的情况下获得通过。不满的莱布尼茨也没有参加盛大的成立仪式，而是早就认准了新的目标：为沙皇效力，或者再去维也纳找皇帝碰碰运气。

不过，他事先接待了27岁的扎卡利亚·康拉德·冯·伍芬巴赫。在后者悉心记录的旅行日记中，《神义论》的作者在一个冬日的午后出现在我们面前。在伍芬巴赫的回忆中——莱布尼茨彬彬有礼地向他表示欢迎——"尽管他已年满六旬，里面穿着毛皮长袜和晚裙，并用大号的灰绒短裤代替了拖鞋，还戴着又怪又长的假发，因而显得古怪，但他依旧是一位非常和蔼可亲的男人"。

很快，这位宫廷图书馆馆长开始滔滔不绝地谈起政治及其他学术问题。"我努力尝试停止这样的讨论，并请求他向我们展示他自己的与选帝侯的图书馆，那才是我最渴望的。结果正如我们之前已经听说的那样，他已经习惯于在上述两件事情上拒绝每一个人。"[84]

莱布尼茨在他的图书馆里过着与世隔绝的生活。我们从他的助手约翰·格奥尔格·冯·艾克哈特[①]笔下得知，他有时连续数个星期埋首于研究。"他到深夜1~2点才上床睡觉。有时他就在椅子上睡，并在早上6~7点时重新精神焕发。他聚精会神于一件事物，经常连续数日不离开座位。"[85]至于食物，他会让人从餐馆送到房间来。

他的头脑一直在运转不休。在下一次见到伍芬巴赫时，这位礼貌的知识分子依然口若悬河。他不停地抛出各种名称，向来访者倾吐他百科全书般的学识，沾沾自喜地谈起他撰写或引用的学术论文，介绍他为了以时间顺序发掘全世界的知识而按照年份编制的图书馆书目。在许多方面，伍芬巴赫的旅行日记中的瞬间刻画都与莱布尼茨在晚年信件里所透露出的生活方式相吻合。

---

① Johann Georg von Eckhart，1664~1730，历史学家，曾担任莱布尼茨的秘书，在其死后接替了史官和图书馆馆长的职务。

会长先生

半年后，伍芬巴赫继续旅行并来到英格兰。此时，伦敦人与德意志人的关系颇为糟糕。1709 年，在辉格党的压力下，《移民法》有所松动。紧接着，当年 5~8 月间，约有 1.5 万穷困潦倒的普法尔茨居民涌向英国首都。他们在一个饥寒交迫的冬季之后背井离乡，打算移民美洲——这使不堪重负的政府吓了一跳。伦敦城外出现了巨大的难民营。"尽管付出了极大努力，使他们在大不列颠安家落户的所有尝试都失败了"，历史学家玛格丽特·舒尔特·贝尔比 ① 如此说道。[86] 就在伍芬巴赫于 1710 年夏天抵达伦敦时，自由的移民政策随着政府倒台而宣告终结。

7 月 5 日，这位贵族第一次前往皇家学会。显然，他对此次造访期望甚高。"人们在德意志把这一社团想象得太好"，他在日记本里写道。从前由罗伯特·胡克购置的仪器在他死后落满了灰尘，有些甚至坏了。一切都显得落魄。皇家学会的月刊《自然科学会报》在最初的 6

① Margrit Schulte Beerbühl，德国现代史学者。

年中做得最好，内容最丰富，胜过后来各期的总和。

"公共社团就是如此。它们的繁荣短暂，赞助者和最初的成员尽力将一切做到极致；之后就会面临各式各样的问题，有些是因为忌妒与不合，有些是因为吸收了各种不够格的成员。"皇家学会几乎不再做什么事。它的成员主要是药剂师和其他几乎不懂拉丁语这门学术语言的人。"牛顿会长年事已高，并且不堪其在皇家铸币厂的职务和个人事务的羁绊，因而没有太多精力关心学会发展。"[87]

几十年来，皇家学会内部一直矛盾重重，而且越来越僵化。虽然牛顿能够为学会带来一些高官显贵和一位每周负责演示气泵、气压计和起电机的实验员，但他自己在移居伦敦之后几乎不再从事研究，也没有给学会注入新的动力。这位数学家高度重视自己在皇家铸币厂的工作，特别是在1707年英格兰和苏格兰王国合并为大不列颠王国及一个货币联盟之后。整合爱丁堡和伦敦的两家铸币厂是他最重要的任务之一。有时候，他的行政工作是如此繁重，以至于因为他的缘故，1711 年皇家学会全会不得不从周三推迟到周四举行。

牛顿审视流行的货币理论，检验铸币的纯度，负责从流通中回收旧银币并铸造新币。在打击假币制造者方面，他可谓坚韧不拔。他采取一切手段，在卧底的帮助下全力识破骗子的伎俩。为他作传的理查德·韦斯特福尔从数十位伪币铸造者中选取一人为例，对他的毫不留情加以描述。因为制造假币在大不列颠被视同于叛国，此人和许多人一样被送上了绞刑架。[88]

为国家监管货币的职务为牛顿带来了财富。由于他的政绩，继承奥兰治的威廉王位的安妮女王[①] 把他提升至骑士等级[②]，这使艾萨克·牛顿勋爵成为伦敦的显贵人物之一，进入了有资格参加王室宴席的上流圈子。在他担任会长期间，皇家学会的财务状况得以稳固，并于 1710 年秋季在弗利特街（Fleet Street）附近买下了一

---

① Anne of Great Britain, 1665~1714, 斯图亚特王朝末代君主，1702 年起在位，任内参与西班牙王位继承战争，并实现英格兰与苏格兰合并。

② 英国贵族的最低等级，爵位不可世袭。

栋属于自己的建筑。

同年，若干成员退出了学会，部分是出于对牛顿的专断领导风格的抗议。这位会长受不了会场上的窃窃私语和哄堂大笑，特别是容不得反对意见。他在对其他学者说话时粗暴尖刻，天文学家约翰·佛兰斯蒂德对此感触最为强烈。

作为皇家天文台台长，佛兰斯蒂德正着手公布他历经数十年夜间观测而绘制的星图。牛顿向他施加压力，原因是他准备再版《原理》，希望用精确的天文数据作为支撑，却嫌佛兰斯蒂德的进度太慢。1710年底，他凭借一纸国王诏令将天文台纳入皇家学会监管。他原先还直接与佛兰斯蒂德通信，如今埃德蒙·哈雷和牛顿任命的委员会逐渐替他分担了这种烦人的事务。他们抢走了佛兰斯蒂德的尚未完善的资料，没有经过他的同意就出版了星图集，还在前言里批评他的工作。佛兰斯蒂德进行了正当防卫。后来，他夺回了大部分出版物的所有权，并当众将它们付之一炬。

做自己案件的法官

这一事件不是数学家牛顿担任学会会长的
25 年内的唯一黯淡篇章。1711 年，他与莱布尼
茨的优先权之争也有所加剧，皇家学会的一个
委员会立刻着手应对此事。艾萨克·牛顿勋爵
在幕后实施操纵，并始终没有露面。

不过，莱布尼茨自己也招致了冲突。牛顿
把皇家学会及其《自然科学会报》当作工具，
莱布尼茨也如此对待他累计供稿 100 余篇的大
本营《学者记事》。英格兰数学家们的作品在
这里不总是获得好评。这位德意志人匿名发表
了一篇对牛顿数学文章的评论，这显然过火了：
1704 年，牛顿终于以书的形式发表了他仍具有
指导意义的光和色的理论。他的流数术出现在
《光学》（*Opticks*）的一则数学附录里，莱布
尼茨对此立刻作出反应。这篇利己的书评又一
次以典型的自我表现为高潮：匿名的评论人强
调说，在牛顿的数学论文里提到的那些原理已
经被其发明者戈特弗里德·威廉·莱布尼茨在
《记事》中提出，并由他和他的接班人通过不同
例证加以阐述。牛顿没有使用莱布尼茨的差分

（Differenz），而是"一直在"运用流数。他不但在他的《原理》，而且在后来的作品中绝妙地运用了它们。[89]

这些模棱两可的文字想表达什么？牛顿是在莱布尼茨之后才发现了他的流数术？甚至是从他那里复制了它，这不但事关发现顺序，而且是将牛顿与当时另一位以模仿著称的数学家相提并论？还是说，"一直在运用"意味着牛顿的方法在《原理》问世前已经存在了很久？

这就是莱布尼茨后来想要说明的，他同时否认那篇评论为自己所写。他从来没有对友人承认过他的作者身份。[90]但只要是发表在期刊这种新媒体上的东西，即使事后进行冗长的表态也不容更改。对牛顿的拥护者来说，这篇无疑出自莱布尼茨笔下的评论（他的遗物告诉了我们真相）正是从天上掉下的馅饼。

这次，另一位英格兰数学家约翰·凯尔[①]指责莱布尼茨剽窃，后者立刻进行了辩解。然而，凯尔从《记事》中找出了那篇5

---

① John Keill，1671~1721，牛津大学教授，1700年成为皇家学会会士。

年前的评论，并把它提交给学会会长。皇家学会的一次会议对该案进行了讨论，要求凯尔起草一份报告，它在1711年被送到莱布尼茨手中。牛顿对学会秘书写道，他至今不知道那篇评论，但和莱布尼茨有理由抱怨凯尔的报告相比，他在读过它之后更有理由感到恼火。[91]

莱布尼茨丝毫没有觉察到牛顿态度的转变，而是呼吁他已经加入35年的皇家学会保持公正。他和他的朋友始终认为，流数的发明者是沿着独立路径取得他的认识的。在《记事》的同一篇评论中，每个人也都获得了其应得的——这句附加的话他本该忍住不说。[92]

紧接着，牛顿组建了一个"独立的"委员会，用以检查所有手稿和信件。他决定不通知莱布尼茨，也不请他提供相关文件或听取他的意见。相反，学会会长亲自向委员会提供材料，其中也包括莱布尼茨从未在英格兰接触到的文件。

就这样，调查结果产生了。总结报告以完全符合牛顿意图的方式整理出微积分的来龙去脉：一是他在莱布尼茨之前发现了微积分，这在牛顿看来最为重要，因为他认为第二位发现者不具有任何权利；二是他把有关知识告诉了莱布尼茨，书信和其他档案可以证明此事。

在莱布尼茨第二次访问伦敦时，当时的皇家学会图书馆馆长确实让他查阅了牛顿的数学手稿。无法确定莱布尼茨具体看到了什么，但可以证明的是，他自己对于微积分的研究在此前一年就已经取得了长足进步，以至于当代科学史家公认这是一次独立的发现。

上述报告包含大量针对莱布尼茨的怀疑，认为后者的出名主要不是依靠他独立取得的成就，而是依靠在诸如他的计算机等问题上夸下海口。此外，据说圆周率 π 的级数也是他从数学家詹姆斯·格雷果里那里学来的。这本小册子在印成后被邮寄给皇家学会成员，并通过书商传播开来。

莱布尼茨的反击

此时，莱布尼茨并不在人们对他思念已久的汉诺威，而是回到了维也纳。1713 年春天，他在那里被任命为帝国内廷议事会参事 ①，成为皇帝的臣属，却只把这份高官厚禄当作兼职。这位博学家一直劝说查理六世（Karl VI）和欧根亲王（Prinz Eugen）实施雄心勃勃的计划。他希望依靠他们的支持，在维也纳仿照皇家学会建立一座科学院，并且已经相信自己将担任院长。它还应当拥有一座天文台、一座植物园和更多设施。

1713 年夏天，皇家学会的声明令他惊愕不已。由于提出上述指责的报告盖着学会的公章，他仿佛成了一位未经庭审就收到法庭判决的被告。因此，数学家约翰·伯努利 ② 和克里斯蒂安·沃尔夫 ③ 催促他尽快写作一篇相反的报告。但是，他应该如何从他的视角出发，迅速整理出

① Reichshofrat，帝国内廷议事会是神圣罗马帝国后期两个最高司法机关之一，由马克西米利安一世成立于 1497~1498 年，负责审理涉及帝国采邑和皇帝特权的案件，存续至 1806 年帝国解体。

② Johann Bernoulli，1667~1748，巴塞尔数学家和医生，出自著名的学者世家伯努利家族，是数学家雅各布·伯努利之弟，丹尼尔·伯努利和小约翰·伯努利之父，也是莱昂哈德·欧拉和纪尧姆·德·洛必达的老师。

③ Christian Wolff，1679~1754，德意志博学家、法学家和启蒙主义者，他发展了莱布尼茨的哲学，其思想对德意志哲学和普鲁士立法影响深远。

微积分的历史脉络呢？他远离汉诺威，手边既没有信件，也没有其他证明材料。

于是，莱布尼茨以一本匿名的小册子作为回应。其中，他将牛顿描述成一位对级数理论发展有功劳的学者。不过，他现在要为一项即使做梦也未曾想到的发明主张自己的权利。众人皆知，皇家学会会长喜欢将发现成果归于自己一人。罗伯特·胡克很早就在引力假说的问题上表达过不满，如今站出来的是约翰·佛兰斯蒂德，他的天文观测数据曾被牛顿挪为己用。[93]

牛顿原以为能通过皇家学会的报告让德意志人哑口无言，结果他发现此时自己也面临公开指责。莱布尼茨调转了矛头。他在论战中把学会会长描绘成好斗、自负和根本没有弄懂微积分细节的学者。牛顿对高阶导数的计算有误，在别人没有熟练掌握之前也不知道正确的解法。莱布尼茨通过他的朋友和笔友扩散这篇文章。另外，这本小册子的内容还被印制在《学者记事》和海牙的《文学期刊》（*Journal Literaire*）里。

至此，在完全撕破脸皮之后，优先权之

争转变为一场卑劣的权力斗争，引起不列颠王室的关注，并因此具有了一种有损于科学的公共声誉的政治色彩。记者和作家乔纳森·斯威夫特（Jonathan Swift）嘲讽道，欧洲的学者们有互相窃取发明的习惯。对他们来说，这至少有利于他们接下来加入对合法所有权的争夺。[94]

"不能认为这样无休止的争吵仅仅是有些科学家好斗的结果"，柏林的马克斯普朗克科学史研究所的牛顿专家沃克玛·许勒（Volkmar Schüller）解释说。"其实，它们主要是科学家之间的社会行为的一种结果。只要他们的优先顺序是评价一项科学成就的决定性标准，科学家之间就注定将不断爆发优先权争端。"[95]

钟表嘀嗒

莱布尼茨从 1712 年 12 月到 1714 年 9 月居住在维也纳。尽管他的主君多次要求他回国，他并不愿意回到汉诺威。选帝侯格奥尔格·路德维希（Georg Ludwig）不再理解宫廷图书馆馆长的越轨行为，后者一次次地因私外出远行，而使选帝侯不得不催促其尽快完成那部他的父亲在 25 年前布置的、他自己也期待已久的韦尔夫家族史。

莱布尼茨想要保留一切选项。当汉诺威的使者得知那位学者深受皇帝和寡后阿玛利娅①的恩宠时，他试图劝说其回心转意，但没有成功：莱布尼茨属于一类天才，他"壮志凌云，因此总是在无休止的通信和到处周游中发现乐趣并努力满足其贪得无厌的好奇心，却没有才华或兴致去整理和完成一些事情"。因此，假如选帝侯失去了他，而皇帝也无法从中获益的话，那就令人惋惜了。96

莱布尼茨很快向选帝侯表明，他只是把维也纳的职务当作副业。尽管如此，他还是没有返回他的本职岗位，而是不断寻找新的借口，直到最后他的薪水被停止发放。汉诺威方面拿不准，宫廷图书馆馆长究竟还想不想回来了。97

---

① Wilhelmine Amalia，汉诺威公爵约翰·弗里德里希之女，前任皇帝约瑟夫一世之妻。

这位学者显然很享受他的自由。他不想继续完成韦尔夫家族史，却更喜欢研究中国科学的历史。他至少同样重视学习俄语——在此期间，他还顺便向彼得大帝提供过服务，撰写他的单子论以及阐释形而上的数学第一因。法国科学院秘书将他比作古典时代的战车御夫，后者最多能同时操控并驾的 8 匹骏马。

有时，手脚关节痛连续数日乃至数周限制着他的行动和书写能力。痛风发作得越来越频繁，但无法阻止他与世界上的当权者和学者保持联系。与牛顿集中精力于发表将要影响科学发展数百年的第二部著作不同，莱布尼茨同时在思考那么多事情，以至于他事实上只完成了其中的少数。

他在哈布斯堡宫廷争取到一些成立科学院的支持者，却找不到出资人。皇帝的官僚机构就像一组不能按照主人意愿运转的齿轮装置。迄今为止，促进科学事业的发展在维也纳几乎还没有引起关注。当伦敦的人们讨论如何在航海的不利条件下将时间计量精确到分秒，维也纳圣斯特凡大教堂的指针仍然悠哉地延续着每一刻钟跳动一下的节奏。

这面古老的教堂大钟已经工作了 140 年，直到 1699 年钟表匠约阿希姆·奥博季希尔（Joachim Oberkircher）奉命制作一面新的。他用 700 公斤铁制作出一个齿轮组。单是大钟的那根巨大指针就有 2 米长。它还首次拥有了长度为前者一半的第二根指针，但后者指示的不是分钟，而是一刻钟。与过去数百年一样，敲钟人依靠太阳钟和沙钟检查钟表装置是否运转正常。

从当时的旅行日记，包括伍芬巴赫的记录中可以看出，英格兰在钟表技术方面已然领先了许多。不列颠首都的脉动在短短几周之内就对这位年轻贵族的时间知觉产生了影响，并唤起了他对钟表工艺的兴趣。

抵达后第一周，他和他的兄弟就在咖啡馆听说，出生于德意志的约翰·布什曼制作的钟表和托马斯·汤皮恩或丹尼尔·奎尔①制作的同样优质，但价格更加实惠。随后，他们便向这

① Daniel Quare，1648/49~1724，曾发明报时钟和便携式气压计，1708 年当选伦敦钟表匠同业公会会长。

位化名为汉斯·布什曼（Hans Buschmann）的钟表匠购买了一只金质怀表。[98] 他们参观了圣保罗大教堂，对其精致的钟表装置惊叹不已。"没有哪只怀表能在齿轮和其他方面比这座大钟更加玲珑和准确。"[99]

接下来，这位访客多次写到在伦敦拜访钟表匠的情况：约瑟夫·安特兰（Jospeh Antram，1697~1723），他的座钟能够悄无声息地计数分钟；克里斯托夫·霍尔索姆（Christopher Holsom），伍芬巴赫兄弟从他那里买了一个可用于怀表的新式闹铃装置，它是一个可以将钟表挂在其中的鸣杯 ①；佩里戈（Perigo），他专门制作坚固的钢表壳；还有一位来自布列斯劳的舒尔茨（Schulz），他将钻孔后的红宝石和金刚石用作小型钟表的轴承，这是一项至今常见的技术，其发明可以追溯到牛顿的狂热崇拜者尼古拉·法蒂奥·德·杜伊耶。

有一次，伍芬巴赫无意中走进全城有名的

---

① Läutbecher，其外观和原理不详，可能是用指针的运动触发闹铃装置。

寻欢作乐之所。他在"丘比特花园"走了一圈之后描写道，那些贞操可疑的女子打扮得就像正派的妇人，她们特别吸引他注意的显然是她们"多数都佩戴着金表"。[100] 还有一次，他前去观看赛马，把怀表交给他的仆人，让后者计算马儿跑过一圈所需的时间。伍芬马赫对其速度之快感到惊讶。[101]

这番场景使人想起萨缪尔·皮普斯用一只精确到分钟的怀表进行的走时实验。驻留于大都市一个月后，伍芬巴赫已经适应了富裕市民的行事方式：伦敦人对自己的钟表比对他人更加信赖。[102]

在伦敦期间，伍芬巴赫的旅行日记中的时间记录变得越来越准确，比如说他在 1710 年 11 月 3 日第二次赴皇家学会做客之后。这次，他还是未能见到会长艾萨克·牛顿。但是学会秘书当天下午抽出了相当多的时间，以便为兄弟俩介绍学会的馆舍和藏品。

伍芬巴赫在日记里对此表示赞赏，并以百忙之中的学会秘书为例，提出了时髦的等式"时间就是金钱"："他说自己每小时能挣 1 个几

尼 ①。因此，我们必须对他从 2 点半到 7 点给予我们的慷慨礼数致敬。"103

时间就是金钱

时间和金钱之间也存在着结构上的相似性。作为固定的价值尺度，金钱降低了不断增长的交易复杂性，简化了跨境贸易，但代价是形成了一种刚性的货币经济。其中，绕不开的金钱强行增加了人们对它的需求。几乎所有形式的投资和潜在的增值都取决于这种动力。个人几乎无法从中脱身：莱布尼茨就薪资讨价还价并积攒了数千塔勒，牛顿则将一笔财富投资于南海公司 ② 的高风险业务。

时间的情形与此相似。固定的时间尺度能够降低纵横交错的社会结构的复杂性，使作出约定变得简单。一种获得普遍认可并被划分为最小单元的钟表时间也能够提高对守时的需求，而

---

① Guinea，英国近代金币，约值 1 英镑。

② South Sea Company，成立于 1711 年，是一家公私合股公司，对英国与南美地区贸易享有垄断权，但实际业务极少。1720 年，英国议会授权该公司承包全部国债，政府为吸收社会资金而纵容投机，导致公司股价飙升，泡沫不久破裂，引发社会动荡。

这种需求又使许多个体的事务能够完美地彼此协调。渐渐的，每天需要完成的事情越来越多，活动主体也获得了更多的选项。于是，时间不够用的感觉扩散开来。时间成了一种稀缺的资源。

在 18 世纪来临之际，"时间就是金钱"的理念也体现于英格兰的财政重组和职业领域的合理化上。在这方面，由伦敦总部管理的位于温拉顿（Winlaton）的克劳利炼铁厂①设定了新式标准。自从世纪之交以来，按日付酬的雇工在那里就像参照着一部考勤钟那样工作。每个人都有一张属于自己的考勤表，上面登记着精确到分的上下班时间。[104]

安布罗斯·克劳利爵士②凭借来自首都的资本，在一个良好区位建造了英格兰最大的企业，他在那里经营着两座大型水磨和四座熔炉，用来加工从瑞典进口的铁矿。但是，除了按工人的实际工作时长发放薪酬，他不想再作额外支出。他的工场纪律规定，从 5

---

① Crowley Iron Works，可能是当时欧洲最大的工场。
② Sir Ambrose Crowley，1657/58~1713，以管理工场的新式方法闻名，还曾当选伦敦市治安官和下议院议员。

点至 20 点以及从 7 点至 22 点正好是 15 个小时，其中减去 1.5 小时用于早餐、午餐和其他休息，剩下的 13.5 小时就是精确的工作时间。又因为有人告诉他，"一些雇工如此不老实，在下班离岗时参照走得最快的钟表和一只不到整点就会敲响的铃，而在上班时却以走得过慢的钟表和一只整点过后才会敲响的铃为准……作出规定，任何人不得再以除了监工的钟表以外的其他闹钟、闹铃、怀表或表盘为准，而前者也不允许由钟表看护之外的其他人员校准"。[105]

在克劳利的工场里，资本主义的工作准则迎来了一次早期繁荣。上述规定涵盖了每个人的工作时间，目的是以可控的方式使其增加。后来，类似的规定被棉花工场以及工业化进程中的其他企业采用。从这里出发，我们可以理解社会史家刘易斯·芒福德[①]的论断："当今工业时代的核心技术是钟表，而不是蒸汽机。"[106]

[①] Lewis Mumford，1895~1990，美国历史学家和社会学家，以其城市与区域规划理论和科技史研究著称。

太阳的不规则运动

同一时期的作家乔纳森・斯威夫特将其同胞的钟表嘀嗒作为讽刺的对象。在他的小说《格列佛游记》里，主人公在小人国受到王室官员搜查。小人们在格列佛的背心口袋里发现了一部拴着银色链条的奇妙机器。他们对分针不停地转动和机器不断发出类似水磨的声响吃惊不已，并向他们的国王报告："我们猜测，它要么是一种不知名的动物，要么就是他顶礼膜拜的上帝。但我们更倾向于第二种观点。"因为那个外来者向他们保证，他很少做什么事不需要征求这个仪器的意见。"他把它称作他的神谕，并说它为他一生中的所有行为指示时间。"[107]

在欧洲，没有哪个地方的钟表手工业像在英国首都那样繁荣。书籍介绍钟表技术和时间计量的历史，年历和历书说明一只精密钟表所显示的时间和太阳时之间细微而可测的差别。比如，以女性为受众、封面上画有安妮女王的月历《女士日记》（*The Ladies' Diary*）列出了用太阳钟测出的真太阳时和一只绝对匀速运转的理想钟表显示的平太阳时在全年中每一天的差别：

1 月 4 日："钟表比准确的太阳钟快 10 分钟。"

1 月 7 日："钟表快 11 分钟。"

1 月 10 日："钟表快 12 分钟。"

按照英格兰历法，1710 年 1 月 31 日以"14 分 49 秒"达到了最大程度的偏离。一个月后，钟表依然快 10 分钟。到 3 月 31 日，它就只快 1 分钟了。

4 月 4 日："准确的怀表、时钟和太阳钟现在保持同步。"

4 月 8 日："钟表慢 1 分钟。"

4 月 13 日："钟表比太阳慢 2 分钟。"[108]

上述数据符合约翰·佛兰斯蒂德在 1670 年代提出的均时差，而这早已成为伦敦钟表匠的参照标准。在此期间，天文学知识已经成为普遍的教学内容。在一部颇具占星术色彩的历书《奥林匹亚之居》(Olympia domata) 中，作者为该年的每一个日历日都标注出平太阳时和真太阳时的差异，精确到秒。[109]

引人注意的是"钟表快了"或"慢了"这样的表述。即使是专家也没有想到去说"太阳太慢"或"太阳太快"。因为它显示的无疑是真实时间。几千年来，太阳正午的最高点是人们笃信的时间标志。作为可靠时间数值的化身，摆钟对这一时间标准提出了质疑。如果太阳的周期被证明是波动的，那么一部准确的摆钟还应该参照它来校准吗？

莱布尼茨对这个问题作了实用主义的回答：摆"使人感到和看到，两次正午之间的一日不是等长的"。然而，他在后半句立刻引述了古罗马诗人维吉尔的话："谁愿意冒险，说太阳错了？"[110]

太阳的运行可以被每个人直接体验到。对虔诚的人们来说，它象征着神授的时间。几乎在所有文化里，时间观念都与太阳的循环息息相关，有些甚至比我们的文化还要直接得多，例如澳大利亚北部的原住民：如果我们按照时间顺序排列发生的事件，比如一串照片，那么我们通常会让时间从左向右运动，即与我们的书写方式一致。澳大利亚的库克萨尤里人[①]总是按照太阳自东向西的移动方向排列这些图片和卡片，就像美国心理学家莱拉·博洛狄特斯基[②]所阐述的："如果他们面向北方，卡片就会从右向左排列。如果他们注视东方，这列卡片就会朝着自己身体的方向。"[111] 库克萨尤里人始终知道他们看见的是哪个方位。

18 世纪初，巨大的太阳钟依然装点着伦敦教堂和一些城市建筑的墙面。特别是负责校准公共钟表的敲钟人以太阳的正午最高点为参照。约翰·史密斯[③]等同时代的作家建议他们的读者只在中午时分而不是其他时间调准钟表。因为太阳此时处于最高点，它的光芒在穿透大气层的过程中偏折最小。史密斯说明了在中午使用简单的辅助工具以"不超过半分钟的误差"读

---

① Kuuk Thaayorre，目前仅剩 300 余人，居住在约克角半岛西南部，其语言属于帕马语族。

② Lera Boroditsky，1976 年生于白罗斯，对语言相对论的发展有所贡献，现在美国任教。

③ 应指诗人和剧作家 John Smith，1662~1717。

取真太阳时的方法。[112]

在此期间，太阳时或真实地方时依然是有约束力的时间标准。托马斯·汤皮恩、约翰·托平（John Topping）和约瑟夫·威廉森[①]等钟表匠甚至制作了能够自动显示真太阳时和平太阳时的差异的钟表。不过，这些"均时差钟（equation clock）"只是单件。又由于伦敦的太阳经常被云朵或房屋遮挡，机械钟表逐渐使太阳时失去了信誉。

太阳不只在面对新式摆钟时显得变化无常。木星卫星的运转周期同样不符合作为时间标准的真实地方时，却与平太阳时相符。那么，人们应该参照哪一种时间呢？

这个问题对日常交往来说并不重要，但它却引起专业人士的热烈讨论。均时差标记的正是新旧时间观念相互分离之处。它是真太阳时和只能通过计算获得的钟表时间之间的纽带。

---

① Joseph Williamson，1633~1701，英格兰政治家和外交家，曾担任下议院议员、北部国务秘书和伦敦钟表匠同业公会会长，1677 年成为皇家学会第二任会长。

时区

如果想知道西方的时间概念是如何形成的，那就得区分多个阶段：传统的时间概念与自然周期和直接观察相关。在农民社群中，通过经历自然界的周期性变化，一种集体的时间意识得以产生。最重要的是要在这些周期内准确找到播种、收获以及其他活动的正确时刻。

在不断扩大的城市里，钟表和历书在几百年间进一步发展为具有普遍约束力的时间参照系。这里的人们虽然还根据光线和天气情况调整他们的各种活动，但是机械钟表的首要用途是规范错综复杂的相互关系。城市社会中的人们奔忙于一个固定的时间背景之下。

这一机械的钟表时间在 18 世纪到来之际转变成一种严格的数学时间，使得理想的钟表和一种完全均匀的运动成了新的准绳。就此而言，精密钟表不但是"一种机械式宇宙的象征，而且是现代时间观念的象征"。[113] 最终，被拆解为最小单位并脱离于太阳实际运行情况的钟表时间被宣布为普遍适用的时间。

Day.	Janua. Sec.	Febru. Sec.	March Sec.	April Sec.	May. Sec.	June. Sec.	July. Sec.	Aug. Sec.	Sept. Sec.	Octob. Sec.	Nov. Sec.	Dec. Sec.
1	24	⊙ 0	17	17	3	1	7	9	20	14	9	29
2	23	2	17	16	3	1	7	9	20	14	10	30
3	23	2	18	16	1	2	7	9	21	13	10	30
4	22	4	18	15		2	7	11	21	13	10	30
5	21	4	18	15	0	2	6	11	21	13	10	30
6	20	4	18	14	⊙ 0	13	6	12	21	13	11	30
7	19	6	18	14	0	13	6	13	21	12	12	30
8	18	6	18	14	1	13	6	13	22	12	12	30
9	18	8	18	14	2	13	5	14	22	11	15	30
10	16	8	18	13	2	13	4	14	22	10		30
11	16	8	13	13	3	13	4	15	21	8	17	30
12	16	10	12	12	3	13	4	15	21	7	17	30
13	16	9	19	12		13	2	16	20	7	18	30
14	15	10	19	11		13	1	16	20	6	19	31
15	15	10	20	11		13	1	20	20	5		31
16	14	11	20	10	5	12	⊙ 0	17	20	5	21	31
17	13	12	20	10	6	12	0	17	20	4	22	31
18	13	13	20	10	6	11	1	18	20	3	23	30
19	11	13	20	10	6	11	2	18	19	3	23	30
20	11	13	19	10	6	11	2	19	19	3	24	30
21	10	14	19	9	6	11	3	19	19	⊙ 0	24	30
22	9	14	19	7	5	11	4	19	19	0	24	30
23	8	15	19	7	5	11	4	19	19	0	24	30
24	6	15	19	7	5	10	5	18	18	1	25	29
25	5	15	19	6	5	10	5	20	17	2	25	28
26	4	15	19	5	5	10	5	20			25	28
27	3	16	18	5	5	10	6	20		3	26	28
28	3	17	19	5	5	9	6	20	16	4	26	27
29	2		19	4	5	9	7	20	15	6	27	27
30	·		18	4	4	8	8	20	15		27	25
31	⊙ 0		17		4		9	20		8		24

Column descriptions (vertical text):
- Janua.: Natural dayes longer than the mean day, and Clocks gain.
- Febru.: Natural dayes shorter than the mean day, and Clocks lose.
- March: Natural dayes shorter than the mean day, and Clocks lose.
- April: Natural dayes shorter than the mean day, and Clocks lose.
- May.: Nat. dayes longer than the mean day, and Clocks gain. Nat. dayes shorter.
- June.: Natural dayes longer than the mean day, and Clocks gain.
- July.: Natural dayes longer. Nat. dayes shorter than the mean, and Clocks lose.
- Aug.: Nat. dayes shorter than the mean, and Clocks lose.
- Sept.: Nat. dayes shorter than the mean, Clocks lose.
- Octob.: Longer. Natural dayes longer than the mean, and Clocks gain.
- Nov.: Natural dayes longer than the mean, and Clocks gain.
- Dec.: Natural dayes longer than the mean day, and Clocks gain.

	Clocks gain this Month Min. Sec.	Clocks lose this Month Min. Sec.	Clocks lose this Month Min. Sec.	Clocks lose this Month Min. Sec.	Clocks gain this Month Min. Sec.	Clocks gain this Month Min. Sec.	Clocks lose this Month Min. Sec.	Clocks lose this Month Min. Sec.	Clocks lose this Month Min. Sec.	Clocks lose this Month Min. Sec.	Clocks gain this Month Min. Sec.	Clocks gain this Month Min. Sec.
Sum	6 26	4 29	9 37	5 16	2 47	5 43	0 6	8 23	9 41	2 20	9 38	15 9

太阳两次达到最高点所需的时长不是始终不变的，而是在一年的过程中围绕一个中间值来回波动。本图摘自约翰·史密斯于 1686 年制作的历书，它列出了太阳从某日至次日达到最高点的时间相对于理想钟表会有多少秒的延迟。借助该图表，伦敦的钟表匠能够精确地校准他们的钟表。

它首先在日内瓦（1780）和伦敦（1792），接着在柏林（1810）和巴黎（1816）等城市被确立为标准时间。在不列颠首都，这导致越来越多的伦敦人前往格林尼治天文台打听那里计算出的准确时间。时间信息成了一件有利可图的日常业务：先是皇家天文台助理约翰·亨利·贝尔维尔[1]，之后是他的遗孀，最后是他的女儿露丝[2]把来自格林尼治的准确时间有偿出售给都市里的一小群客户。

新式时间标准的影响范围远远超过了大城市组织。在时间与具体天象脱钩以后，它便能够被灵活地引入到更广阔的商业和经济空间。这正是使它从此成为普适标准的前提。

集中化的时间标准清晰地体现了大都市对所在地区的权力，以及大不列颠对世界贸易的权势。航海家将在测定经度时率先使用本初子午线和格林尼治时间。后来，在把地

---

[1] John Henry Belville，他从 1836 年起应客户要求出售格林尼治标准时间，直至 1856 年去世。

[2] Ruth Belville，1854~1943，人称"时间女士"，她在 1892 年从母亲手中接过此项业务，使用英格兰钟表匠约翰·阿诺德（John Arnold）制作的精密怀表485/786 校对时间，并为客户提供上门服务至 1940 年。

球划分为时区的过程中，人们也将一致同意以格林尼治的平太阳时作为基准——尽管法国坚决表示反对。

与此同时，在 18~19 世纪的进程中，太阳钟从城市里消失了。不同于其他任何仪器，太阳钟能够让人记得，指针、钟面或等长的小时不是凭空变出来的。随着它的消失，一个具有数千年历史的古老文化技艺也不复存在。人们暂时仍会用象征均时差的修正符号装饰他们的钟表面盘——作为一种反向说明。不过，今天谁还会关注太阳时呢？

测定经度的奖赏

> 一个精确的船用钟表将有助于不列颠
> 的航海伟业迈上正轨,此事迫在眉睫。

1714 年 6 月 11 日,艾萨克·牛顿用胳膊夹着一捆文件,离开了他在伦敦圣马丁街(St. Martin Street)的住所。他始终不擅长在大庭广众面前自由演说。因此,皇家学会会长为议会的听证会作了书面准备。

为了改进远洋导航,解决阻碍海外贸易的经度难题,政府打算发布高价悬赏。西班牙王位继承战争结束后,不列颠商业帝国再一次大规模扩张。直布罗陀、梅诺卡岛①以及与西属美洲殖民地进行奴隶贸易的垄断权刚刚落入大不列颠的囊中。此外，法国还必须将哈得逊湾和位于今日加拿大东部的殖民地割让给不列颠邻居。

不过，由于风暴和事故受损的船舶数量也在增加。伦敦人在回想起 50 米长的联合号②沉没的一幕时不无惊恐：当时，海军上将克劳德斯利·肖维尔③在同法国人作战后自地中海返航，他的舰队遭遇到恶劣天气而偏离了航线。其中，包括肖维尔的旗舰在内的 4 艘船在锡利群岛④附近被撞得粉碎。1500 人丧生于祖国的水域，原因是领航员错误地计算了他们舰船的位置。尽管舰队已经驶向英格兰的西南角，他们却仍以为自己在法国海岸附近。

---

① Menorca，地中海西部巴利阿里群岛第二大岛，现属西班牙。
② HMS Association，1697 年下水，曾参加 1704 年夺取直布罗陀和 1707 年土伦战役。1707 年 10 月 22 日夜间触礁沉没，约 800 名船员遇难。
③ Cloudesley Shovell，1650~1707，曾当选下议院议员，死于其旗舰“联合号”失事。
④ Isles of Scilly，位于康沃尔郡西南方向。

在海军部和伦敦商界的要求下，一个委员会将负责研究如何使战舰和商船未来能够更迅速和安全地抵达目的地。为此，下议院向有经验的科学家和航海家征求意见。牛顿也被要求寻找准确计量时间和测定经线的办法。

好像他的公务还不够繁重似的！这时，正有内阁大员给皇家铸币厂厂长拆台。博林布鲁克爵士[①]私下向牛顿许诺一笔丰厚的退休金，条件是他宣布提前辞去铸币厂厂长职务。与此同时，博林布鲁克的老对手牛津伯爵[②]将他的一个党羽安插进铸币厂，并使其占据了一个关键岗位。牛顿无法与这位有后台的扶摇直上者相处。尽管如此，他还是不考虑放弃自己颇具影响力的职位。安妮女王已经病入膏肓，估计很快就要驾崩。许多人指出，王冠接下来会落入汉诺威家族，也就是辉格党支持的一位新教接班人

---

① Sir Bolingbroke, 1678~1751, 应指 Henry St John, 第一代博林布鲁克子爵，托利党领袖，曾支持1715年詹姆斯党起义，失败后流亡欧陆。其思想对欧洲启蒙主义和美利坚共和主义有较大影响。

② 指 Robert Harley, 1704~1708 年担任北部国务秘书，1711~1714 年担任财政大臣，乔治一世继位后失势。

手中。许多托利党议员不希望看到外国人占据王位，因此政府首脑博林布鲁克秘密地与斯图亚特家族、信奉天主教的王位觊觎者，即正在法国流亡的詹姆斯二世之子谈判。[114] 他是否还愿意皈依新教？如果这是一个圈套，法国是否会支持这位斯图亚特王子的野心？

在伦敦的咖啡馆里，报纸和传单散布着关于王位继承人和大不列颠命运的最新传言。尽管两年前首次征收了报纸税，定期出版的报纸数量依然在增加。从汉诺威寄往伦敦的秘密信件在交到收件人手中时，也将同样迅速地被当天的报纸获取。"在汉诺威，直到 1709 年 8 月才出现一周两期、每期半页的可怜小报，那里的人显然对英格兰报纸的公众效应没有概念"，历史学家格奥尔格·施纳特[①]评论道。[115]

然而，铸币厂厂长不仅夹在两个派别中间，被卷入对未来官职的争夺，他还越来越深地陷入与莱布尼茨的争执——他的内心极其厌恶这桩由哲人好辩和虚荣受损混合而成的麻烦事。这

---

① Georg Schnath, 1898~1989, 德国历史学家，专攻下萨克森地区史。

场竞相指责升级成一桩国家大事，因为莱布尼茨侍奉的汉诺威选帝侯正在打英国王冠的主意。

在皇家学会的调查委员会明确宣布牛顿是微积分的发明者以后，他一度以为此事已经完结。但是德意志人否认了所有指责，并开始在各类期刊发表文章。他以维也纳为起点，引导舆论反对牛顿，指出皇家学会会长在其《原理》中犯有所谓的错误，并呼吁知名数学家为自己作证。

女王的宫廷总管和皇家学会会士约翰·张伯伦①是王宫内第一位试图调解这场冲突的人。在他看来，欧洲最伟大的两位哲学家和数学家之间的分歧是整个科学界的不幸。如果最终能够妥善结束这场纷争，他将会赢得声誉。116

没有任何一方愿意听取他的建议。莱布尼茨觉得自己是无辜的：点燃冲突的是牛顿的追随者。皇家学会会长受到他们的蒙骗，被诱使对他进行攻击和侮辱。他没有获得任何为自己辩护的机会。尽管如此，冠以皇家学会之名的报告如今仍在法国和意大利传播。他向张伯伦强调，自己

---

① John Chamberlayne, 1666~1723, 除担任公职外，他还是作家和翻译家。

在面对牛顿时始终怀着最大程度的尊重。不过，他现在有理由怀疑，牛顿"在从我这里获得计算方法之前"，对它是否已有所了解。[117]

对立局面进一步固化。在莱布尼茨反过来指责牛顿剽窃并获得数学界同仁支持的时候，牛顿正在仔细搜寻前者作品里的错误。牛顿的书桌上堆放着报刊文章的草稿和信件的副本，它们全都是针对莱布尼茨的。牛顿指责他在投递信件和招收弟子中荒废了生命，而不是像自己那样追求真理。牛顿对自己 40 年以来没有再和其他数学家通信感到骄傲。

牛顿又一次用寥寥数页总结了"独立的"调查委员会的结论，并打算匿名发表在《自然科学会报》和其他期刊上。其中，他没有给予莱布尼茨任何辩解的权利。没有人能够为自己作证。[118]

一汪时间的海洋

同时，牛顿也撰写了用于下议院会议的文稿。这没有占用他太多精力，因为他几十年来一直在研究如何测定经度。没有任何知名学者能够回避这个问题。

　　在应邀与会的科学家中，皇家学会会长最后一个发言。他站着宣读了他的文稿，并在其中首先探讨了如何借助机械钟表计算经度。准确显示时间的船用钟表看似是计算经度的最重要的技术辅助手段，但牛顿对此表示怀疑。无论是克里斯蒂安·惠更斯还是其他学者都未能造出足够精确的船用计时器。仅仅是船舶的摇晃以及前往其他气候带途中的温度或湿度的波动就会限制在远洋准确测量时间的可能性。

　　牛顿表示，船用钟表是不可靠的。它们仅有助于将已知的经度信息在远洋上保留数日。可如果它一旦丢失，就无法用钟表重新找回。此时需要使用天文学方法。

　　就这样，牛顿把话题引到借助木星的卫星来测定时间，后者就像钟表指针一般围绕它们的母行星旋转。不过，他还是偏好以他自己的计算为基础的方法：在所有天象中，牛顿对月球绕地轨道的研究最为深入，他最后找到了一个可以预测月球位置的公式。它虽然很复杂，但优点是追踪月球要比追踪遥远的木星卫星容易得多。截至目前，采用这种方法能够使测量经度的误差不超过 2~3 度。如果想获得更准确的数值，就需要更详细的、其上记有以恒星为背景的月球移动轨迹的星图。

在报告的尾声，牛顿还提到了另一种夸张的方案：借助在不同地点以等长的间隔有规律地发射炮弹，使海员获得一种声音信号的方式测定经度，但这只能在特定条件下实现。[119] 当他结束演讲并返回座位以后，与会的委员们充满期待地望着他。不知这位最负盛名的学者会如何看待政府为测定经度发布悬赏的打算？

牛顿沉默了。委员会主席却宣布，如果他不表态的话，悬赏将不会进行。为了迫使他不情愿地表示同意，人们最后不得不将有些说法转嫁于他。尽管如此，用于实现近现代首个"全球定位系统"的可观金额还是得以确定。根据牛顿的建议，奖金被分为以下等级：在从英格兰前往加勒比海的旅途中，如果有人能把测定经度的误差控制在 1 度以内，就将获得 1 万英镑；如果误差被控制在 0.5 度以内，就将获得

2 万英镑。

在赤道上，1 度仍旧意味着多达约 110 公里的巨大误差。"不列颠政府准备为可能导致偏离目标许多英里的'实用和有益的方法'提供如此巨额的款项（约合今天的数百万欧元），反映了这个民族对可悲的航海水平的绝望"，科学评论家达娃·索贝尔[①]认为。[120]

钟表匠面临着巨大的挑战。如果太阳到达正午最高点的时间推迟 1 小时，就意味着人们实际上乘船向西航行了经度 15 度。因此，经度 1 度相当于时差 4 分钟。为使这一差别在为期 6 周的前往加勒比海的旅程中始终可测，钟表每天只被允许走快或走慢几秒。

假如是在陆地上，这并非无法克服的困难。在理想条件下，当时的摆钟已经接近了这样的准确度。但是，航海的不利条件打乱了所有精密钟表的节奏，所以牛顿仍然寄希望于天文学方法。直到他生命的尽头，他一直都是评审团成员，并拒绝了所有与钟表相关的建议。

尽管如此，赢取奖金的并不是天文学家，

---

① Dava Sobel，生于 1947 年，美国科学史作家。

而是一位木匠：来自林肯郡的约翰·哈里森[①]，他在 1714 年只有 21 岁，刚刚做出他的第一个钟表，而且只用了木材！它不会生锈，不需要上油，也几乎不用维护。哈里森很快成长为所在地区最受欢迎的钟表匠之一，但仍需要克服他的所有同行都面临的问题：空气湿度的变化和温度波动会影响摆的运动。材质遇冷收缩，摆动就会加速，钟表也走得更快。

哈里森用一个极其精巧的栅形补偿摆[②]应对这一难题。为此，他将对温度变化反应各异的不同合金材质的细杆加以组合，并把这些钢杆和铜杆装配成一块栅板，使得它的总长度在温度改变时基本保持不变。由于这样一个栅形补偿摆的重心始终处于同一高度，摆动时不会再出现走时差别。

1730 年，他做出了到那时为止最可靠的钟表。在整整一个月的时间里，它"走慢不超过 1

[①] John Harrison，1693~1776，自学成才的木匠和钟表匠，他在经度委员会的支持下制作了最早的航海计时器，极大推动了航海事业的发展。在英国广播公司（BBC）2002 年进行的"最伟大的 100 名英国人"评选中，哈里森高居第 39 位。

[②] 英文"gridiron pendulum"，德文"Rostpendel"。

钟表匠约翰·哈里森于 1735 年制作的航海计时器，它最终赢得了测定经度的奖金。这里提到的型号叫作"H1"，重 34 千克，成功通过了往返里斯本的试航。

秒钟"。"我确信自己可以将精度控制在每年误差 2~3 秒。"[121] 然而，尽管他取得了成功，他最后还是放弃了将摆钟改造成合适的航海计时器的想法。这位手工匠将把他的经验用于一个小得多的带有摆轮游丝的钟表装置，并在 1759 年首次向经度委员会展示了一件适用于远洋航行的计时仪器，后者不只满足了他们的要求，也达到了他自己的要求。

伦敦的王位更迭

还是先回到 1714 年：发布悬赏是安妮女王统治时期的最后几件政务之一，她在那一年夏末就去世了。她经历过 13 次流产和 5 个孩子的早夭，这耗尽了她的健康和生活的勇气。在她死后不久，汉诺威选帝侯格奥尔格·路德维希被加冕为英格兰国王乔治一世。

莱布尼茨曾经热切地盼望这场权力更迭。但如今，当它真的发生了，他却身在遥远的维也纳。约翰·张伯伦散布消息说，莱布尼茨很快就将陪伴新君到达伦敦。这位廷臣确实是如此打算的！人们已经在汉诺威苦等了他超过一年半。直到他得知英国女王驾崩的消息时，他才加快了脚步。

他早已渴望像伦敦那样的世界名城或者像巴黎那样的大都市所具有的知识环境，他曾在后者度过了作为数学家最高产的时光，并发明了使他如今和牛顿陷入争执的微分算法。他愿意向皇家学会的成员们解释微积分的真实发展历程。在他看来，汉诺威选帝侯和新任不列颠国王庄严地进入伦敦正是这么做的最佳时机。

莱布尼茨期待获得一个外交职位或至少被任命为王室史官。当他返回汉诺威时，他的雇主却刚启程不久。他立刻改变方案，决定和前者的儿媳、选帝侯王子妃卡罗琳①一起追赶上去。后者在不久前才重新信任他，把他尊为老师和顾问，并专注地阅读他的《神义论》。

不过，选帝侯对这位史官又一次旅行的意图完全不感兴趣。莱布尼茨用了30年时间都没有完成韦尔夫家族史，国王早已称它为"不可见之书"。另外，本来就很棘手的权力交接不应受到一位与皇家铸币厂厂长闹得很僵的固执学者的搅扰。

最终，未来的威尔士亲王妃卡罗琳没有带着莱布尼茨上路。她其实希望哲学家能够留在自己身边。在大不列颠，她需要处理一些人们在汉诺威长期搁置甚至排斥的政治和宗教关系。宪法国家取得胜利后，国王在立法过程中需要受到议会决议的制约，而且他还担任英国国教会的首脑。

① Wilhelmina Charlotte Caroline，1683~1737，出身于勃兰登堡－安斯巴赫家族，其夫将于1727年成为英国国王乔治二世。她在政界有较大影响力，并支持莱布尼茨、伏尔泰、韩德尔等人的科学和艺术事业。

后者的组织和习俗让路德宗新教徒感到陌生，这促使莱布尼茨立刻写就了一篇关于两个教派之间的区别的专家意见。[122]

希望移居英格兰，但被国王勒令完成韦尔夫家族史的莱布尼茨与卡罗琳亲王妃保持着联系。"我不想以任何方式向某位对手屈服，特别是因为英格兰人把我钉在了耻辱柱上"，他在 1715 年 5 月向她写道。只要他一旦完成了韦尔夫家族史，国王陛下就会让这些人好看。他依然相信，国王把他"和牛顿爵士先生置于同等地位"。[123]

乔治一世以他的严厉著称。他在 20 多年前与妻子离了婚。传闻她有通奸行为，因此当时的选帝侯把她囚禁在阿尔登宫①，直到后者 1726 年死去。因此，他的儿媳卡罗琳是王室在伦敦的最高女性代表。就算是她也未能说服乔治一世将在汉诺威耐心等待的学者提拔为王室史官。"他必须首先向我表明他会写历史；我听说他很勤奋。"[124]

韦尔夫家族史最初计划写到 1698 年为止，那是第一位不伦瑞克－吕讷堡选帝侯去世的年份。可是，莱布尼茨在 1715 年秋季才刚刚写至

---

① Schloss Ahlden，位于下萨克森州阿尔登，建于 1549 年。

963 年。因为这位博学家不想把他的写作集中于贵族世系，而是打算将它嵌入一部德意志国家的历史，他甚至以一段地球远古史作为开篇。现在，他试图用某种方式将认真搜罗到的素材组合成形。"我如今把我在日常事务和保证健康之外的全部时间都投入到这部作品中，而且我被迫搁置了吸引我的一切数学、哲学和法学的思考。"[125]

几个月后，他那狡黠的助手艾克哈特向伦敦报告说，宫廷图书馆馆长不打算继续写历史了，而是想要返回维也纳。"我真的对他消磨时光感到害怕，觉得它永无止境"，他在 1716 年 4 月写道。"年龄、烦恼和痛风已经让他无法继续下去。"几个星期以来，莱布尼茨只写完了编年史中的两年。[126]

莱布尼茨在伦敦只剩下少数支持者。不过，卡罗琳亲王妃致力于将他的《神义论》译成英文，并被介绍给已翻译过牛顿的《光学》的宫廷牧师萨缪尔·克拉克①。从此，克拉克成了她

---

① Samuel Clarke，1675~1729，当时英伦颇具影响力的哲学家和神学家，他在 1715~1716 年与莱布尼茨的论战将成为科学史上的经典片段。

的常客。"可是他坚定支持艾萨克·牛顿先生的看法，我自己也和他陷入了一场争执"，亲王妃向莱布尼茨写道。这位牧师想让她接受牛顿的观点，但她决不相信这与上帝的完满相一致。"我请求您对此提供紧急支援！"[127]

莱布尼茨似乎已经在等候这样的要求，并立刻作出了回复。他首先哀叹英格兰自然宗教的没落，然后开始向牛顿的哲学发起总攻：

"牛顿先生和他的支持者对上帝的伟业持有一种奇怪的观点。他们认为，上帝不得不经常为他的钟表上弦，否则它将静止不动。他的智识不足以赋予它一种永恒的运动。"这样一来，上帝的机器就如此不完美，以至于他必须像钟表匠一样清洁和修理它，而如果后者被迫反复调整他的作品，就会被认为是不熟练的工匠。

考虑到莱布尼茨对机器的痴迷，没有人会惊讶于他认为影响了一个世纪的思维的、把世界当作钟表装置的比喻具有吸引力。然而，后世将谈论的是牛顿的钟表宇宙，尽管按照牛顿的观点，自然的秩序不能仅用自然法则加以解释，而是上帝意志的一番宣示。只有上帝才能保护世界免于堕入混乱。如果没有他的持续作用，太阳系的秩序就无法维持，因为卫星和彗星将会在它们的轨道上互相影响和干扰。

牛顿相信《圣经》里的每一个字。几十年来，他一直在搜集关于圣经故事中藏着一张秘密时间表的证据。他毫不怀疑，自创世以来只经过了短短几千年，而且世界始终在无法阻止地衰落。它的终结是可以预见的。他认为，《启示录》揭示了最后审判的具体日期。

与此同时，莱布尼茨赞美上帝的创造是"所有可能世界中之最佳者"。真正的神意要求具备完美的预见性。"我认为始终存在不变的力和作用，只不过它们依照自然规律和宏大、前定的秩序在物质之间传递。"不然的话，就得说上帝想到了一个更好的主意。[128] 只有因为这样，因为没有什么凭空发生，上帝也不总是干预世界的发展，才能存在可以被人类理解和信赖的自然规律。用奇迹可以解释一切。上帝的奇迹只能是恩典的奇迹。如果不这么想，将意味着人们极度轻视上帝的智慧和权能。[129]

卡罗琳把写给她的信转交给神学家克拉克，

后者看到这样的指责，觉得必须进行辩护。在他的回信里，他没有简单地否定钟表之喻——他认为它是危险的。莱布尼茨想通过一种前定的和谐对上帝的意志自由和人类的行为自由提出质疑。

"认为世界是一个无需上帝干预就能运行的巨大机械装置，如同一个无需钟表匠就能保持运转的钟表，这是一种唯物主义和宿命论的观点。"以上帝是"超自然的智慧"为借口，它事实上导致神的意旨和统治被排除在世界之外。这种想法会使不信神者更加堕落地争辩说，万物从来都是自主运行，也就是说不存在真正的造物。[130]

与牛顿不同，莱布尼茨不满足于证明人能够借助数学读懂自然之书和理解世界。他的充足理由原则把所有非因果关系的事件都排除在世界之外。如此，宇宙在特定时刻的状态就通过一种合乎规律的关联由较早的状态加以明确规定。他是怎样得出这样严格的决定论的？

他喜欢举的一个例子——光线的路径——可能有助于部分阐明其物理思想的范围。光线在穿过空气时呈直线前进，但在水中的路线却会弯折。在起点和终点之间所有可能的路径中，光在每种介质里都令人惊讶地选择了它在其中行进所需时间最短的路径。

我们可以借助一个不太常见的、需要争分夺秒的情形说明这一点：如果岸上的人急于救助一个溺水者，那么时间上的最短路径同样不是直线。作为救生员，那人必须先沿着岸边跑出一段距离，使得穿过人在其中——和光一样——行动较慢的介质水的路径不会无谓地增加。

光也沿着这样一条独特的轨道运动，以至于让人忍不住问道：光怎么知道哪条路径最短？轨道已被严格决定。从物理学来看，所有其他道路都是不可能的。您是否注意到，海浪总是平行地抵达沙滩？光在其弯曲轨道上的行为与波浪相似，后者涌向一座岛屿，在此过程中被海底减速，使得它不断转向，直到最后平行地冲上海岸。

上述例子表明，物理学的因果律是怎样朝着最终目标抢先行动的。所以对莱布尼茨来说，效果因和目的因在数学的形式主义中融为一体。

"正是严格的决定论使得能从未来推知过去，就像能从过去推知未来"，物理学家卡尔·弗里德里希·冯·魏茨泽克①如是认为，他在这种思考中找到了莱布尼茨的钟表匠上帝和"前定和谐"学说的背景。"实际上，一位钟表匠在同一个行动中就从原因和目的两方面评判他的钟表装置：他如此设置它的齿轮，使得它能够借助其机械属性独立完成为它设定的目标。"131

尽管有以上这些，莱布尼茨仍旧以上帝的先见之明为基础。但神学家克拉克正确地预言说，即使是关于一个普遍合理构造的宇宙的思考，就已然使上帝概念最终显得对解释自然来说可有可无。不过，克拉克也许低估了牛顿的运动和重力学说对这一因果决定论的巨大贡献。或者说，英格兰神学家正是对此有所预感，所以才这般坚决地与莱布尼茨划清界限？

克拉克用一个针对新王室的巧妙说法把皮

---

① Carl Friedrich von Weizsäcker，1912~2007，德国物理学家和哲学家，纳粹德国外交部国务秘书恩斯特·冯·魏茨泽克之子、德意志联邦共和国第6任总统理查德·冯·魏茨泽克之兄，曾在二战期间参与由海森堡领导的核武器研究。

球扔还给莱布尼茨：如果一位国王拥有一个王国，而其中的一切都不需要他的统治和命令就能运转，那么对于国王来说，这个王国就是名存实亡的。"他实际上根本不配享有'国王'或'统治者'的头衔。"[132]

莱布尼茨不得不再次抵挡这一得自钟表比喻的结论。既然争论已经开启，双方都上了对方的钩，卡罗琳亲王妃就向她的同胞说明了克拉克辩说的背景。"它不是在没有征求牛顿爵士意见的情况下写就的，我希望您能与他和解。"因为，如果两位如此重要的人物出于误会而一刀两断，那就太可惜了。[133]

她的虔诚愿望也许会遭到莱布尼茨的无情拒绝。1716 年 2 月，他释放出一个值得注意的妥协信号：尽管发生了许多事情，他依然觉得有可能和解，因为牛顿至今没有公开反对他。[134]

受到鼓舞的亲王妃试图促使皇家学会会长打破沉默。正巧，国王的情妇偏偏表达了对牛顿的科研活动的兴趣，于是后者应邀进宫以演示其广受好评的实验。在接下来的几个月里，王室学习了许多关于光的色彩和物体在真空中运动的知识。

卡罗琳亲王妃没有实现她的原定目标。她多次失望地说，如此学识广博的大人物不可能达成和解。公众本来可以从中受益匪浅。"可是，伟大的男子就像那些只会用最大的烦恼和暴烈的怒火折磨她们的情人的女人。"[135]

不过，得益于她的斡旋，这场纷扰的优先权之争在莱布尼茨去世前一年转变为一场关于空间和时间的重要讨论。牛顿虽然没有直接与只想以此转移对其涉嫌剽窃的注意力的莱布尼茨展开辩论，但他的信徒克拉克在争论过程中不断征求他的意见，并且明确以他的《原理》为依据。

时间之谜

　　在卡罗琳亲王妃将争执双方召集到一
起后，莱布尼茨在与代表牛顿的克拉克争
论的过程中反对把时间和空间物质化。

　　"时间究竟为何物？"奥古斯丁问道。"若
无人问我，我倒清楚，若有人问我，我想说明，
便茫然不解了。然而，我至少有信心说，我知
道，如果无物流逝，便不存在逝去的时间。"同
理，如果无物存在，就没有未来的时间。"那
么，如果过去已不存在，而未来尚不存在，怎
么能说存在过去和未来两种时间？"[136]

　　对我们而言，没有什么比时间更加理所当

然。它似乎无所不在：在本书产生于其中的史实里，在写于此处的字符的顺序里，在对明天的期待里。无论我们是在阅读，还是只是闲坐着望出窗外，我们都始终以为自己深陷于时间之中。尽管如此，我们听不见，看不着，也无法以其他方式感知时间。我们所能感受到的，是从身边经过的想法、感觉和外部变化。

莱布尼茨同意奥古斯丁的观点，认为时间可能"只是一种思想物"。[137] 但与奥古斯丁不同的是，他没有对"只"这个词感到绝望。如果他写道，时间"只"是某种理想之物，那么这没有降格的意思。因为莱布尼茨看到，人类"只"有依靠他们的理性才能认识因果联系，并建立诸如不同事件之间的较早和较晚这样的时间关系。我们参照其他事件确定它的顺序。在莱布尼茨看来，时间是变化的普遍秩序。

传统上，被体验到的自然是变化无常的。我们在这个世界上的特定方位，也就是我们生活在其中的条件关联，使"所有人都显然在通过天体的运动计量时间"可以解释得通。[138] 昼夜和季节的更替组成了我们看待一切事件的参照系，而我们的钟表则是用来把以此获得的时间尺度拆分成段落。

不过，莱布尼茨提醒道，人永远都无法确定，天体是否以恒定的时间运动。人们在进一步研究之后才发现，事实上太阳每天的运行过程存在着一种不规则性。"而且我们不知道，每年的运行是否同样不规则。"[139]

伦敦的钟表匠早就借助计算出的"平太阳时"校准他们的钟表。牛顿始终认为这一设计是虚构的。他发现，我们只有在精准测量和理论概念的共同作用下才能获得可靠的时间表述。他的"绝对时间"相当于一场绝对均匀的运动或一个理想的钟表。这位自然科学家坦言，或许在宇宙中没有任何过程是完全均匀地进行的。但是"绝对时间"之流绝对不会被改变。[140]

牛顿在此是否表达了一种深刻的认识？时间是否就是一条匀速的河流，它构成了一切事物发生的基础？或者反过来，我们之所以感到它是如此，是否只是因为我们在文化发展的进程中将我们的钟表和历法设置成尽可能均匀的运动，并使它们彼此协调得越来越好？

起初，人们绝对无法看出，诸如完全均匀地运动这样的规则将被证明是科学界的重大思想。借助太阳的运行、木星卫星的转动或者通过机械钟表进行的时间计量不必然导致统一的时间概念。但是，如果不是这样的话，宇宙是否还会构成一种可为我们所认知的整体？

牛顿把他的《原理》当作对自然现象的统一描述。他率先以合乎数理逻辑的方式连通了天上与地下的过程，这使他的著作超越了一切其他作品。他在此使用的数学方法无疑只适用于可以测量的数值。他的概念构造完全遵循这一规定。

这位数学家用"绝对空间"和"绝对时间"搭建了一个坚实的框架，所有事件都在其中发生。对天文学家和钟表匠来说，这一"绝对时间"激励着他们不断追求更精准的时间计量和更完善的机械结构。对莱布尼茨而言，它却是个抽象的怪物。

一种"纯粹理性的观念"

"于是这些先生声称，空间是一种绝对真

实的存在物"，莱布尼茨在他致克拉克的第三封信中写道。"至于我的观点，我已经说了不止一次，我把空间和时间都看作某种纯粹的相对物。"[141]

在《原理》中，牛顿也对绝对量和相对量作了区分：他认为"相对的、表观的和通常的时间"是我们从钟表和历书上读取的那个一般尺度。天文学家借助均时差修正这一时间标准，以此获得一个"更真实的"时间。

对于这种以绝对均匀的理想运动为参照的修正，莱布尼茨与牛顿的看法一致。但在他看来，该步骤恰恰表明，我们不是在测量某个叫作时间的客体，而是说，时间关系到一种想象的虚构。莱布尼茨首先从主体和个人的时间体验开始，为他的时间观念寻找依据。从那里出发，他才转移到数学定律，后者阐述的是为整个社群所共享的知识。

"一连串感知在我们心中唤起了时间持续的观念。"我们的知觉却从来没有表现出一种如此稳定和规律的顺序，使得它与时间观念相符，"后者是一个均匀、简单的连续统，就像一条直线。感知的变化给我们提供了思考时间的机会，并且人们通过均匀的变化对它进行测量；但即使在自然界中没有完全均匀之物，时间也始终处于确定状态"。由于自然科学家了解非均匀运动的规律，他们随时能够把它"转化为假想的匀速运动，并以这种方式预先确定使不同运动中的多数彼此联合起来的结果"。[142]

这里提到的假想的均匀运动完全符合牛顿的设想。唯一细微而具有决定性的差别在于，牛顿不但将这种数学的时间计量视为一种规则，而且他把时间升格为某种绝对物。牛顿认为，空间和时间具有一种独立于事物的真实性。正如所有事物都在一个"绝对空间"里各就其位，所有事件都发生在一个"绝对时间"中。

莱布尼茨则认为，不存在作为自在实质的"空间"或"时间"，存在的只是空间和时间的关系。空间和时间不是实在物，而是我们在物体及其变化状态之间建立的、用以描述它们的关系，也就是"与外物关联并能为我们的知觉所察觉的纯粹理性的观念"。[143] 如果说，他在致克拉克的第三封信里将空间和时间称作某种

"纯粹的相对物",那么他对此的理解与牛顿的相对时间并不是一回事。[144]

任凭观念摆布的宇宙

在与克拉克通信时,莱布尼茨一开始没有详细解释他的想法。他说得简明扼要,将空间描述为同时存在者的可能秩序,而将时间描述为相继发生者的秩序。[145] 除此之外的一切都无法被我们感知。"绝对空间"和"绝对时间"原则上无法被观察,也无法通过自然哲学对它们进行研究。

在接下来的几个段落里,他用简单的问题阐述了牛顿的空间和时间概念的不足:我们的宇宙究竟被安排在牛顿的"绝对空间"里的什么位置?想象一下,某人问道,为什么上帝没有把整个世界移动一段距离、扭转几度或以镜像反映出来。这样一个被移动、扭转或反映的世界将不能通过任何方式与现存的世界加以区分。唯一区别就在于以下错觉,即认为它附着于一个无法被我们感知的空间本身。

在他看来,对"绝对时间"的想象同样是

误导。我们到底应该怎样确定它是否存在？想象一下，有人问道，上帝为什么没有提前一年创造出万物。对此，人们无法告诉他原因，原因是时刻无法与事物分离，而"只存在于它们的相继秩序中。如果这一秩序保持不变，那么这两个状态中的一个，比如假定先发生的状态，将与另一个现时状态毫无区别，也无法与其区别。"[146]

克拉克在回信中再次抨击了隐藏在上述论证背后的上帝概念：为了在两个无法区分的事物之间作出选择，上帝是否需要一个理由？"上帝的意志能够在本质相同、没有任何区别的事物之间作出自由选择……而不需要受到某种外部原因的驱使。"比如以下情形也是如此，即尽管最初所有地点都相同，上帝却是在一地而非另一地创造和安排某个物质微粒的。[147]

在这几句话里，绝对的空间—时间结构和原子论之间的紧密联系清晰地呈现出来。牛顿物理学中的原子拥有稳定的性质并独立于其周围的事物。克拉克当然会表示，上帝是在一个既有空间内将单个微粒放置在一个绝对地点的。

相应的，牛顿的宇宙是在空间和时间中运动的物体的集合。一方面是物质的物体，另一方面是空间和时间——这种二元论将深刻影响物理学思想，直至现代。

对莱布尼茨来说，位于世界之外、世界整体在其中移动的空间是一个离奇的想法，它和世界内部的虚空空间同样离奇。[148]克拉克反驳道：如果物质世界的延展是有限的，那么世界之外的空间就不只是一个想法，而是某种真实。于是，世界就能够在上帝伟力的作用下运动起来。不过，宇宙的运动和静止并不是同一种状态。

在此，克拉克援引了当时著名的船舶社会的设想，它在甲板下无法察觉船舶的匀速运动。在一间封闭的船舱里，没有人能确定船舶是否在运动。尽管如此，船舶的运动仍是与它的静止有别的另一种真实状态。[149]

如果岸上的某个旁观者能够追踪这艘船的运动，这个例子或许适用。但是，莱布尼茨不同意对世界整体作此结论，而是坚持经验的可辨别性。"我对此的回答是：运动虽然独立于对它的观察，但没有独立于它的可观察性。"只有出现了可观察的变化，才能说存在运动。"如果没有可观察的变化，就根本没有变化。"想要判断宇宙作为整体是否在运动，是否部分位移或是否被更早地创造出来，都是完全没有意义的大胆之举。[150]

"我不是说物质和空间是同一种事物。我只是说，不存在物质的地方就不存在空间，以及空间本身不是绝对真实。"空间和物质的相互关系就像时间和运动。它们尽管彼此不同，却不可分离。[151] 按照莱布尼茨的观点，上帝没有创造任何单个粒子，而是一举创造出了整个世界。

莱布尼茨的方位和爱因斯坦的匣子

在这般艰难探讨的过程中，德意志学者得以利用几周时间好好休养。1716 年夏天，他赴巴德皮尔蒙特①疗养，并在那里见到了意图使沙俄融入欧洲国家体系的彼得大帝。在向沙皇承诺进献他的计算机之后，莱布尼茨继续前往蔡

----

① Bad Pyrmont，位于下萨克森州南部，16 世纪成为著名的温泉疗养胜地。

茨 [①]。他想在那里察看他的"活计算机"的制作进度。他不得不再次认定，他已经投入了一大笔钱的自动装置运转得不及他预想的可靠。距离它完全发挥出优越性能仅仅差之毫厘。

回到汉诺威之后，这位 70 岁的老人书写了迄今最长的致克拉克的信。疗养略微缓解了他的痛风。他这时打算向英格兰人尽可能详尽地解释其关系的空间和时间概念，以至于这封信成了一篇科学小论文，并被分成 2 份寄往伦敦。

我们是如何产生一种空间概念的？莱布尼茨设想，如果许多事物共同存在，我们便能确定他们之间的方位关系。比如，我看到窗外有房屋 C、E、F 和 G，它们彼此相隔一段距离。如果此时在这些房子中间某处有一个球 A，并有一个人 B 过来捡起球，那么可以说，B 到达了 A 处。

"人们所说的地点是指，如果 B 和 C、E、F、G 等的相邻关系与 A 和它们的相邻关系完全一致，那么 A 和 B 就在同一个地点。"前提是，C、E、F、G 等在此期间没有移动。"包含所有这些

[①]　Zeitz，位于萨克森－安哈尔特州南部。

地点者被称作空间。"

因此，为了获得空间的概念，注意事物之间的关系和它们变化的规则就已足够。"而且，在观察事物的方位之外，不需要再为此想象某种绝对的真实。"[152] 但是，我们的头脑不满足于此，并把地点和空间想象成这些事物之外的某物。这个"某物"只能是一个抽象物和思想物。

虽然谈论虚空空间没有意义，如果空间不过是物质客体的秩序的话，但恰恰是阿尔伯特·爱因斯坦承认，对此可以另作他想，并且他试图唤起对牛顿概念的起源的理解："在一个特定的匣子里能放入这么多米粒或这么多樱桃。这里涉及物质客体'匣子'的一种性质，它必须被认为和匣子本身一样'真实'。这可以被称作它们的'空间'。可能还存在其他匣子，它们在此意义上具有同样大小的空间。"

就这样，爱因斯坦继续说道，"空间"概念获得了一种脱离了特定物质客体的含义。通过扩展"匣子-空间"，可以达到一个独立、无限延展、其中包含所有物体的空间的概念。"那么，一个未被置于空间内的物质客体就显得完全不可想象了。"空间由此成为一个包含所有物质客体的容器。[153]

物理学家接受了牛顿的空间和时间概念，这只能通过他的世界体系的丰饶多产加以解释。"在规范事物方面被证明有用的概念很容易经由我们获得这样一种权威性，以至于我们忘记了它们的平凡起源，并接受它为不容更改的事实"，爱因斯坦提醒说。它们接着会被打上"思维的必然"、"先验的既定"之类的标签。"科学进步的道路经常被这样的错误阻断很长时间。"因此，对空间和时间等早已寻常的概念进行分析，并揭示它们的合理性和有用性取决于哪些情况，以及它们具体是如何从经验事实中产生的，这不是无聊的消遣。[154]

我们还将看到，爱因斯坦同样借助他的广义相对论达到一种关系的空间和时间概念。他此后也认为，事物和事件秩序之外的空间和时间不是独立的存在物。实际上，空间和时间只是我们进行思考的方式。[155]

相反，克拉克拒绝将空间和时间视为一种

网状的关系结构和仅仅是对关系的想象。他尤其怀疑的是，在莱布尼茨的秩序体系中是否能对物体进行测量。空间和时间是量，方位和顺序却不是。

莱布尼茨反驳说，空间和时间不是量。这位哲学家将它们与作为空间量的范围和作为时间量的时长作了区分。在一个关系的秩序结构中，当然还得确定所有时间和空间的距离尺度。

让我们以一个家谱为例进行观察，它展示了一个家族内部许多世代的亲属关系。在这一秩序里，每个人都有自己的位置。在此，人们根据穿越家谱线的数量而使用近亲和远亲的说法。[156] 按照莱布尼茨的观点，事物和事件在空间和时间中也被视为彼此较近或较远，这取决于把握它们的方位需要多少中间环节。

他也思考了空间的距离问题："方位是同时存在的许多事物之间的关系，它可以通过同时存在的其他事物被辨识出来……不过，我们不只把同时领会的事物，也把依次理解的事物视为同时存在，但前提是在一次感知到另一次的转变过程中，前者没有消灭，后者没有新生。"

在领会转变时，我们还将认识到某种顺序，并把它描述为起点和终点之间的路径。我们虽然能够以无穷多种方式由此及彼，但肯定"存在一种最简单的过渡方法"，它是由特定的中间环节确定的。"从一地到另一地的最短路径就是其大小被称为'距离'的那条。"[157] 这在两点之间通常是条线段。但在球面上，最短距离也可以是大圆的一段。

嵌入形而上学之中

此外，一种关系的空间认识还意味着，如果许多物体在运动，我们可以将其中一个或另一个视为静止。这些假设是等价的，因为我们始终只能确定方位的相对变化。在此意义上，莱布尼茨早在 1694 年 6 月就向克里斯蒂安·惠更斯写道："如果 A 和 B 相互靠近，无论认为两个物体中的一个还是另一个处于运动或静止，所有现象都不会发生变化。我承认，纵然有 1000 个物体，现象还是既不会向我们（也不会向天使）提供一个用于确定主体和运动程度的不容置疑的基准点，并且每个物体都能够被视为处于静止。"不过，惠更斯大概不会否认，每个物体都应当分得一定程度的运动"或者，如果您愿意的话，一定程度的力，尽管对它们的分配的不同看法都是等价的"。[158]

惠更斯不理解莱布尼茨这么说的意思。后者在此放弃了他的关系的立场吗？

同样的怀疑在 20 年后再次出现。莱布尼茨在他写给克拉克的最后一封信里说，他在《原理》中没有找到关于空间本身真实性的任何证据。"诚然，我也认为，物体的绝对真实运动与它的方位相对于其他物体的简单改变有所不同。"也就是说，只有当改变的直接原因在于物体自身时，它才真正地处于运动。"的确，严格来讲，没有任何物体完全和绝对地处于静止，但如果对事物进行数学观察，就不用考虑这一点。"[159]

与惠更斯此前一样，克拉克也对这种"绝对真实运动"毫无准备。他们俩都不了解莱布尼茨的形而上学，后者认为一切物体都是充满单子的力量中心，因此它们的内部始终处于运动。于是，莱布尼茨的单子论包括一种根本的非静止性。

　　除此之外，莱布尼茨却坚持认为，不存在区分相对运动和绝对运动的手段。如此，在5封信过后，他与克拉克的讨论看上去陷入了僵局。由于克拉克始终表示反对，被激怒的莱布尼茨在1716年9月向威尔士亲王妃写道："如果他继续反驳我的基本原理，即如果没有关于为什么发生、为什么是如此而非其他的一个充分理由的话，就什么也不会发生，以及如果他依然坚持，某事也能够基于'纯粹的上帝意志'发生……那就只好对他的观点或者不如说他的顽固听之任之了。"[160]

　　然而，克拉克的手里还保留了一张王牌，他直到现在才将它打出。为驳倒德意志学者的全部异议，他终于提出了《原理》的物理学核心：在诸如水桶转动或天体绕轴自转的情况下，加速是相对于"绝对空间"的加速。"绝对空间"可以从离心力的作用上看出。原因是，该离心力在一个别无他物的空间里也将得以保持，而且无法用别的办法解释。

　　牛顿和克拉克认为，这样便证明了"绝对

空间"的存在。如果一切运动都只是物体间的相对运动，正如莱布尼茨所宣称的，那么就会导致荒谬的结果：只要去除一个旋转物体周围的全部物质，它的各部分就会失去其自转带来的离心力。

对于牛顿的水桶实验，莱布尼茨会说什么？早在1694年，他也曾向克里斯蒂安·惠更斯写道，运动的真正主体是无法被认识的，借助圆周运动也不行。牛顿的结论是，做圆周运动的"物体远离中心点或自转轴的倾向让我们看出它的绝对运动。但我有很好的理由认为，没有什么能打破普遍的等效原理"。[161] 莱布尼茨确信，我们能感受到的只是物体之间的关系，而不是物体和"绝对空间"之间或者发生次序和"绝对时间"之间的关系。

可是，我们从他与克拉克的信件往来中无法得知，是什么"很好的理由"令他如此确信。没有更多的答案了。通信在此中断。所以，我们只好揣测莱布尼茨会如何回应那个唯独留下一个自转水桶的末世：一个如此孤立的物体将完全无法运动。它既不会绕轴转动，也不会去往某个方向。因为莱布尼茨认为，运动的各种形式都是因果次序。对于单个物体的运动，却不存在任何原因。

与那些几个世纪之后在思想上还绕不开牛顿的水桶的物理学家不同，这位理性主义者没有接受整个白板。他做的很对。一个在别无他物的空间内独自转动的物体是数千年来把圆周运动想象成无需进一步解释的"自然运动"的最后残余。现代的恒星和行星形成理论表明，无论是行星轨道还是天体自转，圆周运动起初都是一个集聚而成的运动。您还记得浴缸里的旋涡吗？

模仿牛顿的水桶实验的人在思想上接受了一个转动的宇宙。在今天看来，有朝一日测出我们的宇宙如此转动的可能性很小，但它仍可以被想象：2011年，密歇根大学的研究人员认为，他们在仔细考察北天球的过程中发现，1.8万个目标星系中的7%更多向左旋转，而不是向右。如果集合起来看，这就可能带来宇宙整体在转动的结果。不过，科学家从中得出了什么结论？那就是，如果这一结果得到证实，我们的宇宙之外肯定至少存在第二个同样在转动的平行宇宙，以便角动量相互抵消。

哲学家之死

在莱布尼茨收到克拉克的第五封信时，痛风几乎已经使他的手腕和肩膀不能动弹。他的助手艾克哈特的记录如果是可靠的，他的四肢上应该还有难以愈合的溃疡。为了继续工作和书写，这位哲学家有时会采用一种有害的方法，即用虎钳夹住其受病痛折磨最严重的部位，并以这种方式抵消原有的疼痛。[162]

进入寒冷的季节以来，他的健康状况迅速恶化。艾克哈特在 11 月 13 日写道："莱布尼茨先生的手脚出现萎缩，痛风进入他的肩部，引起前所未有的刺痛。他现在完全无法工作，如果没有把握而询问他，他会回答，我想怎么办就怎么办；我已经能处理好；他在病痛中无法再操心任何事情。"

在这封写给伦敦一位大臣的信中，艾克哈特未能忍住而添加了一个笑话："没有什么能让他振作，除了有望为他提供养老金的沙皇或者一打大人物以外；这样他马上就想要重新站起来。"这样一句评论表明，莱布尼茨在宫廷中的地位已变得多么糟糕。这位枢密院参事不只失去了国王的宠爱，甚至被指定为其接替者的 42 岁的艾克哈特也胆敢嘲讽这位生命垂危的学者。[163]

莱布尼茨再也没有站起来。1716 年 11 月 14 日，他在居住多年的铁匠铺街（Schmiedestraße）10 号去世。由于他在附近没有亲属，在宫里也没有朋友，这位德意志最负盛名的数学家和哲学家于一个月后被默默地葬在新市民教堂①。迟至 19 世纪，人们才在安葬处安放了一块石板。他的棺材上镌刻着拉丁文："如果浪费了一小时，就失去了一部分生命。"[164] 这的确是莱布尼茨的风格！

莱布尼茨留给他的妹妹安娜·卡塔琳娜之子、唯一继承人弗里德里希·西蒙·吕夫勒②一

---

① Neustädter Kirche，建于 1670 年，位于汉诺威城内，是一座巴洛克风格的新教教堂。

② Friedrich Simon Löffler，1669~1748，神学家和作家。

小笔财产，并为后世留下不可胜计的文字，包括未发表的手稿、私密的记录、草图和信件。他写下的绝大多数内容从未付印，他着手研究的许多课题也没有完成。

那20万张写满了字的纸页和如今成为世界文化遗产一部分的1.5万封信之所以能保存下来，是因为一个特殊的情况：莱布尼茨死后，国王立即下令封闭他的工作室。他的任何文字都不得在未经查看的情况下被公布于众，原因是这位人脉甚广的宫廷参事与诸侯夫人和外国使节都有来往，他熟悉国家事务，还曾卷入纠纷。汉诺威王室不希望泄露半点隐私。

莱布尼茨先生走了，争论继续进行

葬礼还没有进行，孔蒂神父①就从汉诺威写信告诉牛顿："莱布尼茨先生死了，争论结束了。"[165] 意大利自然哲学家的这个愿望未能实现。即使在莱布尼茨身后，不同派别仍将继

---

① Antonio Schinella Conti, 1677~1749, 意大利作家和学者，曾在各国游历并参与调解牛顿与莱布尼茨的纷争。

续争斗。

写给他的悼词，特别是法国科学院对德意志数学家的歌颂已经让皇家学会会长火冒三丈。竟然没有提到剽窃！牛顿虽然足够慎重而不公开表态，但也无法让自己和他的信徒长期保持克制。莱布尼茨去世 5 年后，有一本书出版，其中包括在优先权之争调查委员会报告以外的针对莱布尼茨的更多指责。牛顿也从《原理》中删去了逝者的名字。

牛顿在莱布尼茨掌握相应的微分计算之前发现了流数术。他不知疲倦地反复向国王和其他人强调，第二个发现者没有任何权利。但随着年龄的增长，他越来越认识到自己的失误，即他当时没有把那些开创性的知识公之于世。在此期间，莱布尼茨借助它们开辟了数学研究的新天地。牛顿不愿承认已为他的许多同行所采用的莱布尼茨式符号的优越性，这将使英格兰的数学发展倒退数十年。

讽刺的是，莱布尼茨的微分计算和他严格的理性主义都将为牛顿物理学的成功作出重大贡献。只有从这一关联中，才会产生那些"独立完全满足现代物理学家对因果关系的需要"的数学法则，阿尔伯特·爱因斯坦这样的大家也如此认为。[166] 直到有了这些微分法则，才使得每时每刻持续追踪行星和其他物体的运动成为可能。

牛顿的声望使年事已高的他需要完成越来越多的事情。如今，人们对这位自然科学家从未打算公开的私人记录有了兴趣，比如他为古代王国制作的年表。牛顿花费了数十年时间，试图实现圣经故事和历史事件的统一。借助统计学方法，他成功地重新计算出统治者在早期文明高峰的平均统治时间。他对世代顺序的估算更加接近事实，这使有据可查的世界历史缩短了几百年。

当卡罗琳亲王妃1716年得知此事，她便要求了解更多情况。她通过孔蒂神父获得了一份由牛顿撰写的简略版本。意大利人被这篇作品迷住了，把它送给法国学者们传阅。最后，巴黎市场上出现了《古代王国编年史修订版》（*The Chronology of Ancient Kingdoms Amended*，简称《编年史》）的盗版节选。

牛顿斥责虚伪的朋友们，说他们"像莱布尼茨先生一样"，想要使他卷入越来越多的争论，并认识到不得不亲自出版《编年史》。他一遍又一遍地修改历史素材。他至少完成了一打不同版本的书稿，并排除了他怀疑是异端邪说的一切信息。由于修订工程和痛风发作，他的力气变得越来越微弱。

英格兰最伟大学者的国葬

格里高利历的 1727 年 3 月 31 日，英格兰最著名的科学家辞世，享年 84 岁。几天后，他在一场盛大的国葬仪式中入葬威斯敏斯特大教堂，那里也是安妮女王以及她之前的英格兰列位先王的长眠之所。人们在教堂中殿的中央位置为他树立起一座纪念碑，只见这位学者倚靠在他的书籍上，其上方悬浮着一颗天球。

围绕着这个引力中心，接下来的数百年间还将出现许多纪念碑，它们颂扬着从查尔斯·达尔文（Charles Darwin）到欧内斯特·卢瑟福（Ernest Rutherford）的自然科学家。他们如卫星一般簇拥着一代经验科学的缔造者，这种科

威斯敏斯特大教堂内的富丽堂皇的艾萨克·牛顿墓，他自 1727 年起长眠于此。

学表面上摆脱了所有不必要的假设，但在人类的思想浪潮中却未能获得坚持。

牛顿同样终身未婚，也没有子女。尽管皇家铸币厂厂长在南海泡沫事件——一场近代特色的国际金融危机——中失去了他的部分股票，他仍然坐拥可观的财富。7个侄子和侄女显然不满足于各自的份额，他们主张把这位著名学者写过字的每一张纸变现。第8位继承人凯瑟琳和她的丈夫则主张完整保存这些文稿。

没有人考虑过出版全集，因为一些记录可能会损害其作者的名誉。但在2个世纪之后，牛顿的侄女凯瑟琳的一位后人决定拍卖这些文稿。1936年夏季，它们在伦敦的苏富比拍卖行完成登记，在被分成超过300件拍品后面市。

一位犹太学者拍得了神学手稿，并希望在大学和博物馆找到买家。可是，几乎没有研究者对牛顿关于所罗门神庙或启示录的论文感兴趣。炼金术文章被经济学家约翰·梅纳德·凯恩斯（John Maynard Keynes）购得。他在其中看见了一位仍不太为人所知的牛顿，不是那位伟大的自然科学家和启蒙主义者，而是一位古代知识的重新发现者、"最后一位术士、最后一位巴比伦人或苏美尔人，他用与那些近10000年前为我们的精神遗产奠基的人们的同样眼光注视着可见的精神世界"，凯恩斯如是说。[167]

无论是牛顿还是莱布尼茨的思想世界都在许多方面让我们今天感到如此陌生，以至于本书对他们的作品和书信的选录也只涉及其中的局部。历史用这种方式再次向我们表明，没有什么比时间更加易逝，所以它可以帮助我们更好地理解我们自己所生活的世界和当下的争论。曾经折磨牛顿和莱布尼茨的空间和时间问题正是人类共同面临的问题。没有一位自然科学家像牛顿那样深刻影响了我们把时间当作一种持续不断的流体的认识，而莱布尼茨对时间的理解直到今天才重新获得更大的支持。

时间究竟为何物？

几个世纪以来，莱布尼茨的时间理论被笼罩在牛顿物理学的阴影里，如今它经历着一场迟到的回归。

没有钟表该如何生活？这几乎无法想象。钟表被安装在厨房灶台、乘用车、电脑和智能手机里。它们将孩子们的在校日分成段落，把生产和工作流程拆成细小环节。就连我们的空余时间也离不开它们的支配。

在地球上的一些国家，当地居民很少看这些钟表。相反，人们给予事件自由空间，不让自己感到需要尽快完成所有事情的压力。在那里，一个共同的时间参照系可以是煮饭（马达加斯加）、冷却一碗茶（青藏高原）或者燃尽一根蜡烛所需的时长。[168]

与此不同，一个机械钟表将一天划分成等长的段落，具体说是借助摆动的摆、摆轮游丝或石英晶体，它们总是返回相同的起始状态。几百年间，走时调节器越来越小，它们的节拍频率越来越高。它是如此之高，以至于今日交易所的交易速度超过了所有人的反应时间。

不过，这些钟表和时间有什么关系？我们虽然说，我们在它们的帮助下"计量时间"，并在面对满满当当的记事日历时反应道："我没时间。"但社会学家诺贝特·埃利亚斯批评说，这样的习惯用语使我们误入歧途。主语"时间"使人觉得存在着一个事物，"那正是需要确定或计量的时间"。这又是什么意思？

20世纪末，埃利亚斯为莱布尼茨的论据提供了一种新的观点。我们计量的从来都不是一个"时间本身"。上文提到的米钟、茶钟的例子或者机械钟表的前行指针表明，所有时间计量的前提都是人们在一种文化里使用一个发生顺序作为共同的参照系。"'时间'这个词,"埃利亚斯说,"象征着一群人,也就是一群天生具有记忆和综合能力的生物,在两个或多个发生顺序之间建立的一种关系,他们将其中一个顺序标准化,使之成为它或其他顺序的参照系或尺度。"[169]

近代早期以来,时间标准发生了巨大变化。比如,牛顿在他的童年还学习过黄昏、夜初、燃烛、暗夜、深夜、拂晓、鸡鸣等用于划分夜晚时间的概念。在伍尔斯索普的乡间,时间计量被限制在看得见和听得见的印象以及点燃蜡烛这般常见的活动。当牛顿在50年后搬到英国首都时,他已经拥有配着分针的钟表,并且融入了大城市的生活步调。身为铸币厂厂长,他经常没有时间参加他看重的皇家学会全会,故而会议最后为他推迟举行。

从我们的时间文化来看,17世纪可谓设置了全新的标准。作家埃利亚斯·卡内蒂①称之为

① Elias Canetti, 1905~1994, 生于保加利亚的犹太作家, 早年居住在奥地利, 纳粹掌权后移居英国, 获得1981年诺贝尔文学奖, 代表作有《迷惘》《群众与权力》等。

"已经真正包括了今日之我们的最早历史时期"。[170]
马车交通和人工照明进入大城市，咖啡馆顾客
和报纸读者作为新的类型登场。当然，报纸必
须具有时效性。今天的新闻跑马灯就是17世纪
末的文末附言（Postscript）：在伦敦销售纸质
报纸的书商可以在一个特地预留的空白区域增
补手写的最新资讯。过不了多久，第一份晚报
也将在伦敦发行。[171]

当时，不同城市的钟表时间还有差异。
今天，全欧洲的钟表都显示同样的时间。使
这一标准时间变得普遍可用，已成为接受委
托的研究机构的专属任务。它们通过无线电
信号将它们的时间信号作为编码数列发送至
我们床头柜上的闹钟。这强化了我们认为时
间是一种持续不断的流体和具有某些属性的
某种真实的看法。偶尔出现的闰日或无规律
插入的闰秒无法提供足够的刺激，以使我们
认真思考一下时间计量，想一想其中是什么
和什么建立起关联。我们感觉"时间"在奔
跑，而事实上奔跑的只有我们自己建造的仪
器的指针。还有我们自己。

在牛顿的阴影里

科学界将时间计量纳入其庇护之下，莱布尼茨对时间的理解却未能获得认同。无论是莱布尼茨，还是巴洛克时期的其他自然科学家，都未能建立起某种能与《原理》相提并论的关系的物理学理论。

钟表能够可靠地显示什么较早和什么较晚，是因为在指针前进的背后藏有因果机制。按照莱布尼茨的说法，因果关系不是仅存在于钟表内，而是我们在事件顺序中认识到的时间秩序的普适基础。"如果两个非同时元素中的一个包含另一个的原因，那么前者就被视为在先，后者则被视为在后"，这是他的因果和关系的时间观念的核心表述之一。[172]

他对于一个原则上无法观察的"绝对时间"的批判被牛顿物理学的巨大成功所掩盖。牛顿以他的《原理》作为依据的时间概念看上去完美无瑕。此外，它还是简单和统一地描述自然过程的一个主要前提。正如无所不在的钟表时间使得协调人们在一座纷繁复杂的城市里的共同生活变得容易，作为坚实参照系的"绝对时间"也降低了物理学对象的相互作用的复杂性。在近现代的合理化方针之下，它们很快就融为一体。

简要了解一下"绝对时间"和"绝对空间"在 18~19 世纪的科学实践中是如何发挥作用的，这有助于理解物理学的时间概念的进一步发展。为此，我们再次简短回顾牛顿的初始问题：一颗行星怎样围绕太阳运动？

行星的运行首先可以援引一个以某种方式预先规定的"绝对空间"，一种与那些可以在某张交通图上找到的标有刻度 A、B、C 和 1、2、3……的简易图表类似的抽象坐标系加以描述。对于接下来的数学计算，却存在一种更好的选择。将行星束缚在太阳周围的吸引力仅取决于它距离太阳有多远。因此，物理学家下一步打算建立一个以太阳为中心的参照系。

那么，让我们从太阳的角度观察那颗行星：它的位置是由到太阳的距离和距离向量像钟表指针那样转过的那个角度确定的。二者都不是绝对量，而是相对量，并能够被天文学家观测到。而且，这不是牛顿重力理论的特别之处。所有至今已知的物理学基本力都随着物体相互距离的改变而变化。就此而言，研究者一直在和相对的空间量打交道，而不是绝对的空间量。

那时间又会怎样？"绝对时间"的概念能在物理学实践中保持多大程度的合理性？

对于具体计算，研究者直接用钟表时间取代了"绝对时间"。他们利用了那个由走时尽可能准确的钟表所提供的时间标准。为了重新在天上找到那颗行星，他们接下来根据目标时刻，借助牛顿的运动方程式计算出行星到太阳的距离以及观测角。

科学实践就讲这么多。但作为天文观察者，人们也可以探究另一个如今由于钟表无所不在而不再被提出的问题：如果我今天午夜在相对于太阳的这个地点看见了火星，后来又在那个位置重新发现了它，其中会经过多长时间？我自己该如何从不断变化的系统组态（即星象）中获得时间标准？

17 世纪初，火星轨道曾经折磨了约翰内斯·开普勒达数十年之久。他认识到行星围绕太阳转动的速度不是恒定的。无论是火星还是地球，都不是在相等的时间内在它们的椭圆轨道上行进相等的距离。当它们距离太阳较近时，它们的速度就较快，距离较远时则较慢。

然而，从它们的运动中仍有可能推导出一个时间标准。在开普勒分析了当时掌握的最佳观测数据之后，他发现从太阳到行星的连线在相等的时间间隔内扫过相等的面积，也就是：每次扫过的面积是时间 t 的一种可靠标准。如果天文学家通过测量角度算出这一面积，也就能够从可观察的相对值中得出时间。一开始抽象的时间参数 t 可以从行星和太阳的不同分布中看出。*但只有当科学家在比较了观察和分析

---

* 　对数学爱好者来说，这里值得一提的是，行星运转所需的时间 t 可以表达为数学公式 $t = T/2\pi(E - \varepsilon \sin E)$。天文学家将辅助角 E 称为"偏近点角"。在时刻 t=0 且角度 E=0 时，此处的观察起点就是行星到太阳的最小距离，$E = \pi$ 则表示它到太阳的最大距离。一个完整的 2π 周期相当于一个时长为 T 的行星年。然后，所观察到的星象将会回归。因此，为了确定时间 t，这里也必须将周期计算在内。偏心率 ε 是衡量行星轨道偏离圆形轨道程度的标准，数值大多很小。$\varepsilon = 0$ 相当于绝对的圆，$\varepsilon < 1$ 则相当于椭圆。以地球为例来说，这样就使计算前述的"均时差"成为可能，后者在 17 世纪被以表格的形式传递给伦敦的钟表匠。

结果之后，定义了什么是均匀运动——例如通过开普勒的面积定律或者能量守恒定律——才能定义一个系统时间，并确定这一规律性是否会带来另一种具有更严格规律性的发生顺序。"关于运动本身是否均匀的问题没有任何意义"，物理学家和科学哲学家恩斯特·马赫得出结论。"我们完全无法根据时间测量事物的变化。时间其实是我们通过事物的变化形成的一种抽象观念。"[173]

牛顿毕生坚持他对于"绝对空间"和"绝对时间"的看法。如果进一步考察，我们就会看到它并不是行星理论的绝对必要的前提。即使是在一个由多颗行星组成的系统里，也可以算出一个系统时间。正是为了这个目的，天文学家几千年来一直在记录行星分布、交流他们的结果并用这种方式超越国界，创造出一个共有的时间参照系。因此，天文时间至今是我们社会钟表时间的准绳。

《原理》也建立在这一丰富的文化遗产之上。作为经验丰富的天体观察者，牛顿认为，我们只能经由测定天文时间接近"真实的和数学的时间"的崇高理想，而不能借助得益于钟表匠的机巧而同样适合于此的机械钟表。*通过绝对地规定理想的天文时间标准，牛顿为物理学家开辟了将物体的一切其他运动，无论是落体、轨道、投掷还是滚动运动，与此建立关联的可能性。如果没有如此规定，就连一个简单的物理学理论都无法成立。

莱布尼茨至少可以在与克拉克的辩论中认可这一点。不过，鉴于愈演愈烈的优先权之争，他决不会向他的英格兰对手表示赞赏。不过，牛顿也根本没有把"绝对时间"和"绝对空间"

---

* 如果卫星围绕太阳转动，如果摆、弹簧和石英晶体来回振动，势能就会周期性地转化为动能，反之亦然。只要保持运动而不受外界干扰，总能量 E 就保持不变。那么，能量守恒定律——按照莱布尼茨的写法是 $dE/dt=0$——就标明了一个时间参数 t 和可计数的周期。对于大致满足能量守恒定律的各类系统，时间间隔 dt_1 和 dt_2 之间的比例是固定的。因此，两个钟表时间 t_1 和 t_2 能够很容易地相互换算。钟表时间与能量守恒的特殊关联说明了观察和理论彼此依赖：摆的摆动等已被认识的规律性驱使人们设计和改进钟表。对于研究者来说，钟表又是一件测量工具，能够用它测试他的理论并检验能量守恒定律。于是，科学家在 1670 年代得出结论，摆在赤道上比在巴黎摆动得慢。由于地球不是纯粹的球体，势能会随着纬度发生变化。现代原子钟在房顶上就已经比在底层走得慢，其差异足以被测量出来。

作为规定置于《原理》的开头。其实他觉得，它们的存在是可以证明的。这正是莱布尼茨所否定的。

世界的因果结构

直到 20 世纪，莱布尼茨对时间的理解才曲折地走出牛顿物理学的阴影，而且一开始是在相对论的背景下。在该理论产生的过程中，此时已经高度发展的钟表技术扮演了与在牛顿物理学形成过程中类似的重要角色。

爱因斯坦对同时性的划时代研究发生在电报和铁路将世界各国彼此连成网络的时代。要使钟表在电子时间网络中保持同步以及使交通时刻表相互协调，许多技术难题仍有待解决。作为伯尔尼专利局①的雇员，爱因斯坦在工作中已经接触过相关问题。[174] 他思考如何才能使相距很远的钟表彼此协调，以及同时性意味着什么。

———————————

① 指瑞士联邦专利局，今瑞士联邦知识产权局的前身。

　　我们必须考虑到，我们所有的判断，只要时间在其中发挥作用，就始终是对同时发生的事件的判断。比如，假使我说："那列火车将于7点到达这里，"这大概表示，"我的钟表指针指向7的位置和火车到达是同时发生的事件。"

　　看上去，所有与"时间"的定义有关的难题，似乎都能通过以钟表的小指针的状态代替"时间"的方法加以克服，爱因斯坦继续说。"如果只是定义钟表所在地的时间，这样一种定义实际上足够了；可是，一旦涉及将发生于不同地点的事件序列在时间上彼此关联，或者——这带来相同的结果——对发生地远离钟表的事件进行时间方面的评价，这个定义就不再够用。"[175]

　　在这寥寥数语之内，我们遇到了一个莱布尼茨没有理会的、同时间打交道的典型问题。这位哲学家虽然详细地讨论了我们说两个事物位于同一地点指的是什么，但没有分析将两个事件称为同时发生是什么意思。置身于现代钟表技术之中的爱因斯坦用现代的说法重新提出了这个问题：相互分离的钟表如何能够保持同步？

为此，我们可以将一个可移动的钟表带往他处，以它作为参照物校准其他所有钟表。我们已经在本书中看到，运输钟表是件麻烦事。在爱因斯坦看来，在需要同步的钟表之间来回传输信号却没有太多问题。

不过，信号的速度是有限的。在他的首个理论即所谓的狭义相对论中，爱因斯坦将光速看作最大的效应速度，它在所有参照系中保持不变。至于两个事件是否同时发生，却不那么容易确定。如果我能够通过望远镜看到另一颗星球上的某个人向我挥手示意，他正在那里庆祝自己的 18 岁生日，我就必须想到，光从那里要经过许多年才能到达我这里，因此该庆祝早就已经过去了。

对于除此之外的高速相对运动的系统来说，比如一艘太空飞船相对于地球，情况还要复杂得多。爱因斯坦证明，钟表在高速相向运动的系统中将不再保持同步。它们的走时有快有慢。因此，每一位运动中的观察者都会测得一个特殊的原时（Eigenzeit）①。该效果虽然极小，以至于在 20 世纪下半叶才通过实验获得证实，但如果忽略了这一"同时性的相对性"，今天汽车里的导航仪就无法正常工作了。

"同时性的相对性"对所有长度测量都具有直接影响。如此，全部长度标准也同样是相对的。比如，如果想知道一列行驶中的火车的长度，就必须同时观察车头和车尾，完全按照莱布尼茨的定义："空间是同时存在者的秩序。"所以，相对论中的光信号对理解时间秩序和空间秩序都有启发。

又比如说，为什么太阳比月亮的距离远得多？从地球上看，太阳之所以能够被视为远得多，是因为作用较晚传播至太阳：一个光信号去往太阳所需的时间超过 8 分钟，显著长于去往月球所需的 1.3 秒。作为用时最短的连接，光程也以此确定了莱布尼茨当初为测量长度而寻

① 直译为"自时间"。根据相对论，时间流逝与运动和引力状况有关。因此，每个事物的时间流逝都是特殊的，其所经历的专属时间即为"原时"。

找的中间环节。

　　由于爱因斯坦依据的是把光的传播作为速度最快的因果过程，因果性在他的整个理论中就有了重大意义。[176] 因果关系和时间次序互为先决条件。对于所有观察者而言，孰先孰后没有差别。如果一个事件原则上能够对另一个事件施加影响，那么它就先于后者。就这样，莱布尼茨的因果时间理论的价值得到追加提升，哲学家汉斯·赖欣巴哈强调："不只是时间秩序，而是空间—时间秩序的组合被揭示为因果序列的规则模式和世界因果结构的表达。"[177]

先因果，再关系

　　在狭义相对论中，空间和时间在每个观察者眼中的表现都不相同。从那时起，物理学家将它们概括成为一个时空。这所谓的时空却独立于物质之外。因此，它构成了一个适用于所有过程的坚实参照系。至少在这方面，狭义相对论与牛顿的空间和时间观念较它与莱布尼茨的更加相似。

但在 1905 年以后，爱因斯坦却迅速向一种符合莱布尼茨思想的关系理论靠拢。在他的广义相对论中，他把空间、时间与既有的物质和能量联结起来，使之成为一张动态的关系网络，它随着物体的运动而不断变化。或者，就像他的一位同事、物理学家赫尔曼·外尔[①]所表达的：时空在广义相对论中不再是所有物体在其中各就其位的空虚的"出租屋"，而是建筑结构本身需要由物质确定。另外，这还导致相向运动的观察者更加难以确认，多个事件是否同时发生。

从它的思想方案出发，广义相对论既是一种因果理论，也是一种关系理论——不过始终没有取得最终的一致性，爱因斯坦自己对此也感到遗憾。莱布尼茨的主张清清楚楚："没有物质的空间不存在。"在爱因斯坦的理论中，时空没有在一个无物质的世界中消失。它也包含着对一个无物质宇宙的解答。

---

① Hermann Weyl，1885~1955，德国数学家、物理学家和哲学家，在数论、相对论和量子力学领域有重大贡献。

另一个至今热议的问题是，爱因斯坦的方程式的这类解答是否应被认为具有重大的物理学意义。现代的关系主义者没有遵循广义相对论的所有可以想到的解答。就像莱布尼茨，他们看重的是那些在我们的宇宙中可以辨识的结构。"只有其中的假定情形和世界的经验条件相一致，这样的解答才能在哲学上加以考虑"，科学哲学家马丁·凯瑞尔[①]如此评论现代辩论。

同一时期的科学现实主义者的观点完全不同，他们在这方面可以被看作牛顿的追随者。对他们而言，当前最好的科学理论构成了唯一可靠的解释框架。因此，我们必须立足于如今获得普遍承认的广义相对论，以便对时空的性质有所了解。但是，它却接受了"几何结构在其中无法被归因于物质分布"的解答，凯瑞尔表示。在现实主义者看来，这样的结构代表着一种现代版的"绝对时空"。[178] 如此观之，当代研究者的论据与我们在莱布尼茨—克拉克论

---

① Martin Carrier，德意志哲学家，生于 1955 年，主攻科学哲学。

战中所认识的差别不大。

广义相对论不是一以贯之的关系理论，爱因斯坦自己觉得这是缺陷。他的后继者仍在思考，这样一种理论将会是什么模样。莱布尼茨关于空间和时间的观念也在这位博学家离世300年后重新引发了广泛兴趣。

不过，始终悬而未决的是，一种关系的时间认识如何能与另一种重要的现代理论——量子物理——相协调。乍一看，结果令人失望：不同于相对论，量子物理以牛顿的外部"绝对时间"为前提。20和21世纪的这两种基础理论在对时间的理解方面隐含着显著差异，就好比莱布尼茨和牛顿的观点之间的距离。至今所有在量子引力理论中把它们彼此结合的努力都宣告失败。而且很难想象，这能在没有预先厘清时间的概念的情况下取得成功。莱布尼茨与克拉克的论战一直没有被确立为一场物理学的基础性辩论。

当代物理学家卡洛·罗威利①、李·斯莫

---

① Carlo Rovelli，意大利物理学家和作家，生于1956年。

林 ① 或者朱利安·巴伯 ② 重新着手研究这一问题，并非偶然。在电子计算机时代，他们没有再被一种关系的时间理论的复杂性所吓阻。不过，迄今为止，只要进入微观宇宙或量子世界，关系的方法就会失效。如果每个测量程序都会影响量子系统，那应该怎样在一个微观系统中追踪所发生之事的时间经过并形成一个内部系统时间呢？假如一位物理学家在一个这样的系统内选出了一个可观察的量，目的是通过与它的关系观察其他量的变化，那么他就必须始终想到，系统状态在观察本身的影响下会如何改变。这些量子理论的奠基者们仅仅参考他们的实验室钟表，把它作为外部的时间参数，他们这么做是否过于轻率了？

把一首贝多芬交响曲当作气压曲线？

在每个物理学理论中，都存在只能通过理论构想作为整体加以论证的规定。牛顿发现"绝对时间"就是一个这样的概念，20 世纪的量

---

① Lee Smolin，美国物理学家，生于 1955 年。
② Julian Barbour，英国物理学家，生于 1937 年。

子理论家依据的是一个外部的钟表时间。以这样一种时间概念为基础，经典物理学和量子力学取得了不可思议的成就，但从现代视角来看有必要进行修正。

自然界和我们自己创造的环境的复杂性要求我们不断抉择：决定我们能够和想要在多大程度上将该复杂性包括在我们的考察范围之内。一方面，我们可以如此计算和行事，仿佛存在一个外部的"绝对"时间，即钟表的时间。这降低了我们协调不同过程的时间的难度。如果所有钟表突然全部消失，在上百万人口的巨型城市里的有组织的共同生活注定将陷入一片混乱。

不过，在我们预先安排好的日常生活中，我们还是不断经历着存在于这样一个外部的钟表时间和一个事件时间之间的紧张关系。如果我们坐在诊所的候诊室里，如果一场公务会谈在一小时后仍未获得结果，或如果孩子们不想入睡，我们也许就会感到时限压力，它产生于作为社会时间标准的钟表。然而，我们在上述情况下并不会遵循这个外部时间，而是会调整我们的参照系以适应具体情况。此时此地，我们将自己纳入其中的事件构成了对我们来说至关重要的时间秩序。"如果孩子们睡觉了，我就回电"，在如此情形下，我们会给出这样一种典型的关系的时间表述。

此时此地，我们不是与所有人相关联。因此，钟表是一种如此重要的社会参照系。它的分针在17世纪首次出现，此后变得愈发精准，使我们能够在这一线性时间之内无缝安排所有日程。

可是，钟表将时间降格为一个可以测量的参数。它使所有那些对我们人类具有重要意义的现时维度隐没不见。现在，也就是此刻，我们自己与众事件相连并对它们产生影响，我们与我们的思想和感觉同在并设定优先顺序。现在不断地为新的经历提供起始点。

"爱因斯坦有一次说过，关于此刻（Jetzt）的难题让他深感不安"，哲学家鲁道夫·卡尔纳普① 在他的自传里讲述道。"他还解释说，体验此刻对人来说意味着某种特殊的、与过去和未来截然不同之物；不过，这个如此重要的区别

---

① Rudolf Carnap，1891~1970，德国哲学家，逻辑实证主义的代表人物。

没有表现在物理学上，也无法在那里出现。此种体验不能为科学所掌握，这对他来说意味着一次痛苦而不可避免的放弃。"[179]

物理学及其对世界的工具化的借用没有给解释此刻留下太多余地。这不意味着爱因斯坦在物理学、生物学和其他学科之间划定了原则性的边界。他认为，以自然科学的方式描绘世界是完全可能的。"但是这并没有意义。这是在用不恰当的手段进行描绘，就好像把一首贝多芬交响曲当作气压曲线来呈现。"[180]

就是现在！

莱布尼茨信仰一位拥有至高理性的上帝，却将世界的复杂性作为其思考的中心课题。这位计算机发明者发现自然界也到处存在着非几何的事物，并追踪个体表现形式的多样性，直至微观宇宙之中。他也得出结论，即无法对体验现在作出机械性解释。通过前面已经提到的磨坊之喻，这位哲学家勾画出自然科学的解释能力的边界："设想存在这样一部机器，其构造使它能够思考、感觉和具有感知，那么就可以想象，在保持相同比例的情况下把它放大，使得人们能够进入其中，如同走进一座磨坊。"然而，进去之后就会立刻发现，里面只有许多彼此碰撞的部件，而没有任何能够解释它的能力的东西。[181]

人们可以在磨坊的巴洛克式机理之上附加现代生物化学程序，并让脑科学家在这座磨坊被增大的内部空间里漫步。到目前为止，他们也在其中徒劳地探寻意识，后者无法与其机械的载体结构相提并论。磨坊的功能结构没有向他们提供关于体验现在的任何信息。

莱布尼茨虽然认为，借助机械性解释不可能迈过意识的门槛，但是他相信，我们当下的体验肯定是各自通过先导的意识状态加以确定的，也就是说存在一种根本的意识连续性。在他看来，此刻并不是点状的瞬间。

在我们内心，每时每刻都存在无数感知，而我们对此却没有注意，因为它们太弱、太多或太均质。它们处在意识的门槛之下。以这样细微的感知为基础，我们模糊的印象、我们的喜好以及周围物体对我们产生的那些印象最终得以建立。"的确可以说，由于这些细微的感知，现在充满了过去，并孕育着未来……这些难以察觉的感知也描述和形成了我们所谓的同一个个体：因为借助它们可以在个体之中留住其较早状态的痕迹，后者则建立起与个体现在状态的联结。"[182]

当我们的生命在一种时间顺序里徐徐展开的时候，每段意识的时长无论多么短暂，都是形成我们最初的时间体验的定向意识流的一部分。我们所体验的时间是流动的。记忆填充了现在，使它清楚可读，记忆和期待将每一个有意识体验到的变化装进一段相互关联的历史。如果物质可以被分割至无穷无尽，我们就能用我们所体验的时间创造出一个连续统。

如果时间是一种"纯粹理性的观念"和"变化的普遍秩序"，就像莱布尼茨对它的解释，我们就不能用那种多次出现于现代理论物理学中的方式把时间分解为数学上的时刻。如此，时间本身就是连续的。换句话说：如果没有变化，时刻就失去了一切意义。原因是，科学家为计量时间而使用的每一种时间尺度，无论多么短暂，都已经把周期性变化或相互关联的历史作为前提。

布赖恩·格林①等现代弦理论家的论证正好相反："变化的概念就个别时刻而言没有意义……因为对时刻来说，重要的只是存在。"时刻是时间的原材料，它们不会变化。"每一瞬间都存在。若进一步观察，时间之流更像一个巨大的冰块，其中的每个瞬间都被永远地封冻在它的位置上。"[183]

格林没有隐瞒对时间的这番理解有时会在下班后给他带来不快。恩斯特·马赫也用他的表态对其施加压力。马赫还顺便向他的同事发去一则完全符合莱布尼茨思想的消息："我们完全无法根据时间测量事物的变化。时间其实是我们通过事物的变化形成的一种抽象观念。"

爱因斯坦遵循着这个方向。不过，他也已经接受了作为抽象点集的时空，把它当作既成事实，以便接下来将所有这些点分别归入一个物理量，这样才能够为引力场下定义。[184]在此基础上，爱因斯坦提出了具有指导意义的物理定律。尽管它得到众人的赞美，物理学家本人却不相信他的基本概念能够经得起进一步检验。

———————————

① Brian Greene，美国物理学家，生于1963年。

爱因斯坦的定律不得已排除了被体验到的现在。因为作为定律，它们必须保证自己始终有效。"对于我们这些笃信物理学的人来说，过去、现在和未来的分野只是一种幻象，尽管是很顽固的幻象"，爱因斯坦在他去世之前几周写道。[185]

在也许是最后一位伟大博学家的形而上学里，主观感受的时间，主体之间的时间和客观的、可测的天文时间等时间的不同方面依然紧密地交织在一起。按照莱布尼茨的观点，我们主观的时间体验总是与外部世界相关联。所以，它的安排大致遵循昼夜更替等自然节律，但也要遵循他人、母亲、社会和我们成长于其中的文化的节奏。反过来，对客观性的想象形成于就个别观察者和思考者的认识所达成的共识。我们已经在本书中看到，每种客观的时间尺度都必须经受这样一场科学与社会辩论的考验。

莱布尼茨和牛顿没有展开正面交锋，更不可能就空间和时间的本质取得一致意见。英格兰数学家避免与他的德意志同仁直接对话。就莱布尼茨而言，他未能注意到牛顿物理学的划时代意义。他的复杂思想已经不能接受对于

"绝对时间"和"绝对空间"的规定。不过，这两位学者的争论却有助于我们体验和理解时间——我们生而相伴的时间。

附　录

致 谢

我要感谢所有为我写作本书提供支持的人，包括卡琳·施奈德（Karin Schneider）、芭芭拉·韦尔纳（Barbara Werner）、马伦·魏特克（Maren Wetcke）和皮柏出版社（Piper）与柏林国家图书馆的工作人员，以及出版、评论和部分翻译了莱布尼茨和牛顿的无数手稿和信件的专家学者，虽然上述工作还远没有结束。如果没有他们，本书将无法完成。我还要特别感谢我的妻子安妮（Anne）和我的朋友阿列克斯（Alex），感谢他们的耐心、沉着和专业指点。

2013 年 6 月于柏林

时间表

艾萨克·牛顿

1642/43	1642 年圣诞节的第一天，艾萨克·牛顿出生于林肯郡。按照天主教国家施行的格里高利历，当天已经是 1643 年 1 月 4 日。
1646	艾萨克的母亲汉娜第二次结婚，将从未见过父亲的男孩留给了他的祖母。
1661	进入剑桥大学三一学院学习。
1665/66	牛顿在他的"奇迹年"为关于光和色的新理论打下基石，并发明了微积分。
1669	牛顿成为剑桥大学的数学教授。
1672/73	加入皇家学会；他的光和色的理论及一架自制的反射望远镜使牛顿名扬海外。
1676	首次与莱布尼茨进行数学通信。
1679	皇家学会首席实验员罗伯特·胡克启发牛顿想出了一种新的行星理论。
1687	他的划时代数学著作《自然哲学的数学原理》出版。

1687/88	在反对国家重新天主教化的抗议运动过程中，牛顿表现成一位革命者并成为下议院议员。
1696	牛顿先后出任皇家铸币厂监督和厂长，并迁居至伦敦。
1703	当选皇家学会会长；牛顿长期担任该职务，直到去世。
1704	他的第二部书籍形式的重要物理学作品《光学》出版。
1705	由于他的政治业绩，牛顿被安妮女王册封为骑士。
1707	英格兰王国与苏格兰王国合并；根据相应建立的货币联盟，牛顿的任务是整合伦敦和爱丁堡的铸币厂。
1712	牛顿以皇家学会会长的名义成立了一个调查委员会，后者在牛顿与莱布尼茨的优先权之争中为他提供支持。
1720	牛顿在股票投机中损失了一小笔财富，大约2万英镑。
1727	牛顿在格里高利历的3月31日去世，被葬在威斯敏斯特大教堂内。

戈特弗里德·威廉·莱布尼茨

1646	7月1日，莱布尼茨出生于莱比锡。

1652	他的父亲、莱比锡大学伦理学教授弗里德里希·莱布尼茨去世。
1661	15岁的莱布尼茨开始在家乡学习法学。
1667	获得博士学位后，莱布尼茨前去为美因茨总主教效力。
1672~1676	旅居巴黎，研制了第一台能够进行四则运算的计算机。
1673	首次访问伦敦，获准加入皇家学会。
1675/76	发现微积分。
1676	第二次访问伦敦，查阅了牛顿的作品。
1677年起	担任汉诺威王室的宫廷图书馆馆长。
1678~1686	定期前往哈茨山；计划运用风力为那里的矿山排水。
1679	莱布尼茨设想出一部二进制计算机。
1687~1690	前往维也纳和意大利，由此开始了对韦尔夫家族史的长达数十年的调查研究。
1700	莱布尼茨成为新成立的普鲁士科学院的院长。
1705	在与英格兰哲学家约翰·洛克的辩论中，莱布尼茨撰写了《人类理智新论》。

1710	他的富有战斗性的作品《神义论》出版，其内容取自与普鲁士王后索菲·夏洛特的谈话。
1711	与牛顿关于发明微积分的优先权之争升级。
1712~1714	旅居维也纳，他在那里被任命为帝国内廷议事会参事并完成了《单子论》。
1715	莱布尼茨与克拉克开始围绕空间和时间的本质进行论战。
1716	莱布尼茨于 11 月 14 日在汉诺威辞世，四周后被默默地安葬。

世界大事

1633	宗教裁判所审判伽利略·伽利雷；他的《关于托勒密和哥白尼两大世界体系的对话》被查禁。
1648	《威斯特伐利亚和约》结束了三十年战争。
1649	英格兰内战以处决英格兰国王告终。
1654	奥托·冯·格里克在雷根斯堡帝国会议上展示了他的第一个真空泵。
1657	荷兰自然科学家克里斯蒂安·惠更斯发明了首个运转良好的摆钟。

1660	奥利弗·克伦威尔的独裁统治结束，英格兰回归君主制。
1664	纽约，即曾经的新阿姆斯特丹，成为扩张中的英格兰海外殖民帝国的一部分。
1664	剧作家让·巴蒂斯特·莫里哀的喜剧《伪君子》在巴黎被禁演。
1665	荷兰巴洛克风格画家扬·维米尔（Jan Vermeer）完成《戴珍珠耳环的少女》。
1672	法国军队入侵尼德兰，路易十四开始发动一系列扩张战争。
1676	丹麦天文学家奥勒·罗默测定光速。
1682	路易十四迁都凡尔赛，那里有大约4000个仆人和1000个廷臣对他唯命是从。在绝对主义时期的欧洲，凡尔赛成为许多王侯效仿的对象。
1683	大维齐尔卡拉·穆斯塔法（Großwesir Kara Mustafa）率领的奥斯曼帝国军队围攻维也纳。
1683	荷兰人安东尼·范·列文虎克在自己的牙垢里首次发现细菌。
1688/89	英格兰"光荣革命"开启议会政治的新纪元。

1710 迈森陶瓷工坊和柏林夏里特医院建立。

1713 西班牙王位继承战争结束后，英国夺取直布罗陀、梅诺卡岛以及与西属美洲殖民地进行奴隶贸易的垄断权。

1714 汉诺威选帝侯格奥尔格·路德维希登上英国王位，成为乔治一世。

1720 近代的两场股市泡沫分别导致法国政府破产和英格兰南海公司崩溃。

约 1722 约翰·塞巴斯蒂安·巴赫完成《平均律钢琴曲集》第一卷。

注　释

第一部
阴影的时间

1　Gregg, P. 1981, S. 443 f.
2　Schönle, G. 1933
3　Ranke, L. 1870, S. 336
4　Asch, R. 1998, S. 442
5　Haan, H./Niedhart, G. 1993, S. 13 f.
6　Westfall, R. 1983, S. 47 f.
7　Vogtherr, T. 2001
8　Conduitt, J. 1727b
9　Stukeley, W. 1727
10　Atherton, I. 2003, S. 98
11　Hill, C. 1977 und Mann, G./
　　Nitschke, A. 1986
12　Conduitt, J. 1727a
13　Berghaus, G. 1989, S. 78
14　Ranum, O. A. 1979, S. 217 f.
15　Powell, H. 1963, S. 42 f.
16　Schönle, G. 1933
17　Stukeley, W. 1727
18　Gryphius, A. 1962, S. 22
19　Schilling, H. 1994, S. 81
20　Mann, G./Nitschke, A. 1986,
　　S. 154 f.
21　Kittsteiner, H. 2010, S. 61
22　Duchhardt, H. 1998, Roeck B.
　　1996
23　Mann, G./Nitschke, A. 1986, S. 222
24　Roeck, B. 1996, S. 411
25　Behringer, W. 2003
26　Ebd., S. 126
27　Ebd., S. 422
28　Müller, K./Krönert, G. 1969, S. 3
29　Guhrauer G. 1846, S. 4 f.
30　Vogel, J. 1714, S. 652
31　Guhrauer, G. 1846, S. 8
32　Vogel, J. 1714, S. 625
33　Bautz, T.
34　Gosset, A. 1911
35　Klein, S. 2006
36　Stukeley, W. 1727
37　Dohrn-van-Rossum, G. 1992, S. 144
38　Loomes, B. 2008
39　Ebd.
40　Stukeley, W. 1727
41　Manuel, F. E. 1968, Westfall, R.
　　1983
42　Harrison, J. 1978, S. 5
43　Schechner, S. 2001, S. 198 f.
44　Ebd., S. 201
45　Gouk, P. 1992
46　Padova, T. de 2006
47　Conduitt, J. 1727a
48　Gerhardt, C. 1890, S. 51
49　Guhrauer, G. 1846, S. 11
50　Ebd., S. 20
51　Müller, K./Krönert, G. 1969,
　　S. 1 f.
52　Leibniz, G. W. 1923, Bd. I.1
　　S. 332 f.
53　Jünger, E. 1954, S. 124
54　Ebd., S. 144 f.
55　Müller, K./Krönert, G. 1969, S. 1 f.
56　Ekirch, R. 2005, S. 358
57　Vogel, J. 1714, S. 937
58　Ekirch, R. 2005, S. 259
59　Müller, K./Krönert, G. 1969, S. 1 f.
60　Gerhardt, C. 1887, S. 606
61　Engelhardt, W. 1955, S. 13
62　Gerhardt, C. 1890, S. 52
63　Klenner, H. 1996, S. 28
64　Gawlick, G. 1994, S. 67
65　Comenius, A. 1954, S. 74
66　Mayr, O. 1987, S. 84
67　Buchenau, A. 1992, Kap. 203
68　Klenner, H. 1996, S. 5
69　Gerhardt, C. 1890, S. 4
70　Knobloch, E. 1973, S. 83
71　Zellini, P. 2010, S. 9
72　Wasmuth, E. 1948, S. 115
73　Ebd.
74　Brachner, A. 2002, S. 22
75　Ebd., S. 25
76　Wiesenfeldt, G. 2002
77　Hentschel, K. 2008, S. 35
78　Mayr, O. 1987, S. 107
79　Cipolla, C. 1999, S. 70

80 König, W. 1997, S. 87 f.
81 Ranke, L. von 1870, S. 487
82 Sprat, T. 1667, Birch, T. 1756
83 Latham, R./Matthews, W. 1970–83, Bd. II, S. 33 f.
84 Rüegg, W. 1996, S. 426
85 Rüegg, W. 1996, S. 123 f.
86 Westfall, R. 1983, S. 74 f.
87 McGuire, J. E./Tamny, M. 1983, S. 452
88 Ebd., S. 336
89 Ebd., S. 340
90 Cohen, B. 1971, S. 291 f.
91 Turnbull, H. W. 1959
92 Newton, I. 1672a
93 Ebd.
94 Goethe, J. W. 1981b, S. 321
95 Goethe, J. W. 1981a, S. 449
96 Newton, I. 1665–66
97 Ebd.

第二部
钟表的时间

1 Latham, R./Matthews, W. 1970–83, Bd. VI, S. 101
2 Ebd., S. 221
3 Ebd.
4 Ebd., Bd. VII, S. 293
5 Sherman, S. 1996, S. 77 f.
6 Whitrow, G. J. 1991, S. 295 f.
7 Andriesse, C. D. 2005, S. 151
8 Oettingen, A. von 1973, S. 85
9 Koyré, A. 1994, S. 57 f.
10 Ebd.
11 Heckscher, A./Oettingen, A. von 1913, S. 8
12 Ebd.
13 Mayr, O. 1987, S. 26
14 Bobinger, M. 1966, S. 133 f.
15 Maurice, K./Mayr, O. 1980S.
16 Dawson, P. G./Drover, C. B./Parkes D. W. 1982, S. 74
17 Ebd.
18 Birch, T. 1756, Bd. 1, S. 4
19 Ebd., S. 9
20 Jardine, L. 2010, S. 22 f.
21 De Beer, E. S. 1955, S. 285
22 Jardine, L. 2010
23 Heckscher, A./Oettingen, A. von 1913, S. 21 f.
24 Jardine, L. 2010
25 Birch, T. 1756, Bd. 2, S. 21
26 Ebd., S. 23
27 Nowotny, H. 2005
28 Sobel, D. 1995
29 Andriesse, C. D. 2005, S. 275 f.
30 Schilling, H. 1994, S. 212
31 Mukerji, C. 2009, S. 141 f.
32 Engelhardt, W. 1955, S. 12
33 Müller, K./Krönert, G. 1969, S. 11
34 Mackensen, L. von 1969
35 Dohrn-van-Rossum, G. 1992, S. 148 f.
36 Hirsch, E. C. 2000, S. 30 f.
37 Heckscher, A./Oettingen, A. von 1913, S. 180 f.
38 Sherman, S. 1996
39 Wright, M. 1989, S. 105
40 Kassung, C. 2007, S. 161 f.
41 Heckscher, A./Oettingen, A. von 1913, S. 3
42 Leibniz, G. W. 1710, S. 315
43 Engelhardt, W. von, 1955, S. 42
44 Knobloch, E. 1993, S. 83 f.
45 Hofmann, J. 1949, S. 8 f.
46 Ebd., S. 5
47 Huber, K. 1989, S. 94
48 König, W. 1997, S. 118
49 Jardine, L. 2003, S. 108 f.
50 Ekirch, R. 2005, S. 98 f.
51 Latham, R./Matthews, W. 1970–83, Bd. VII, S. 267 f.
52 De Beer, E. S. 1955, S. 454
53 Latham, R./Matthews, W. 1970–83, Bd. VII, S. 267 f.
54 Ackroyd, P. 2001, S. 223
55 Purrington, R. 2009, S. 89 f.
56 Turnbull, H. W. 1959, Bd. I, S. 15.
57 Ebd., S. 53
58 Ebd.
59 Ebd.
60 Ebd., S. 73
61 Ebd., S. 79
62 Newton, I. 1672b/Turnbull, H. W. 1959, Bd. I, S. 82 f.
63 Huygens, C. 1672
64 Behringer, W. 2003, S. 303
65 Robinson, H. 1948

66 Gerhardt, C. I. 1971, Bd. VII, S. 359
67 Daston, L. 2003, S. 175
68 Ebd.
69 Hooke, R. 1672
70 Turnbull, H. W. 1959, Bd. I, S. 151
71 Ebd., S. 171 f.
72 Westfall, R. 1983, S. 246 f.
73 Turnbull, H. W. 1959, Bd. I, S. 198
74 Newton, I. 1672c
75 Misson, H. 1719, S. 39
76 Robinson, H. W./Adams, W. 1935
77 De Beer, E. S. 1955, S. 637
78 Birch, T. 1757, Bd. III, S. 72 f.
79 Ebd.
80 Robinson, H. W./Adams, W. 1935
81 Arithmeum, 1999
82 Jordan, W. 1897, S. 313
83 Stein, E./Kopp, F. O. 2010
84 Birch, T. 1757, Bd. III, S. 85 f.
85 Robinson, H. 1948, S. 53 f.
86 Arithmeum, 1999
87 Robinson, H. W./Adams, W. 1935,
   S. 25
88 Arithmeum, 1999
89 Birch, T. 1757, Bd. III, S. 85 f.
90 Hofmann, J. 1949, S. 15 f.
91 Hall, A. R./Hall, M. B. 1973, Bd. IX,
   S. 438 f.
92 Ebd.
93 Cassirer, E. 1996, S. 117
94 Ebd., S. 124 f.
95 Elias, N. 1988, S. 96 f.
96 Ebd., S. XXII
97 Klein, S. 2006, S. 24 f.
98 Cassirer, E. 1996, S. 5
99 Ebd., S. 124
100 Newton, I. 1704, Buch II, Prop. XI
101 Cassirer, E. 1996, S. 103
102 Hall, M. B. 2002, S. 191
103 Heckscher, A./Oettingen, A. 1913
104 Koyré, A. 1994, S. 52
105 Jardine, L. 2003, S. 193
106 Dawson, P. G./Drover, C. B./Parkes
   D. W. 1982
107 Andriesse, C. D. 2005, S. 264 f.
108 Howse, D. 1997, S. 36 f.
109 Ebd., S. 38 f.
110 Robinson, H. W./Adams, W. 1935,
   S. 147
111 Birch, T. 1757, Bd. III, S. 179
112 Hall, M. B. 2002, S. 197 f.
113 Birch, T. 1757, Bd. III, S. 190
114 Westfall, R. 1983, S. 312 f.
115 Hall, A. R./Hall, M. B. 1977, Bd. XI,
   S. 165
116 Birch, T. 1757, Bd. III, S. 190
117 Robinson, H. W./Adams, W. 1935,
   S. 148
118 Ebd.
119 Birch, T. 1757, Bd. III, S. 191
120 Wright, M. 1989
121 Hall, A. R. 1951, S. 168 f.
122 Forbes, E./Murdin, L./Willmoth, F.
   1995, Bd. I, S. 330
123 Robinson, H. W./Adams, W. 1935,
   S. 151
124 Evans, J. 2006, S. 25 f.
125 Jardine, L. 2003, S. 202
126 Ackroyd, P. 2001, S. 238 f.
127 Child, J. 1668
128 Haan, H./Niedhart, G. 1993, S. 100
129 Cassirer, E. 1996, S. 64
130 Cipolla, C. M. 1999, S. 66
131 Ufer, U. 2008, S. 225
132 Ebd., S. 166
133 Nooteboom, C. 2002, S. 338
134 Barbon, N. 1690
135 Latham, R./Matthews, W.
   1970–83, Bd. X, S. 136
136 Evans, J. 2006
137 Ebd., S. 49
138 Mayr, O. 1987, S. 44
139 Kloeren, M., 1935
140 Eichberg, H. 1978, S. 42
141 Wrigley, E. A. 1967, S. 61
142 Latham, R./Matthews, W. 1970–83
143 Misson, H. 1719, S. 37
144 Lloyd, A. 1958, S. 92 f.
145 Dohrn-van-Rossum, G. 1992,
   S. 365
146 Thompson, E. P. 1967, S. 87 f.
147 Hunter, J. 1830, S. 73
148 Thompson, E. P. 1967, S. 85 f.
149 Schulte Beerbühl, M. 2007, S. 76
150 Simmel, G. 2006
151 Elias, N. 1988, S. 99
152 Smith, J. 1686
153 Tompion, T. 1684

第三部

数字的时间

1 Cassirer, E. 1996, S. 440
2 Padova, T. de 2010
3 Cassirer, E. 1980, S. 182
4 Knobloch, E. 1993 S. 9 f.
5 Leibniz, G. W. 1923, Bd. I.1,
　S. 491 f.
6 Ebd., S. 494 f.
7 Leibniz, G. W. 1976, Bd. III.1,
　S. 171 f.
8 Leibniz, G. W. 1923, Bd. I.1, S. 492
9 Ebd., S. 504
10 Kleinert, A. 1991, S. 286
11 Weizsäcker, C. F. von 2002,
　S. 131 f.
12 Whiteside, D. T. 1967 – 80, Bd. I,
　S. 155 f.
13 Westfall, R. 1983, S. 111
14 Kowalewski, G. 2007, S. 7
15 Herring, H. 1996b, S. 253
16 Leibniz, G. W. 2008, Bd. VII.5,
　S. 288 f.
17 Wolfers, J. 1872
18 Schüller, V. 1991, S. 95
19 Cantor, G. 1901, S. 160
20 Westfall, R. 1983, S. 134
21 Barrow, I. 1976, S. 3
22 Turnbull, H. W. 1960, Bd. II, S. 6
23 Whiteside, D. T. 1967 – 80, Bd. V,
　S. 429
24 Turnbull, H. W. 1960, Bd. II, S. 65
25 Ebd., S. 32
26 Ebd., S. 65
27 Leibniz, G. W. 1923, Bd. I.1, S. 491
28 Turnbull, H. W. 1960, Bd. II, S. 65
29 Knobloch, E. 1993, S. 10
30 Leibniz, G. W. 1976, Bd. III.1,
　S. LXV
31 Turnbull, H. W. 1960, Bd. II, S. 67
32 Ebd., S. 139
33 Burckhardt, M. 1994, S. 184 f.
34 Turnbull, H. W. 1960, Bd. II,
　S. 198 f.
35 Whiteside, D. T. 1967 – 1980, Bd. IV,
　S. 671
36 Turnbull, H. W. 1960, Bd. II,
　S. 110 f.
37 Ebd., S. 162
38 Whiteside, D. T. 1967 – 1980, Bd. II,
　S. 32 f.
39 Rescher, N. 1992, S. 25 f.
40 Ebd., S. 40
41 Leibniz, G. W. 1923, Bd. I.1, S. 488
42 Siemens AG 1966, S. 46 f.
43 Mackensen, L. von 1974, S. 255 f.
44 Holz, H. 1996, S. 445 f.
45 Leibniz, G. W. 2009, Bd. II.2,
　S. 126 f.
46 Marperger, P. 1723
47 Duchhardt, H. 2007, S. 85
48 Leibniz, G. W. 2009, Bd. I.4., S. 475
49 Kowalewski, G. 2007, S. 3 f.
50 Leibniz, G. W. 2009, Bd. I.4. S. 477
51 Hall, A. R. 1980, S. 36 f.
52 Turnbull, H. W. 1960, Bd. II,
　S. 400 f.
53 Gunther, R. T. 1931, Bd. VIII,
　S. 27 f.
54 Purrington, R. 2009
55 Mudry, A. 1987, S. 264 f.
56 Gunther, R. T. 1930, Bd. VI, S. 265 f.
57 Ebd.
58 Ebd., S. 267
59 Ebd., S. 326
60 Birch, T. 1756, Bd. 2, S. 338 f.
61 Gunther, R. T. 1930, Bd. VI, S. 326
62 Herivel, J. 1965
63 Gunther, R. T. 1931, Bd. VIII, S. 28
64 Turnbull, H. W. 1960, Bd. II,
　S. 297 f.
65 Ebd., S. 300 f.
66 Ebd., S. 312 f.
67 Ebd., S. 444 f.
68 Wolfers, J. 1872, S. 55 f.
69 Ebd., S. 2
70 Turnbull, H. W. 1960, Bd. I,
　S. 362 f.
71 Ebd., S. 364
72 Westfall, R. 1983, S. 376 f.
73 Turnbull, H. W. 1960, Bd. II,
　S. 315 f.
74 Ebd., S. 336 f.
75 Ebd., S. 340 f.
76 Ebd., S. 421 f.
77 Blumenberg, H. 1996, S. 528 f.
78 Ebd.
79 Wolfers, J. 1872, S. 404 f.
80 Ebd.

81 Forbes, E./Murdin, L./Willmoth, F. 1995, Bd.I, S. 611
82 Cassirer, E. 1996, S. 124
83 Wolfers, J. 1872, S. 32
84 Ebd., S. 396
85 Ebd., S. 380
86 Ebd., S. 25
87 Ebd., S. 27
88 Ebd., S. 28
89 Ebd., S. 396
90 Ebd., S. 32
91 Ebd., S. 192 f.
92 Westfall, R. 1973, S. 751
93 Wolfers, J. 1872, S. 560
94 Westfall, R. 1983, S. 465 f.
95 Turnbull, H.W. 1959, Bd. I, S. 416
96 Turnbull, H.W. 1960, Bd. II, S. 435 f.
97 Ebd.
98 Wolfers, J. 1872, S. 60
99 Turnbull, H.W. 1960, Bd. II, S. 467
100 Turnbull, H.W. 1961, Bd. III, S. 7
101 Ebd., S. 12

第四部
躁动的时间

1 Fischer, K. 2009, S. 281
2 Bax, K. 1981, S. 167
3 Wellmer, F.W./Gottschalk, J. 2010, S. 204
4 Leibniz, G.W. 1938, Bd.I.3, S. 34
5 Wellmer, F.W./Gottschalk, J. 2010, S. 186 f.
6 Leibniz, G.W. 1950, Bd.I.4, S. 43
7 Wolff, M. 1978, S. 309 f.
8 Holz, H. 1996, S. 107
9 Leibniz, G.W. 1950, Bd.I.4, S. 43
10 Blumenberg, H. 1987, S. 137
11 Holz, H. 1996, S. 115
12 Ebd., S. 53
13 Ebd., S. 71
14 Cassirer, E. 1996, S. 17
15 Ebd.
16 Herring, H. 1996b, S. 263
17 Cassirer, E. 1980, S. 405
18 Cassirer, E. 1966, S. 469 f.
19 Ebd., S. 32 f.
20 Holz, H. 1996, S. 381
21 Herring, H. 1996b, S. 261
22 Cassirer, E. 1980, S. 290 f.
23 Cassirer, E. 1996, S. 11
24 Locke, J. 1981, S. 107 f.
25 Cassirer, E. 1996, S. 76 f.
26 Ebd., S. 5f
27 Ebd., S. 10
28 Pöppel, E. 2006, S. 315
29 Wittmann, M. 2012
30 Padova, T. de 1996
31 Brockman, M. 2009, S. 190 f.
32 Reichenbach, H. 1924, S. 421 f.
33 Cassirer, E. 1966, S. 53
34 Cassirer, E. 1996, S. 94 f.
35 Böhme, G. 1974, S. 230
36 Cassirer, E. 1966, S. 54
37 Lachmann, O. 1888, S. 307 f.
38 Schepers, H. 2006/2007, S. 9
39 Schüller, V. 1991, S. 25 f.
40 Ebd.
41 Brewster, D. 1833, S. 283
42 Holz, H. 1996, S. 429
43 Peuckert, W.E. 1949, S. 65
44 Herring, H. 1996b, S. 265 f.
45 Ebd.
46 Hirsch, E.C. 2000, S. 221 f.
47 Ebd.
48 Schüller, V. 1999, S. 592
49 Turnbull, H.W. 1961, Bd. III, S. 3
50 Ebd.
51 Cassirer, E. 1996, S. 23
52 Schüller, V. 1999, S. 588
53 Schüller, V. 1991, S. 179 f.
54 Turnbull, H.W. 1961, Bd. III, S. 2
55 Leibniz, G.W. 1995, Bd.III.4, S. 460 f.
56 Ebd., S. 610
57 Bertoloni Meli, D. 1993
58 Leibniz, G.W. 2003, Bd.III.5, S 631 f.
59 Padova, T. de 2008, S. 65
60 Mach, E. 1921, S. 226
61 Giulini, D. 2004, S. 208 f.
62 Fontius, M. 1989, S. 43
63 Ebd., S. 45
64 Zehe, H. 1980, S. 28
65 Turnbull, H.W. 1961, Bd. III, S. 184
66 Ebd., S. 187
67 Ebd., S. 194 f.
68 Ebd., S. 230

69 Ebd., S. 231
70 Ebd., S. 279
71 Ebd., S. 280
72 Ebd., S. 257 f.
73 Ebd., S. 285 f.
74 Ebd.
75 Ebd., S. 498 f.
76 Kowalewski, G. 2007, S. 12 f.
77 Turnbull, H. W. 1975, Bd. V, S. 98
78 Hall, R. 1980, S. 124 f.
79 Leibniz, G. W. 1990, Bd. I.12, S. 468
80 Leibniz, G. W. 1987, Bd. I.13, S. 551
81 Hall, R. 1980
82 Manuel, F. E. 1968, S. 323
83 Müller, K./Krönert, G. 1969, S. 179
84 Uffenbach, Z. C. von 1754, Bd. 1, S. 409
85 Fischer, K. 2009, S. 281
86 Schulte Beerbühl, M. 2007, S. 34
87 Uffenbach, Z. C. von 1754, Bd. 2, S. 545 f.
88 Westfall, R. 1983, S. 571 f.
89 Turnbull, H. W. 1975, Bd. V, S. 116
90 Turnbull, H. W. 1976, Bd. VI, S. 7
91 Turnbull, H. W. 1975, Bd. V, S. 117
92 Ebd., S. 207 f.
93 Turnbull, H. W. 1976, Bd. VI, S. 15 f.
94 Swift, J. 1984, S. 262
95 Schüller, V. 2007, S. 222
96 Doebner, R. 1882, S. 13
97 Ebd., S. 82
98 Uffenbach, Z. C. von 1754, Bd. 2, S. 444 f.
99 Ebd., S. 459
100 Ebd., S. 589
101 Ebd., S. 555 f.
102 Sherman, S. 1996, S. 110
103 Uffenbach, Z. C. von 1754, Bd. 3, S. 250 f.
104 Thompson, E. P. 1967, S. 81 f.
105 Ebd.
106 Mumford, L. 1934, S. 14
107 Swift, J. 1984, S. 47
108 Wilde, J. 1710
109 Wing, J. 1710
110 Cassirer, E. 1996, S. 124
111 Brockman, M. 2009, S. 141
112 Smith, J. 1686, S. 38 f.
113 Whitrow, G. J. 1991, S. 195
114 Schnath, G. 1982, S. 315 f.
115 Ebd., S. 340
116 Turnbull, H. W. 1976, Bd. VI, S. 71
117 Ebd., S. 103
118 Newton, I. 1715
119 Turnbull, H. W. 1976, Bd. VI, S. 161 f.
120 Sobel, D. 1995, S. 75
121 Thompson, E. P. 1967, S. 65
122 Hirsch, E. C. 2000, S. 585
123 Schüller, V. 1991, S. 204 f.
124 Fischer, K. 2009, S. 270
125 Müller, K./Krönert 1969, S. 253
126 Doebner, R. 1882, S. 17 f.
127 Schüller, V. 1991, S. 213 f.
128 Ebd., S. 29
129 Ebd., S. 19 f.
130 Ebd., S. 23 f.
131 Weizsäcker, C. F. von 2002, S. 149
132 Schüller, V. 1991, S. 23
133 Ebd., S. 223 f.
134 Ebd., S. 224
135 Ebd., S. 244
136 Lachmann, O. 1888, S. 292
137 Schüller, V. 1991, S. 96
138 Cassirer, E. 1996, S. 124
139 Ebd., S. 123 f.
140 Wolfers, J. 1872, S. 27
141 Schüller, V. 1991, S. 37 f.
142 Cassirer, E. 1996, S. 123
143 Ebd., S. 96
144 Böhme, G. 1974, S. 205
145 Schüller, V. 1991, S. 37 f.
146 Ebd., S. 39
147 Ebd., S. 44 f.
148 Ebd., S. 52
149 Ebd., S. 66
150 Ebd., S. 98
151 Ebd., S. 102
152 Ebd., S. 92 f.
153 Jammer, M. 1980, S. XIV
154 Einstein, A. 1916
155 Forsee, A. 1963, S. 81
156 Böhme, G. 1974, S. 235 f.
157 Herring, H. 1996, S. 367 f.
158 Cassirer, E. 1966, S. 243 f.
159 Schüller, V. 1991, S. 98 f.
160 Ebd., S. 263

注 釋

161 Cassirer, E. 1966, S. 243 f.
162 Hirsch, E. C. 2000, S. 600
163 Doebner, R. 1882, S. 166 f.
164 Kraus, J. G. 1717, S. 126
165 Turnbull, H. W. 1976, Bd. VI, S. 376 f.
166 Seelig, C. 1991, S. 252 f.
167 Keynes, J. M. 1947, S. 27
168 Pioch, J. 2011
169 Elias, N. 1988, S. 12 f.
170 Canetti, E. 1976, S. 129
171 Sherman, S. 1996
172 Cassirer, E. 1966, S. 53

173 Mach, E. 1921, S. 217
174 Galison, P. 2006
175 Einstein, A. 1905, S. 893
176 Carrier, M. 2008, S. 39 f.
177 Reichenbach, H. 1928, S. 307
178 Carrier, M. 2008, S. 203
179 Carnap, R. 1999, S. 59
180 Fölsing, A. 1995, S. 546
181 Holz, H. 1996, S. 445 f.
182 Cassirer, E. 1996, S. 11 f.
183 Greene, B. 2008, S. 168 f.
184 Giulini, D. 2004, S. 288 f.
185 Fölsing, A. 1995, S. 828

莱 布 尼 茨 、 牛 顿 与 发 明 时 间

参考文献

Ackroyd, P., *London. The Biography*, London (2001)

Alexander, H., *The Leibniz-Clarke correspondence*, Manchester (1956)

Andriesse, C.D., *Huygens. The Man behind the Principle*, Cambridge (2005)

Arithmeum, *Rechnen einst und heute*, Bonn (1999)

Asch, R., »Die britische Republik und die Friedensordnung von Münster und Osnabrück«, in: Duchhardt, H. (Hrsg.), *Der Westfälische Friede*, München (1998)

Atherton, I., »The press and popular political opinion«, in: Coward, B., *A companion to Stuart Britain*, Oxford (2003)

Baillie, G./Ilbert, C./Clutton, C., *Britten's old clocks and watches and their makers*, London (1982)

Barbon, N., *A Discourse of Trade*, London (1690)

Barbour, J., *The nature of time*, in: www.platonia.com, South Newington (2008)

Barrow, I., *Lectiones geometricae*, Hildesheim (1976)

Bautz, T. (Hrsg.), Biographisch-Bibliographisches Kirchenlexikon, www.kirchenlexikon.de

Bax, K., *Die Geschichte des Bergbaus*, Wien (1981)

Behringer, W., *Im Zeichen des Merkur. Reichspost und Kommunikationsrevolution in der Frühen Neuzeit*, Göttingen (2003)

Benjamin, W., *Ursprung des deutschen Trauerspiels*, Frankfurt am Main (1978)

Bennett, J.A., »Hooke's instruments for astronomy and navigation«, in: Hunter, M./Schaffer, S., *Robert Hooke. New Studies*, Woodbridge (1989)

Berghaus, G., *Die Aufnahme der englischen Revolution in Deutschland 1640–1669*, Bd. I, Wiesbaden (1989)

Berlinger, R. (Hrsg.), *Ernst Cassirer. Philosophie und exakte Wissenschaft*, Frankfurt am Main (1969)

Bertoloni Meli, D., *Equivalence and Priority: Newton versus Leibniz*, Oxford (1993)

Birch, T., *The history of the Royal Society*, London (1756–57)

Blumenberg, H., *Die Genesis der kopernikanischen Welt*, Frankfurt am Main (1996)

Blumenberg, H., *Die Sorge geht über den Fluss*, Frankfurt am Main (1987)

Bobinger, M., *Alt-Augsburger Kompassmacher*, Augsburg (1966)

Brachner, A. (Hrsg.), *Geschichte der Vakuumpumpen*, München (2002)

Brewster, D., *Sir Isaak Newton's Leben nebst einer Darstellung seiner Entdeckungen*, Leipzig (1833)

Brockman, M. (Hrsg.), *Die Zukunftsmacher*, Frankfurt am Main (2009)

Buchenau, A. (Hrsg.), *René Descartes. Die Prinzipien der Philosophie*, Hamburg (1992)

Burckhardt, M., *Metamorphosen von Raum und Zeit – Eine Geschichte der Wahrnehmung*, Frankfurt am Main (1994)

Canetti, E., *Die Provinz des Menschen. Aufzeichnungen 1942–1972*, Frankfurt am Main (1976)

Cantor, M., *Vorlesungen über Geschichte der Mathematik*, Bd. 3, New York (1901)

Carnap, R., *Mein Weg in die Philosophie*, Stuttgart (1999)

莱 布 尼 茨 ， 牛 顿 与 发 明 时 间

Cassirer, E., *Gottfried Wilhelm Leibniz. Hauptschriften zur Philosophie,* Bd. 1, Hamburg, (1966)

Cassirer, E., *Leibniz' System in seinen wissenschaftlichen Grundlagen,* Hildesheim (1980)

Cassirer, E., *Gottfried Wilhelm Leibniz. Neue Abhandlungen über den menschlichen Verstand,* Hamburg (1996)

Child, J., *Brief observations concerning trade und interest of money,* London (1668)

Cipolla, C. M., *Segel und Kanonen. Die europäische Expansion zur See,* Berlin (1999)

Cohen, B., *Introduction to Newton's Principia,* Cambridge (1971)

Comenius, J. A., *Große Didaktik,* Stuttgart (1954)

Conduitt, J., *Account of Newton's life before going to university,* Keynes MS. 130.02, Cambridge (1727a)

Conduitt, J., *Anecdotes about Newton,* Keynes MS. 130.02, Cambridge (1727b)

Daston, L., *Wunder, Beweise und Tatsachen. Zur Geschichte der Rationalität,* Frankfurt am Main (2003)

Dawson, P. G./Drover, C. B./Parkes, D. W., *Early English Clocks,* Woodbridge (1982)

De Beer, E. S. (Hrsg.), *The diary of John Evelyn,* Vol. III, Oxford (1955)

Devlin, K., *Pascal, Fermat und die Berechnung des Glücks,* München (2009)

Dickmann, F., *Der Westfälische Frieden,* Münster (1959)

Doebner, R., *Leibnizens Briefwechsel mit dem Minister von Bernstorff und andere Leibniz betreffende Briefe und Aktenstücke aus den Jahren 1705–1716,* Hannover (1882)

Dohrn-van Rossum, G., *Die Geschichte der Stunde,* München (1992)

Duchhardt, H. (Hrsg.), *Der Westfälische Friede,* München (1998)

Duchhardt, H., *Barock und Aufklärung,* München (2007)

Eichberg, H., »Leistung, Spannung, Geschwindigkeit«, in: *Stuttgarter Beiträge zur Geschichte und Politik,* Bd. 12, Stuttgart (1978)

Einstein, A., »Zur Elektrodynamik bewegter Körper«, in: *Annalen der Physik* Nr. 17, Leipzig (1905)

Einstein, A., »Ernst Mach«, in: *Physikalische Zeitschrift,* Nr. 17, Leipzig (1916)

Engelhardt, W. von (Hrsg.), *Gottfried Wilhelm Leibniz. Schöpferische Vernunft – Schriften aus den Jahren 1668–1686,* Münster/Köln (1955)

Ekirch, R., *In der Stunde der Nacht – Eine Geschichte der Dunkelheit,* Bergisch Gladbach (2005)

Elias, N., *Über die Zeit,* Frankfurt am Main (1988)

Evans, J., *Thomas Tompion. At the dial and three crowns,* Ticehurst (2006)

Exwood M./Lehmann, H. L. (Hrsg.), *The Journal of William Schellinks' travels in England 1661–1663,* London (1993)

Fischer, K., *Gottfried Wilhelm Leibniz. Leben, Werke und Lehre,* Wiesbaden (2009)

Fölsing, A., *Albert Einstein,* Frankfurt am Main (1995)

Fontius, M. (Hrsg.), *Voltaire. Ein Lesebuch für unsere Zeit,* Berlin (1989)

Forbes, E./Murdin, L./Willmoth, F., *The Correspondence of John Flamsteed, the first Astronomer Royal,* Bristol (1995)

Forsee, A., *Albert Einstein. Theoretical Physicist,* New York (1963)

Galison, P., *Einsteins Uhren,* Frankfurt am Main (2006)

Gawlick, G. (Hrsg.), *Hobbes, T., De Cive,* Hamburg (1994)

Gerhardt, C. I. (Hrsg.), *G. W. Leibniz. Mathematische Schriften,* Hildesheim (1971)

Giulini, D., *Am Anfang war die Ewigkeit. Auf der Suche nach dem Ursprung der Zeit,* München (2004)

Goethe, J. W. von, *Schriften zur Kunst und Literatur*, Bd. 12, München (1981a)

Goethe, J. W. von, *Naturwissenschaftliche Schriften II*, Bd. 14, München (1981b)

Goldenbaum U./Jesseph, D., *Infinitesimal Differences. Controversies between Leibniz and his Contemporaries*, Berlin/New York (2008)

Gosset, A., *Shepherds of Britain*, London (1911)

Gouk, P., *Ivory Diptych Sundials 1570–1750*, Cambridge (1992)

Gregg, P., *King Charles I.*, London (1981)

Gryphius, A., *Gedichte*, Frankfurt am Main (1962)

Guhrauer, G., *Gottfried Wilhelm Freiherr von Leibnitz: Eine Biographie*, Bd. 1, Breslau (1846)

Guhrauer, G., *Leibniz' Dissertation De principio individui*, Berlin (1837)

Guicciardini, N., *Reading the Principia*, Cambridge (1999)

Gunther, R. T., *Early Science in Oxford*, Oxford (1930/31)

Haan, H./Niedhart, G., *Geschichte Englands vom 16. bis zum 18. Jahrhundert*, München (1993)

Hall, A. R., »Robert Hooke and Horology«, in: *Notes and Records of the Royal Society*, Vol. 8, Nr. 2, London (1951)

Hall, A. R./Hall, M. B. (Hrsg.), *The Correspondence of Henry Oldenburg*, Wisconsin (1965–1977)

Hall, A. R., *Philosophers at war – The quarrel between Newton and Leibniz*, Cambridge (1980)

Hall, M. B., *Henry Oldenburg. Shaping the Royal Society*, Oxford (2002)

Hampe, M., »Revolution, Epoche und Gesetz«, in: *Kausalität und Naturgesetz in der Frühen Neuzeit*, Studia Leibnitiana Sonderheft 31, Stuttgart (2001)

Harrison, J., *The library of Isaac Newton*, Cambridge (1978)

Hecht, H., *Gottfried Wilhelm Leibniz.*

Mathematik und Naturwissenschaften im Paradigma der Metaphysik, Stuttgart (1992)

Heckscher A./Oettingen A., *Christiaan Huygens. Die Pendeluhr*, Leipzig (1913)

Hentschel, K. (Hrsg.), *Unsichtbare Hände – Zur Rolle von Laborassistenten, Mechanikern, Zeichnern u. a. Amanuenses in der physikalischen Forschungs- und Entwicklungsarbeit*, Stuttgart/Berlin (2008)

Herivel, J., *The background to Newton's Principia*, Oxford (1965)

Herring, H., *G. W. Leibniz. Die Theodizee*, Frankfurt am Main (1996)

Herring, H., *G. W. Leibniz. Schriften zur Logik und zur philosophischen Grundlegung von Mathematik und Naturwissenschaft*, Frankfurt am Main (1996b)

Hill, C., *Von der Reformation zur Industriellen Revolution – Sozial- und Wirtschaftsgeschichte Englands 1530–1780*, Frankfurt am Main (1977)

Hirsch, E. C., *Der berühmte Herr Leibniz*, München (2000)

Hofmann, J., *Die Entwicklungsgeschichte der Leibnizschen Mathematik während des Aufenthalts in Paris 1672–1676*, München (1949)

Holz, H. (Hrsg.), *G. W. Leibniz. Kleine Schriften zur Metaphysik*, Frankfurt am Main (1996)

Hooke, R., »Critique of Newton's theory of Light and Colors«, in: Birch, T., *The history of the Royal Society*, London (1756)

Howse, D., *Greenwich time and the longitude*, London (1997)

Huber, K., *Leibniz. Der Philosoph der universalen Harmonie*, München (1989)

Hunter, J., *The diary of Ralph Thoresby*, London (1830)

Huygens, C., »Comments on Newton's telescope«, in: *Philosophical Transactions of the Royal Society*, Nr. 81, London (1672)

参 考 文 献

Jammer, M., *Das Problem des Raumes*, Darmstadt (1980)

Jardine, L., *The curious life of Robert Hooke*, London (2003)

Jardine, L., »Accidental Anglo-Dutch Collaborations: Seventeenth-Century Science in London and The Hague«, in: *Sartoniana*, Vol. 23, Gent (2010)

Jordan, W. (Hrsg.), *Zeitschrift für Vermessungswesen*, Heft 10, Bd. 26, Hannover (1897)

Junge, H.-C., *Flottenpolitik und Revolution. Die Entstehung der englischen Seemacht während der Herrschaft Cromwells*, Stuttgart (1980)

Jünger, E., *Das Sanduhrbuch*, Frankfurt am Main (1954)

Kassung, C., *Das Pendel*, München (2007)

Keynes, J.M., »Newton the man«, in: *Royal Society, Newton Tercentenary Celebrations*, Cambridge (1947)

Kittsteiner, H., *Die Stabilisierungsmoderne – Deutschland und Europa 1618–1715*, München (2010)

Klein, S., *Zeit, der Stoff aus dem das Leben ist*, Frankfurt am Main (2006)

Kleinert, A., »Technik und Naturwissenschaften im 17. und 18. Jahrhundert«, in: Hermann, A./Schönbeck, C. (Hrsg.), *Technik und Wissenschaft*, Düsseldorf (1991)

Klenner, H. (Hrsg.), *Hobbes, T., Leviathan*, Hamburg (1996)

Kloeren, M., *Sport und Rekord. Kultursoziologische Untersuchungen zum England des sechzehnten bis achtzehnten Jahrhunderts*, Würzburg (1935)

Knobloch, E. (Hrsg.), *Gottfried Wilhelm Leibniz. De quadratura arithmetica circuli ellipseos et hyperbolae cujus corollarium est trigonometria sine tabulis*, Göttingen (1993)

Köhlern, H., *Merckwürdige Schrifften, welche auf gnädigsten Befehl Jhro Königl. Hoheit der Cron-Princeßin von Wallis zwischen dem Herrn Baron von Leibnitz und dem Herrn D. Clarcke über besondere Materien der natürlichen Religion in frantzös. und englischer Sprache gewechselt, und nunmehro … wegen ihrer Wichtigkeit in teutscher Sprache heraus gegeben worden*, Frankfurt/Leipzig/Jena (1720)

König, W., *Propyläen Technikgeschichte. Mechanisierung und Maschinisierung 1600 bis 1840*, Berlin (1997)

Kowalewski, G., *Über die Analysis des Unendlichen von Gottfried Leibniz. Abhandlungen über die Quadratur der Kurven von Sir Isaac Newton*, Frankfurt am Main (2007)

Koyré, A., *Leonardo, Pascal und die Entwicklung der kosmologischen Wissenschaft*, Berlin (1994)

Kraus, J.G., *Neue Zeitungen von Gelehrten Sachen auf das Jahr 1717*, Leipzig (1717)

Krause, K., *Alma mater Lipsiensis: Geschichte der Universität Leipzig von 1409 bis zur Gegenwart*, Leipzig (2003)

Krohn, W., *Francis Bacon*, München (1987)

Kuhn, T., *Die kopernikanische Revolution*, Braunschweig (1981)

Lachmann, O. (Hrsg.), *Die Bekenntnisse des heiligen Augustinus*, Leipzig (1888)

Lademacher, H., *Die Niederlande. Politische Kultur zwischen Individualität und Anpassung*, Berlin (1993)

Latham, R./Matthews, W., *The Diary of Samuel Pepys*, London (1970–83)

Leibniz, G. W., *Sämtliche Schriften und Briefe*, Erste Reihe: Allgemeiner politischer und historischer Briefwechsel, herausgegeben von der Preussischen Akademie der Wissenschaften, Darmstadt (1923–)

Leibniz, G. W., *Sämtliche Schriften und Briefe*, Zweite Reihe: Philosophischer Briefwechsel, herausgegeben von der Berlin-Brandenburgischen Akademie der Wissenschaften und der Akademie der Wissenschaften zu Göttingen, Berlin (2006–)

Leibniz, G. W., *Sämtliche Schriften und Briefe*, Dritte Reihe: Mathematischer, naturwissenschaftlicher und technischer Briefwechsel, herausgegeben von dem Leibniz-Archiv der niedersächsischen Landesbibliothek Hannover, Berlin (1976–)

Leibniz, G. W. (Hrsg.), *Miscellanea Berolinensia ad incrementum scientiarum*, Berlin (1710)

Levine, R., *Eine Landkarte der Zeit – Wie Kulturen mit Zeit umgehen*, München (1999)

Livio, M., *Ist Gott ein Mathematiker?*, München (2010)

Lloyd, A., *Some outstanding clocks over seven hundred years 1250–1950*, London (1958)

Locke, J., *Versuch über den menschlichen Verstand*, Bd. 1, Hamburg (1981)

Loomes, B., »William Reeve of Spalding, maker of the oldest Lincolnshire clock«, in: *Clocks Magazine*, Nr. 11 (2008)

Mach, E., *Die Mechanik in ihrer Entwicklung*, Leipzig (1921)

Mackensen, L. von, »Zur Vorgeschichte und Entstehung der ersten digitalen 4-Spezies-Rechenmaschine von Gottfried Wilhelm Leibniz«, in: *Studia Leibnitiana Supplementia*, Bd. 2, Wiesbaden (1969)

Mackensen, L. von, »Leibniz als Ahnherr der Kybernetik – ein bisher unbekannter Leibnizscher Vorschlag einer ›Machina arithmetica dyadicae‹«, in: *Studia Leibnitiana Supplementia*, Bd. 2, Wiesbaden (1974)

Mann, G./Nitschke, A. (Hrsg.), *Propyläen Weltgeschichte*, Bd. 7: Von der Reformation zur Revolution, Berlin (1986)

Manuel, F. E., *A Portrait of Isaac Newton*, Cambridge (1968)

Marperger, P., *Horolographia*, Dresden/Leipzig (1723)

McGuire, J. E./Tamny, M., *Certain Philosophical Questions: Newton's Trinity Notebook*, Cambridge (1983)

Maurice, K./Mayr, O., *Die Welt als Uhr – Deutsche Uhren und Automaten 1550–1650*, München/Berlin (1980)

Mayr, O., *Uhrwerk und Waage*, München (1987)

Misson, H., *M. Misson's memoirs and observations in his travel over England*, London (1719)

Mudry, A., *Galileo Galilei – Schriften, Briefe, Dokumente*, Berlin (1987)

Mukerji, C., »The mindful hands of peasants: Construction of an eight-lock staircase at Fonseranes, 1678–79«, in: *History of Technology*, Vol. 29, London (2009)

Müller, K./Krönert, G., *Leben und Werk von Gottfried Wilhelm Leibniz*, Frankfurt am Main (1969)

Mumford, L., *Technics and Civilization*, New York (1934)

Murphy, M. P./O'Neill, A. J. (Hrsg.), *Was ist Leben? Die Zukunft der Biologie*, Heidelberg (1995)

Newton, I., *Pierpont Morgan Notebook*, New York (1659–1660)

Newton, I., *Of Colours*, Cambridge (1665–66)

Newton, I., »A Letter of Mr. Isaac Newton containing his New Theory about Light and Colours«, in: *Philosophical Transactions of the Royal Society*, Nr. 80, London (1672a)

Newton, I., »An accompt of a new Catadioptrical Telescope invented by Mr. Newton«, in: *Philosophical Transactions of the Royal Society*, Nr. 81, London (1672b)

Newton, I., »Mr. Newtons Letter of April 14. 1672 … being an answer to the fore-going Letter of P. Pardie's«, in: *Philosophical Transactions of the Royal Society*, Nr. 84, London (1672c)

Newton, I., *Opticks or, a Treatise of the reflexions, refractions, inflexions and colours of Light*, London (1704)

Newton, I., »An account of the book

entituled Commercium Epistolicum, Collinii et Aliorum, de Analysi Promota«, in: *Philosophical Transactions of the Royal Society,* Nr. 342, London (1715)

Nooteboom, C., *Nootebooms Hotel,* Frankfurt am Main (2002)

Nowotny, H., *Unersättliche Neugier. Innovationen in einer fragilen Zukunft,* Berlin (2005)

Oettingen, A. von, *Galileo Galilei. Unterredungen und mathematische Demonstrationen über zwei neue Wissenszweige, die Mechanik und die Fallgesetze betreffend,* Darmstadt (1973)

Padova, T. de, »Die erlebte Kontinuität der Zeit ist nur eine Illusion«, in: *Tagesspiegel* (25.11.1996)

Padova, T. de, *Die Kinderzimmer-Akademie,* München (2006)

Padova, T. de, *Wissenschaft im Strandkorb,* München (2008)

Padova, T. de, *Das Weltgeheimnis. Kepler, Galilei und die Vermessung des Himmels,* München (2009)

Padova, T. de, »Pi mal Daumen«, in: *FAZ* (10.1.2010)

Peuckert, W. E. (Hrsg.), *Gottfried Wilhelm Leibniz. Protogaea,* Stuttgart (1949)

Pioch, J., »Jenseits der Stunden«, in: *Geo kompakt,* Nr. 27, Hamburg (2011)

Pöppel, E., *Der Rahmen. Ein Blick des Gehirns auf unser Ich,* München (2006)

Powell, H. (Hrsg.), *Andreas Gryphius. Carolus Stuardus,* Leicester 1963

Purrington, R., *The first professional scientist. Robert Hooke and the Royal Society,* Basel (2009)

Ranke, L. von, *Englische Geschichte vornehmlich im 17. Jahrhundert.* 3. Bd., Leipzig (1870)

Ranum, O. A., *Paris in the age of Absolutism,* London (1979)

Rathmann, L. (Hrsg.), *Alma mater Lipsiensis,* Leipzig (1984)

Reichenbach, H., »Die Bewegungslehre bei Newton, Leibniz und Huyghens«, in: *Kant-Studien,* Bd. 29, Berlin (1924)

Reichenbach, H., *Philosophie der Raum-Zeit-Lehre,* Berlin (1928)

Rescher, N., »Leibniz finds a niche«, in: *Studia Leibnitiana,* Bd. XXIV/1, Wiesbaden (1992)

Robinson H., *The British Post Office,* Princeton (1948)

Robinson, H. W./Adams, W., *The diary of Robert Hooke 1672–1680,* London (1935)

Roeck, B. (Hrsg.), *Deutsche Geschichte in Quellen und Darstellung,* Bd. 4: Gegenreformation und Dreißigjähriger Krieg, Stuttgart (1996)

Rüegg, W. (Hrsg.), *Geschichte der Universität in Europa,* Bd. II, München (1996)

Schechner, S., »The material culture of astronomy in daily life: sundials, science and social change«, in: *Journal for the History of Astronomy,* Vol. 32 (2001)

Schepers, H., »Neues über Zeit und Raum bei Leibniz«, in: *Studia Leibnitiana,* Bd. 38/39, Stuttgart (2006/2007)

Schilling, H., *Höfe und Allianzen – Deutschland 1648–1763,* Berlin (1994)

Schnath, G., *Geschichte des Hauses Hannovers im Zeitalter der neunten Kur und der englischen Sukzession 1674–1714,* Bd. IV, Hildesheim (1982)

Schönle, G., *Das Trauerspiel Carolus Stuardus des Andreas Gryphius,* Frankfurt am Main (1933)

Schüller, V., *Der Leibniz-Clarke Briefwechsel,* Berlin (1991)

Schüller, V., *Isaac Newton. Die mathematischen Prinzipien der Physik,* Berlin (1999)

Schüller, V., »Der Prioritätsstreit zwischen Newton und Leibniz«, in: Kowalewski, G., *Über die Analysis des Unendlichen von Gottfried Leibniz und Abhandlung* über die Quadratur der Kurven von Sir Isaac Newton, Frankfurt am Main (2007)

Schulte Beerbühl, M., *Deutsche Kaufleute in London*, München (2007)

Seelig, C. (Hrsg.), *Albert Einstein. Mein Weltbild*, Frankfurt am Main (1991)

Sherman, S., *Telling Time. Clocks, diaries and English diurnal form, 1660–1785*, Chicago (1996)

Siemens AG, *Herrn von Leibniz' Rechnung mit Null und Eins*, München (1966)

Simmel, G., *Die Großstädte und das Geistesleben*, Frankfurt am Main (2006)

Sloterdijk, P., *Philosophische Temperamente*, München (2009)

Smith, J., *Of the unequality of natural time, with its reason and causes. Together with a table of the true equation of natural dayes*, London (1686)

Smolin, L., *Warum gibt es die Welt? Die Evolution des Kosmos*, München (1997)

Sobel, D., *Längengrad*, Berlin (1995)

Sprat, T., *History of the Royal Society*, London (1667)

Stein, E./Kopp, F.O., »Konstruktion und Theorie der leibnizschen Rechenmaschinen im Kontext der Vorläufer, Weiterentwicklungen und Nachbauten«, in: *Studia Leibnitiana*, Bd. 42, Stuttgart (2010)

Stillfried, I., *Vermessungsgeschichte*, Dortmund (2009)

Stukeley, W., *Memoir of Newton*, Keynes MS. 136.03, Cambridge (1727)

Stukeley, W., *Revised memoir of Newton*, MS. 142, London (1752)

Swift, J., *Gullivers Reisen*, Berlin (1984)

Thompson, E.P., »Time, work-discipline, and Industrial Capitalism«, in: *Past & Present*, Nr. 38, Oxford (1967)

Tompion, T., *A table of the equation of days: shewing how much a good pendulum watch ought to be faster or slower than a true sun-dial every day of the year*, London (1684)

Turnbull, H.W., *The correspondence of Isaac Newton*, Cambridge (1959–1977)

Ufer, U. (Hrsg.), *Welthandelszentrum Amsterdam – Globale Dynamik und modernes Leben im 17. Jahrhundert*, Köln (2008)

Uffenbach, Z.C. von, *Herrn Zacharias Conrad von Uffenbach merkwürdige Reisen durch Niedersachsen, Holland und Engelland*, Frankfurt/Leipzig/Ulm (1753–1754)

Vogel, J., *Leipzigsches Geschicht-Buch oder Annales, das ist: Jahr- und Tage-Bücher der weltberühmten königlichen und churfürstlichen sächsischen Kauff- und Handelsstadt Leipzig*, Leipzig (1714)

Vogtherr, T., *Zeitrechnung. Von den Sumerern bis zur Swatch*, München (2001)

Wasmuth, E. (Hrsg.), *Blaise Pascal. Pensées*, Tübingen (1948)

Weizsäcker, C.F. von, *Große Physiker. Von Aristoteles bis Werner Heisenberg*, München (2002)

Wellmer, F.W./Gottschalk, J., »Leibniz' Scheitern im Oberharzer Silberbergbau – neu betrachtet, insbesondere unter klimatischen Gesichtspunkten«, in: *Studia Leibnitiana*, Bd. 42, Stuttgart (2010)

Westfall, R., *Never at Rest – A Biography of Isaac Newton*, Cambridge (1983)

Westfall, R., »Newton and the Fudge Factor«, in: *Science*, Vd. 179, Washington (1973)

Whiteside, D.T., *The Mathematical Papers of Isaac Newton*, Cambridge (1967–1980)

Whitrow, G.J., *Die Erfindung der Zeit*, Hamburg (1991)

Widmaier, R., *Gottfried Wilhelm Leibniz. Der Briefwechsel mit den*

莱布尼茨、牛顿与发明时间

Jesuiten in China (1689–1714), Hamburg (2006)

Wiesenfeldt, G., »Experimente im politischen Raum«, in: Physik Journal, Weinheim (2002)

Wilde, J., The ladies diary: or, the woman's almanack, for the year of our Lord, 1710, London (1710)

Williams, B., Descartes. The project of pure inquiry, London/New York (2005)

Wing, J., Olympia domata; or, an almanac for the year of our Lord God 1710, London (1710)

Wittmann, M., Gefühlte Zeit. Kleine Psychologie des Zeitempfindens, München (2012)

Wolfers, J., Sir Isaac Newtons Mathematische Principien der Naturlehre, Berlin (1872)

Wright, M., »Robert Hooke's Longitude Timekeeper«, in: Hunter, M./ Schaffer, S., Robert Hooke, New Studies, Woodbridge (1989)

Wrigley, E. A., »A simple model of London's importance in changing English Society and Economy 1650–1750«, in: Past & Present, Nr. 37, Oxford (1967)

Zehe, H., Die Gravitationstheorie des Nicolas Fatio de Duillier, Hildesheim (1980)

Zellini, P., Eine kurze Geschichte der Unendlichkeit, München (2010)

人名索引

图片来源及版权说明

图书在版编目（CIP）数据

莱布尼茨、牛顿与发明时间 /（德）托马斯·德·帕多瓦著；盛世同译. -- 北京：社会科学文献出版社，2019.10（2021.1重印）

ISBN 978-7-5201-5105-4

Ⅰ.①莱…　Ⅱ.①托…②盛…　Ⅲ.①时间－研究　Ⅳ.①P19

中国版本图书馆CIP数据核字（2019）第129253号

莱布尼茨、牛顿与发明时间

著　　者 / ［德］托马斯·德·帕多瓦（Thomas de Padova）
译　　者 / 盛世同

出 版 人 / 王利民
责任编辑 / 陈旭泽　周方茹
文稿编辑 / 陈嘉瑜

出　　版 / 社会科学文献出版社·联合出版中心（010）59367151
　　　　　 地址：北京市北三环中路甲29号院华龙大厦　邮编：100029
　　　　　 网址：www.ssap.com.cn
发　　行 / 市场营销中心（010）59367081　59367083
印　　装 / 北京盛通印刷股份有限公司

规　　格 / 开　本：880mm×1230mm 1/32
　　　　　 印　张：17.375　字　数：240千字
版　　次 / 2019年10月第1版　2021年1月第2次印刷
书　　号 / ISBN 978-7-5201-5105-4
著作权合同
登 记 号 / 图字01-2018-1844号
定　　价 / 78.00元